高等教育安全科学与工程类系列教材
消防工程专业系列教材

防排烟工程

主编 涂志胜 姜学鹏
参编 白国强 裴 蓓 张村峰
　　 邓权威 吴奉亮 涂艳英
　　 汪 鹏 崔 飞 庄炜茜
　　 郭 辉 杨淑江 李志峰
　　 周 庆 吕 洋 高仕琦
主审 霍 然

机械工业出版社

防排烟工程是消防工程专业的核心课程之一。本书以防排烟工程技术为主线，以现行规范、标准为依据，以火灾科学技术为指导，系统介绍了火灾烟气的产生与危害，火灾烟气的流动与控制，防排烟系统管路计算，建筑防排烟系统设计，公路隧道防排烟系统设计，地铁防排烟系统设计，防排烟系统设备及联动控制，防排烟系统的施工、调试、验收、维护等内容。

本书可作为高等院校消防工程、安全工程、建筑环境与设备工程等专业教材，也可供消防防排烟工程设计、施工、监理人员及消防检测维护和消防（安全）管理人员学习参考。

图书在版编目（CIP）数据

防排烟工程/徐志胜，姜学鹏主编．—北京：机械工业出版社，2011.7（2024.12 重印）
高等教育安全科学与工程类系列教材
ISBN 978-7-111-34382-0

Ⅰ.①防… Ⅱ.①徐…②姜… Ⅲ.①防排烟-防护工程-高等学校-教材 Ⅳ.①TU761.1

中国版本图书馆 CIP 数据核字（2011）第 103742 号

机械工业出版社（北京市百万庄大街22号　邮政编码100037）
策划编辑：冷　彬　责任编辑：冷　彬
版式设计：霍永明　责任校对：陈秀丽
封面设计：张　静　责任印制：郜　敏
北京富资园科技发展有限公司印刷
2024 年 12 月第 1 版·第 14 次印刷
169mm×239mm·20.5 印张·384 千字
标准书号：ISBN 978-7-111-34382-0
定价：49.00 元

电话服务　　　　　　　　　网络服务
客服电话：010-88361066　　机 工 官 网：www.cmpbook.com
　　　　　010-88379833　　机 工 官 博：weibo.com/cmp1952
　　　　　010-68326294　　金　书　网：www.golden-book.com
封底无防伪标均为盗版　　机工教育服务网：www.cmpedu.com

安全科学与工程类专业
教材编审委员会

主 任 委 员： 冯长根

副主任委员： 王新泉　吴　超　蒋军成

秘　书　长： 冷　彬

委　　　员：（排名不分先后）

　　冯长根　王新泉　吴　超　蒋军成　沈斐敏　钮英建

　　霍　然　孙　熙　王保国　王述洋　刘英学　金龙哲

　　张俭让　司　鹄　王凯全　董文庚　景国勋　柴建设

　　周长春　冷　彬

序一

"安全工程"本科专业是在1958年建立的"工业安全技术"、"工业卫生技术"和1983年建立的"矿山通风与安全"本科专业基础上发展起来的。1984年,国家教委将"安全工程"专业作为试办专业列入普通高等学校本科专业目录之中。1998年7月6日,教育部发文颁布《普通高等学校本科专业目录》,"安全工程",本科专业(代号:081002)属于工学门类的"环境与安全类"(代号:0810)学科下的两个专业之一㊀。据"高等院校安全工程专业教学指导委员会"1997年的调查结果显示,自1958~1996年底,全国各高校累计培养安全工程专业本科生8130人。近年,安全工程本科专业得到快速发展,到2005年底,在教育部备案的设有安全工程本科专业的高校已达75所,2005年全国安全工程专业本科招生人数近3900名㊁。

按照《普通高等学校本科专业目录》(1998)的要求,原来已设有与"安全工程专业"相近但专业名称有所差异的高校,现也大都更名为"安全工程"专业。专业名称统一后的"安全工程"专业,专业覆盖面大大拓宽㊀。同时,随着经济社会发展对安全工程专业人才要求的更新,安全工程专业的内涵也发生很大变化,相应的专业培养目标、培养要求、主干学科、主要课程、主要实践性教学环节等都有了不同程度的变化,学生毕业后的执业身份是注册安全工程师。但是,安全工程专业的教材建设与专业的发展出现尚不适应的新情况,无法满足和适应高等教育培养人才的需要。为此,组织编写、出版一套新的安全工程专业系列教材已成为众多院校的翘首之盼。

机械工业出版社是有着悠久历史的国家级优秀出版社,在高等学校安全工程学科教学指导委员会的指导和支持下,根据当前安全工程专业教育的发展现状,本着"大安全"的教育思想,进行了大量的调查研究工作,聘请了安全

㊀ 按《普通高等学校本科专业目录》(2012版),"安全工程"本科专业(专业代码:082901)属于工学学科的"安全科学与工程"类(专业代码:0829)下的专业。

㊁ 这是安全工程本科专业发展过程中的一个历史数据,没有变更为当前数据是考虑到该专业每年的全国招生数量是变数,读者欲加了解,可在具有权威性的相关官方网站查得。

科学与工程领域一批学术造诣深、实践经验丰富的教授、专家，组织成立了教材编审委员会（以下简称编审委），决定组织编写"高等教育安全工程系列'十一五'教材"[1]。并先后于 2004 年 8 月（衡阳）、2005 年 8 月（葫芦岛）、2005 年 12 月（北京）、2006 年 4 月（福州）组织召开了一系列安全工程专业本科教材建设研讨会，就安全工程专业本科教育的课程体系、课程教学内容、教材建设等问题反复进行了研讨，在总结以往教学改革、教材编写经验的基础上，以推动安全工程专业教学改革和教材建设为宗旨，进行顶层设计，制订总体规划、出版进度和编写原则，计划分期分批出版近 30 余门课程的教材，以尽快满足全国众多院校的教学需要，以后再根据专业方向的需要逐步增补。

由安全学原理、安全系统工程、安全人机工程学、安全管理学等课程构成的学科基础平台课程，已被安全科学与工程领域学者认可并达成共识。本套系列教材编写、出版的基本思路是，在学科基础平台上，构建支撑安全工程专业的工程学原理与由关键性的主体技术组成的专业技术平台课程体系，编写、出版系列教材来支撑这个体系。

本套系列教材体系设计的原则是，重基本理论，重学科发展，理论联系实际，结合学生现状，体现人才培养要求。为保证教材的编写质量，本着"主编负责，主审把关"的原则，编审委组织专家分别对各门课程教材的编写大纲进行认真仔细的评审。教材初稿完成后又组织同行专家对书稿进行研讨，编者数易其稿，经反复推敲定稿后才最终进入出版流程。

作为一套全新的安全工程专业系列教材，其"新"主要体现在以下几点：

体系新。本套系列教材从"大安全"的专业要求出发，从整体上考虑、构建支撑安全工程学科专业技术平台的课程体系和各门课程的内容安排，按照教学改革方向要求的学时，统一协调与整合，形成一个完整的、各门课程之间有机联系的系列教材体系。

内容新。本套系列教材的突出特点是内容体系上的创新。它既注重知识的系统性、完整性，又特别注意各门学科基础平台课之间的关联，更注意后续的各门专业技术课与先修的学科基础平台课的衔接，充分考虑了安全工程学科知识体系的连贯性和各门课程教材间知识点的衔接、交叉和融合问题，努力消除相互关联课程中内容重复的现象，突出安全工程学科的工程学原理与关键性的主体技术，有利于学生知识和技能的发展，有利于教学改革。

---

[1] 自 2012 年更名为"高等教育安全科学与工程类系列教材"。

知识新。本套系列教材的主编大多由长期从事安全工程专业本科教学的教授担任,他们一直处于教学和科研的第一线,学术造诣深厚,教学经验丰富。在编写教材时,他们十分重视理论联系实际,注重引入新理论、新知识、新技术、新方法、新材料、新装备、新法规等理论研究、工程技术实践成果和各校教学改革的阶段性成果,充实与更新了知识点,增加了部分学科前沿方面的内容,充分体现了教材的先进性和前瞻性,以适应时代对安全工程高级专业技术人才的培育要求。本套系列教材中凡涉及安全生产的法律法规、技术标准、行业规范,全部采用最新颁布的版本。

安全是人类最重要和最基本的需求,是人民生命与健康的基本保障。一切生活、生产活动都源于生命的存在。如果人们失去了生命,一切都无从谈起。全世界平均每天发生约68.5万起事故,造成约2200人死亡的事实,使我们确认,安全不是别的什么,安全就是生命。安全生产是社会文明和进步的重要标志,是经济社会发展的综合反映,是落实以人为本的科学发展观的重要实践,是构建和谐社会的有力保障,是全面建设小康社会、统筹经济社会全面发展的重要内容,是实施可持续发展战略的组成部分,是各级政府履行市场监管和社会管理职能的基本任务,是企业生存、发展的基本要求。国内外实践证明,安全生产具有全局性、社会性、长期性、复杂性、科学性和规律性的特点,随着社会的不断进步,工业化进程的加快,安全生产工作的内涵发生了重大变化,它突破了时间和空间的限制,存在于人们日常生活和生产活动的全过程中,成为一个复杂多变的社会问题在安全领域的集中反映。安全问题不仅对生命个体非常重要,而且对社会稳定和经济发展产生重要影响。党的十六届五中全会提出"安全发展"的重要战略理念。安全发展是科学发展观理论体系的重要组成部分,安全发展与构建和谐社会有着密切的内在联系,以人为本,首先就是要以人的生命为本。"安全·生命·稳定·发展"是一个良性循环。安全科技工作者在促进、保证这一良性循环中起着重要作用。安全科技人才匮乏是我国安全生产形势严峻的重要原因之一。加快培养安全科技人才也是解开安全难题的钥匙之一。

高等院校安全工程专业是培养现代安全科学技术人才的基地。我深信,本套系列教材的出版,将对我国安全工程本科教育的发展和高级安全工程专业人才的培养起到十分积极的推进作用,同时,也为安全生产领域众多实际工作者提高专业理论水平提供了学习资料。当然,由于这是第一套基于专业技术平台课程体系的教材,尽管我们的编审者、出版者夙兴夜寐,尽心竭力,但由于安全学科具有在理论上的综合性与应用上的广泛性相交叉的特性,开办安全工程专业的高等院校所依托的行业类型又涉及军工、航空、化工、石油、矿业、土木、交通、能源、环境、经济等诸多领域,安全科学与工程的应用也涉及到人类生产、生活和生存的各个方面,因此,本套系列教材依然会存在这样和那样的缺点、不足,难免挂一漏万,诚恳地希望得到有关专家、学者的关心与支持,希望选用本套系列教材的广大师生在使用过程中给我们多提意见和建议。谨祝本套系列教材在编者、出版者、授课教师和学生的共同努力下,通过教学实践,获得进一步的完善和提高。

"嘤其鸣矣,求其友声",高等院校安全工程专业正面临着前所未有的发展机遇,在此我们祝愿各个高校的安全工程专业越办越好,办出特色,为我国安全生产战线输送更多的优秀人才。让我们共同努力,为我国安全工程教育事业的发展作出贡献。

中国科学技术协会书记处书记[一]
中国职业安全健康协会副理事长
中国灾害防御协会副会长
亚洲安全工程学会主席
高等学校安全工程学科教学指导委员会副主任
安全科学与工程类专业教材编审委员会主任
北京理工大学教授、博士生导师

冯长根

2006 年 5 月

[一] 曾任中国科学技术协会副主席。

消防工程专业
教材编审委员会

主　任：徐志胜
副主任：蒋军成　杜文锋　余明高
顾　问：霍　然　张树平
委　员：（排名不分先后）

　　　　徐志胜　蒋军成　杜文锋　余明高　魏　东
　　　　王　旭　牛国庆　朱铁群　方　正　田水承
　　　　秦富仓　周汝良　邓　军　李耀庄　赵望达
　　　　韩雪峰　陈俊敏　白国强　刘义祥　路　长
　　　　尤　飞　蔡周全　贾德祥　张国友　李思成
　　　　王　燕　王秋华　汪　鹏　徐艳英　白　磊

秘书长：姜学鹏

序二

1998年7月，教育部颁布的《普通高等学校本科专业目录和专业介绍》将消防工程归入工学门类，实行开放办学政策。开设消防工程专业的高等院校随之迅速增加，学生数量不断增长，形成了可喜的发展局面。随着我国社会的发展，以人为本的消防安全理念不断深入人心，对高素质消防工程专业技术人才的需求旺盛，消防工程专业已逐渐成为高等教育的热门专业之一。

与大好的专业发展形势不协调的是，目前，我国开设消防工程专业的普通高等院校，还没有一套系统、适用的专业系列教材。为满足学科发展的需求，提高消防工程专业高等教育的培养质量，组织编写、出版一套体系完善、结构合理、内容科学的消防工程专业系列教材事在必行，同时也是众多院校的共同愿望。

机械工业出版社是有着悠久历史的国家级优秀出版社，也是国家教育部认定的规划教材出版基地。该社根据当前消防工程专业的发展现状，进行了大量的调研工作，协同较早前成立的安全工程专业教材编审委员会并在其指导下，聘请消防工程领域的一批学术造诣深、实践经验丰富的专家教授，成立了教材编审委员会，组织编写该专业系列教材。该社先后在西安（2008年11月）、株洲（2010年3月）、长沙（2010年10月）组织召开了一系列消防工程专业本科教学研讨会，就消防工程专业本科教育的课程体系、课程内容、教材建设等问题进行了深入研讨，确定分阶段出版该专业系列教材，以尽快满足众多院校的教学要求与人才培养目标的需求。

本套系列教材的编写，本着"重基本理论、重学科发展、重理论联系实际"的教材体系建设原则，在强调内容创新的同时，要体现出学科体系的系统性、完整性、专业性等特点。同时，采取"编委会评审、主编负责、主审把关"的方式确保每本教材的编写质量。本套教材还积极吸纳消防工程的设计单位、施工单位和公安消防专业人士的实践经验，在理论联系实际方面较以往同类教材实现了较大突破，提高了教材的工程实用价值。

由于消防工程内容的广泛性和交叉性，开办消防工程专业的高校所依托的行业背景和领域不同，因此，本套系列教材依然会存在不足，诚恳希望得到有关专家、学者的关心和支持，希望选用本套教材的师生在使用过程中多提意见和建议。谨祝本系列教材通过教学实践，获得进一步的完善和提高。

高等院校消防工程专业正面临着前所未有的发展机遇，在此我们祝愿各个高校的消防工程专业办出水平、办出特色，为我国消防事业输送更多的优秀人才。

中国消防协会理事

消防工程专业教材编审委员会主任

中南大学教授、博士生导师

徐志胜

2011年6月

前　言

大量的火灾案例证明，烟气是火灾中造成人员伤亡的主要原因，有80%以上受害人是由于火灾烟气直接或间接致亡。科学合理地设计防排烟系统，对于减缓火灾蔓延、争取安全疏散时间有着十分重要的意义。近二三十年来，防排烟（或称烟气控制）问题已成为国际消防界和建筑设计领域重点关注的问题。

本书是在中南大学、河南理工大学、南京工业大学、华北水利水电学院、沈阳航空航天大学、西安科技大学、西南交通大学、西南林业大学等院校消防工程专业授课教案的基础上，结合防排烟工程设计人员和公安消防专业人士的工程实践编写而成的。本书紧紧围绕防排烟工程原理与设计，系统地阐述了火灾烟气的性质、火灾烟气流动与控制、防排烟管路系统计算、建筑防排烟系统设计，公路隧道防排烟系统设计，地铁防排烟系统设计，防排烟系统设备及联动控制，防排烟系统的施工、调试、验收、维护等内容，旨在加深读者对我国消防规范的理解和认识，提高其分析和解决消防防排烟工程中实际问题的能力。全书力求简洁清晰、通俗易懂，突出基础性、应用性和可拓展性。

本书由徐志胜、姜学鹏担任主编。全书共分八章，具体编写分工如下：第1章由中南大学徐志胜、长沙市公安消防支队杨淑江、西南林业大学崔飞共同编写；第2章由中南大学姜学鹏、河南理工大学裴蓓共同编写；第3章由河南理工大学邓权威、西安科技大学吴奉亮、焦作市公安消防支队李志峰共同编写；第4章由华北水利水电学院白国强、西南交通大学汪鹏、河南理工大学裴蓓共同编写；第5章由中南大学徐志胜和姜学鹏、中铁第四勘察设计院集团有限公司郭辉共同编写；第6章由南京工业大学张村峰、中铁第四勘察设计院集团有限公司庄炜茜共同编写；第7章由华北水利水电学院白国强、沈阳航空航天大学徐艳英、中铁十四局电气化工程有限公司高仕琦共同编写；第 8 章由华北水利水电学院白国强、武汉市公安消防支队吕洋、湖南省公安消防总队周庆共同编写。

　　本书由中国科技大学霍然教授任主审，在编写过程中也得到了公安部天津消防研究所姜明理和阚强、佛山市公安消防支队冯凯、东莞市公安消防支队刘拓、中国人民武装警察部队学院李思成、招商局重庆科研设计院有限公司陈大飞、湖南润华公共安全工程有限公司吴玉成、北京首安工业消防工程有限公司赵晓明的建议和帮助，在此表示感谢。

　　本书在成书和出版过程中，得到了中南大学土木工程学院、机械工业出版社等单位的大力支持；本书还参阅了参考文献中所列的许多著作和文献，在此向上述单位及参考文献的原著者一并表示感谢。

　　由于编者水平有限，书中难免有疏漏与不妥之处，敬请广大读者和专家批评指正（主编联系方式：jxp5276@126.com）。

编　者

目 录

序一
序二
前言

第1章 火灾烟气的产生及危害 ... 1
1.1 烟气的概念和产生 ... 1
1.2 烟气的表征参数 ... 4
1.3 烟气的危害 ... 7
复习题 ... 14

第2章 火灾烟气的流动与控制 ... 15
2.1 烟气流动的驱动力 ... 15
2.2 烟气等效流通面积 ... 23
2.3 压力中性面 ... 26
2.4 烟气流动预测分析 ... 36
2.5 烟气控制的方式 ... 44
复习题 ... 57

第3章 防排烟系统管路计算 ... 58
3.1 风管内气体流动的流态和阻力 ... 58
3.2 摩擦阻力计算 ... 60
3.3 局部阻力计算 ... 63
3.4 管路的压力分布 ... 67
3.5 管路的计算 ... 71
3.6 风道设计与管网总阻力计算 ... 73
3.7 管路设计中的常见问题及其处理措施 ... 78
复习题 ... 83

第4章 建筑防排烟系统设计 ... 84
4.1 建筑防排烟系统概述 ... 84

4.2 建筑防烟系统设计要点及要求 ………………………………………… 88
4.3 建筑排烟系统设计要点及要求 ………………………………………… 104
4.4 地下车库防排烟系统设计要点及要求 ………………………………… 123
4.5 建筑防排烟系统设计程序及制图要求 ………………………………… 129
复习题 …………………………………………………………………………… 131

第5章 公路隧道防排烟系统设计 …………………………………………… 132
5.1 公路隧道火灾的原因、特点及危害 …………………………………… 132
5.2 公路隧道的通风要求 …………………………………………………… 134
5.3 公路隧道的通风排烟方式 ……………………………………………… 143
5.4 公路隧道正常运营通风的计算 ………………………………………… 152
5.5 公路隧道防排烟系统设计要点及要求 ………………………………… 158
5.6 公路隧道通风系统设施设备 …………………………………………… 162
复习题 …………………………………………………………………………… 171

第6章 地铁防排烟系统设计 ………………………………………………… 172
6.1 地铁线路的组成 ………………………………………………………… 172
6.2 地铁建筑的特点及其火灾特性 ………………………………………… 176
6.3 地铁防排烟系统的组成及分类 ………………………………………… 183
6.4 地铁防排烟系统的运行 ………………………………………………… 188
6.5 地铁防排烟系统设计要点及要求 ……………………………………… 191
复习题 …………………………………………………………………………… 196

第7章 防排烟设备及其联动控制 …………………………………………… 197
7.1 防排烟风机 ……………………………………………………………… 197
7.2 阀门 ……………………………………………………………………… 219
7.3 其他设施 ………………………………………………………………… 227
7.4 防排烟设备的联动控制 ………………………………………………… 233
复习题 …………………………………………………………………………… 235

第8章 防排烟系统的施工、调试、验收及维护管理 ……………………… 236
8.1 防排烟系统的施工 ……………………………………………………… 236
8.2 防排烟系统的调试 ……………………………………………………… 275
8.3 防排烟系统的验收 ……………………………………………………… 287
8.4 防排烟系统的维护管理 ………………………………………………… 289

复习题 …………………………………………………………………… 296

附录 ………………………………………………………………………… 297
　　附录A　钢板圆形通风管道计算表（摘录） ………………………… 297
　　附录B　钢板矩形通风管道计算表（摘录） ………………………… 299
　　附录C　局部阻力系数表（摘录） …………………………………… 303

参考文献 …………………………………………………………………… 309

第1章

火灾烟气的产生及危害

【教学要求】	了解火灾烟气的组成；掌握烟气的相关表征参数；掌握烟气危害特性
【重点与难点】	烟气的遮光性及其与能见度的关系 烟气的主要危害及其耐受极限值

烟气是火灾燃烧过程中一项重要的产物。除了极少数情况外，几乎所有火灾中都会产生大量烟气。高温烟气不但加速了火灾的蔓延，而且由于其本身具有毒性，可造成人员伤亡，并且降低了火场能见度，影响人员逃生。事故统计表明，火灾中80%以上死亡是由烟气所导致，其中大部分是吸入了烟尘及有毒气体昏迷后而致死的。因此，对火灾烟气产生、特性及其危害的认识是防排烟设计的重要基础之一。本章主要介绍烟气的概念、产生、特征及危害。

1.1 烟气的概念和产生

1.1.1 烟气的概念

美国试验与材料学会（ASTM）给烟下的定义是：某种物质在燃烧或分解时散发出的固态或液态悬浮微粒和高温气体。美国消防协会《中庭建筑烟气控制设计指南》（NFPA 92B）对烟气的定义则是，在上述定义基础上增加文字"以及混合进去的任何空气"。

概括起来，起火后包围着火焰的云状物叫做烟气。烟气由三类物质组成：①燃烧物质释放出的高温蒸气和有毒气体；②被分解和凝聚的未燃物质（烟从浅色到黑色不等）；③被火焰加热而带入上升卷流中的大量空气。

建筑物中大量建筑材料、家具、衣物、纸张等可燃物，火灾时受热分解，然后与空气中的氧气发生氧化反应，燃烧并产生各种生成物。完全燃烧所产生的烟气成分中，主要为二氧化碳、水、二氧化氮、五氧化二磷等，有毒有害物质较少。但是，无毒烟气同样可能会降低空气中的氧浓度，影响人们的呼吸，造成人员逃生能力的下降，也可能直接造成人体缺氧窒息致死。

火灾初期阶段常常处于燃料控制的不完全燃烧阶段。不完全燃烧所产生的烟气成分中，除了上述生成物外，还可以产生一氧化碳、有机磷、烃类、多环芳香烃、焦油以及碳屑等固体颗粒。颗粒的性质因可燃物的性质不同存在很大的差异。多环芳香烃碳氢化合物和聚乙烯可认为是火焰中碳烟颗粒的前身，并使得火焰发出黄光。这些小颗粒的直径为 $0.01\sim10\mu m$。在温度和氧浓度足够高的前提下，这些碳烟颗粒可以在火焰中进一步氧化，否则直接以碳烟的形式离开火焰区。火灾初期阶段有焰燃烧产生的烟气颗粒几乎全部由固体颗粒组成，其中一部分颗粒是在高热通量作用下脱离固体的灰分，大部分颗粒则是在氧浓度较低的情况下，由于不完全燃烧和高温分解而在气相中形成的碳颗粒。这两种类型的烟气颗粒都是可燃的，一旦被点燃，在通风不畅的受限空间内甚至可能引起爆炸。

油污的产生与碳素材料的阴燃有关。碳素材料阴燃产生的烟气与该材料加热到热分解温度所得到的挥发性产物类似。这种产物与冷空气混合时可浓缩成较重的高分子组分，形成含有碳粒和高沸点液体的薄雾。这些薄雾颗粒的中间直径 $D50$（反映颗粒大小的参数）约为 $1\mu m$，在静止空气条件下，可缓慢沉积在物体表面，形成油污。

1.1.2 材料的发烟性能

各种可燃物在不同温度下，其发烟性能也各不相同。少数纯燃料（如一氧化碳、甲醇、甲醛、乙醚等）燃烧的火焰不发光，且基本上不产生固态或液态悬浮微粒。而在相同条件下，大分子燃料燃烧时的发烟量却比较显著。在自由燃烧情况下，固体可燃物（如木材）和部分经过氧化的燃料（如乙醇、丙酮等）的发烟量比生成这些物质的碳氢化合物（如聚乙烯和聚氯乙烯）的发烟量少得多。

发烟量是指单位质量可燃材料所产生的烟量。表 1-1 为各种材料在不同温度下燃烧，当达到相同的减光程度时的发烟量，其中 K_c 为烟气的减光系数（其定义见 1.2.3 节）。从表中可以看出，木材类在温度升高时，发烟量有所减少。这主要是由于分解出的碳质微粒在高温下又重新燃烧，且温度升高后减少了碳质微粒的分解所致。还可以看出，高分子有机材料能产生大量的烟气。

表 1-1 各种材料在不同温度下的发烟量（$K_c = 0.5 \text{m}^{-1}$）

材料名称	发烟量/(m^3/g)		
	300℃	400℃	500℃
松	4.0	1.8	0.4
杉木	3.6	2.1	0.4
普通胶合板	4.0	1.0	0.4
难燃胶合板	3.4	2.0	0.6
硬质纤维板	1.4	2.1	0.6
锯木屑板	2.8	2.0	0.4
玻璃纤维增强塑料		6.2	4.1
聚氯乙烯		4.0	10.4
聚苯乙烯		12.6	10.0
聚氨酯（人造橡胶之一）		14.0	4.0

除了发烟量外，各种材料的发烟速度也不相同。发烟速度是指单位质量的可燃物在单位时间内的发烟量。表 1-2 为试验测得的部分材料的发烟速度。该表表明，木材类在加热温度超过 350℃ 时，发烟速度一般随温度的升高而降低。而高分子有机材料则恰好相反。同时可以看出，高分子材料的发烟速度比木材要大得多，这是因为高分子材料的发烟系数大，且燃烧速度快之故。

表 1-2 各种材料在不同温度下的发烟速度

（单位：$\text{m}^3/(\text{s} \cdot \text{g})$）

材料名称	加热温度/℃											
	225	230	235	260	280	290	300	350	400	450	500	550
针枞							0.72	0.80	0.71	0.38	0.17	0.17
杉		0.17		0.25		0.28	0.61	0.72	0.71	0.53	0.13	0.13
普通胶合板	0.03			0.19	0.25	0.26	0.93	1.08	1.10	1.07	0.31	0.24
难燃胶合板	0.01		0.09	0.11	0.13	0.20	0.56	0.61	0.58	0.59	0.22	0.20
硬质板							0.76	1.22	1.19	0.19	0.26	0.27
微片板							0.63	0.76	0.85	0.19	0.15	0.12
苯乙烯泡沫板 A								1.58	2.68	5.92	6.90	8.96
苯乙烯泡沫板 B								1.24	2.36	3.56	5.34	4.46
聚氨酯									5.0	11.5	15.0	16.5
玻璃纤维增强塑料									0.50	1.0	3.0	0.50
聚氯乙烯									0.10	4.5	7.50	9.70
聚苯乙烯									1.0	4.95		1.97

以我国宾馆双人间标准客房为例估算其发烟量。一个客房放置两张床、写字台、沙发、软椅茶几、木门壁橱以及床上用品、地毯、窗帘等，上述可燃物相当于 30~40kg/m² 的标准木材，即客房平均火灾荷载密度为 30~40kg/m²。而一般木材在 300℃ 时，其发烟量为 3000~4000m³/kg。若客房典型面积按 18m² 计算，当室内温度达到 300℃ 时，一个标准客房内的烟气产生量为 35kg/m² × 18m² × 3500m³/kg = 2205000m³。如果发烟量不损失，一个标准客房火灾产生的烟气可充满 24 座像北京长富宫饭店主楼（高 90m，标准层面积 960m²）那样的高层建筑。然而现代建筑中，高分子材料大量用于家具、建筑装修、电缆绝缘、管道及其保温等方面。一旦发生火灾，其燃烧迅速，建筑物内着火区域的空气中将充满大量有毒浓烟，毒性气体可直接造成人体的伤害，甚至致人死亡，其危害远远超过一般可燃材料。

1.2 烟气的表征参数

表征烟气特性的常用参数有压力、温度、遮光性、光学密度以及烟尘颗粒大小等。

1.2.1 烟气的压力

在火灾发生、发展和熄灭的不同阶段，建筑物内烟气的压力分布是各不相同的。以着火房间为例，在火灾发生初期，烟气的压力很低，随着着火房间内烟气量的增加，温度上升，压力相应升高。当发生轰燃时，烟气的压力在瞬间达到峰值，门窗玻璃均可能被振破。一旦烟气和火焰冲出门窗孔洞之后，室内烟气的压力就很快降低下来，接近室外大气压力。据测定，一般着火房间内烟气的平均相对压力为 10~15Pa，在短时可能达到的峰值为 35~40Pa。

1.2.2 烟气的温度

建筑物内烟气的温度在火灾发生、发展和熄灭的不同阶段也各不相同。以着火房间为例，在火灾发生初期，着火房间内的温度不高，随着火灾发展，温度逐渐升高。当发生轰燃时，室内烟气的温度相应急剧上升，很快达到最高水平。试验表明，由于建筑物内部可燃材料的种类、门窗孔洞的开口尺寸、建筑结构形式等的差异，着火房间烟气的最高温度也各不相同。小尺寸着火房间烟气的温度一般可达 500~600℃，高则可达 800~1000℃。地下建筑火灾中烟气温度可高达 1000℃ 以上。

1.2.3 烟气的遮光性

由于烟气中的固体和液体颗粒对光有着散射和吸收作用，使得只有一部分光能透过烟气,造成火场能见度大大降低,这就是烟气的遮光性。由于烟气的减光作用,火灾烟气导致人们辨认目标的能力大大降低,并使事故照明和疏散标志的作用减弱。

烟气的遮光性可通过测量光束穿过烟气层后的强度衰减来确定,测量方法如图1-1所示。

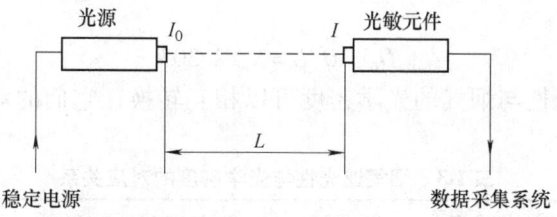

图1-1 烟气遮光性测量装置示意图

设由光源射入测量空间的光束强度为I_0,该光束由测量空间L射出后的强度为I,则比值I/I_0称为该空间的透射率。若该空间没有烟气,则射入和射出的光强度几乎不变,即透射率等于1。光束通过的距离越长,光束强度衰减的程度越大。根据郎伯比尔(Lambert-Beer)定律,有烟情况下的光强度I可表示为:

$$I = I_0 \exp(-K_c L) \tag{1-1}$$

式中 K_c——烟气的减光系数(m^{-1}),表征烟气减光能力,其大小与烟气浓度、烟气颗粒的直径及分布有关;

I_0——光源的光束强度(cd);

I——光源穿过一定距离以后的光束强度(cd);

L——光束穿过的距离(m)。

整理式(1-1)可得:

$$\ln I = \ln I_0 - K_c L \tag{1-2}$$

从上式可见,K_c值越大时,光强强度I越小;L值越大时,亦即距离越远时,I值就越小,这一点与人们在火场的体验是一致的。

此外,烟气的遮光性还可以用百分减光度来描述,其定义式为:

$$B = \frac{I_0 - I}{I_0} \times 100\% \tag{1-3}$$

式中 $I_0 - I$——光强度的衰减值(cd);

B——百分减光度(%)。

1.2.4 烟气的光学密度

将给定空间中烟气对可见光的减光作用定义为光学密度D,其定义式为:

$$D = -\lg(I/I_0) \tag{1-4}$$

将式（1-1）代入式（1-4），得到：

$$D = K_c L/2.303 \tag{1-5}$$

这表明烟气的光学密度与减光系数和光线行程长度成正比。为比较烟气浓度，通常将单位长度光学密度 D_0 作为描述烟气浓度的基本参数，单位为 m^{-1}，即表示为：

$$D_0 = D/L = K_c/2.303 \tag{1-6}$$

烟气的遮光性与烟气的光学密度可以相互转换，它们的对应关系见表1-3。

表1-3　烟气遮光性与光学密度的对应关系

透射率 I/I_0	百分减光度 $B(\%)$	长度 L/m	单位光学密度 D_0/m^{-1}	减光系数 K_c/m^{-1}
1.00	0	任意	0	0
0.90	10	1.0	0.046	0.105
		10.0	0.0046	0.0105
0.60	40	1.0	0.222	0.511
		10.0	0.022	0.0511
0.30	70	1.0	0.523	1.20
		10.0	0.0523	0.12
0.10	90	1.0	1.00	2.30
		10.0	0.10	0.23
0.01	99	1.0	2.00	4.61
		10.0	0.20	0.46

1.2.5　烟气颗粒大小及粒径分布

烟气中颗粒的大小可用颗粒平均直径表示，通常采用颗粒几何平均直径 d_{gn} 表示，其定义为

$$\lg d_{gn} = \sum_{i=1}^{n} \frac{N_i \lg d_i}{N} \tag{1-7}$$

式中　N——总的颗粒数（个）；

　　　N_i——第 i 个颗粒直径间隔范围内颗粒的数目（个）；

　　　d_i——颗粒直径（μm）。

颗粒尺寸分布的标准差用 σ_g 表示，即

$$\lg \sigma_g = \left[\sum_{i=1}^{n} \frac{(\lg d_i - \lg d_{gn})^2 N_i}{N} \right]^{\frac{1}{2}} \tag{1-8}$$

如果所有颗粒直径都相同，则 $\sigma_g = 1$。如果颗粒直径分布为对数正态分布，则占总颗粒数 66.8% 的颗粒，其直径处于 $\lg d_{gn} \pm \lg \sigma_g$ 之间的范围内。σ_g 越大，表示颗粒直径的分布范围越大。表 1-4 给出了一些木材和塑料在不同燃烧状态下烟气中的颗粒直径和标准差。

表 1-4 一些木材和塑料在不同燃烧状态下烟气中的颗粒直径和标准差

可燃物	$d_{gn}/\mu m$	σ_g	燃烧状态
杉木	0.5 ~ 0.9	2.0	热解
杉木	0.43	2.4	明火燃烧
聚苯乙烯	0.9 ~ 1.4	1.8	热解
聚苯乙烯	0.4	2.2	明火燃烧
软质聚氨酯塑料	0.8 ~ 1.8	1.8	热解
软质聚氨酯塑料	0.3 ~ 1.2	2.3	热解
软质聚氨酯塑料	0.5	1.9	明火燃烧
绝热纤维	2.0 ~ 3.0	2.4	阴燃

1.3 烟气的危害

火灾时高温烟气的危害主要表现在三个方面，即能见度的影响、呼吸方面危害及温度方面危害。前两种危害直接威胁到人的生命安全，是造成火灾时人员伤亡的主要因素。

1.3.1 能见度方面危害

烟气对能见度的影响主要有两方面：一是烟气的减光性使能见度降低，疏散速度下降；二是烟气有视线遮蔽及刺激效应，会助长惊慌状况，扰乱疏散秩序。在许多情况，逃生途径中烟气能见度往往比温度更早达到令人难以忍受程度。

能见度指的是人们在一定环境下刚好能看到某个物体的最远距离。火灾烟气中往往含有大量的固体颗粒，从而使烟气具有一定的遮光性，这将大大降低建筑物中的能见度，影响疏散人员寻找出路和作出正确判断。能见度主要由烟气的浓度决定，同时还受到烟气的颜色、物体的亮度、背景的亮度以及观察者对光线的敏感程度等因素的影响。能见度与减光系数和单位光学密度有如下关系：

$$V = \frac{R}{K_c} = \frac{R}{2.303 D_0} \tag{1-9}$$

式中　V——能见度（m）；

K_c——减光系数（m^{-1}）；

R——比例系数，它反映了特定场合下各种因素对能见度的综合影响；

D_0——单位长度光学密度（m^{-1}）。

大量火灾案例和试验结果表明，即便设置了事故照明和疏散标志，火灾烟气仍可导致人们辨识目标和疏散能力的大大下降。某研究人员金（Jin）曾对自发光标志和反光标志在不同烟气情况下的能见度进行了测试。他把目标物放在一个试验箱内，箱内充满了烟气。白色烟气是阴燃产生的，黑色烟气是明火燃烧产生的，其测试结果如图1-2所示。通过白色烟气的能见度较低，可能是由于光的散射率较高。他建议对于疏散通道上的反光标志、疏散门以及有反射光存在的场合，R取$2\sim4$；对自发光标志、指示灯等，R取$5\sim10$，由此可知，安全疏散标志最好采用自发光标志。

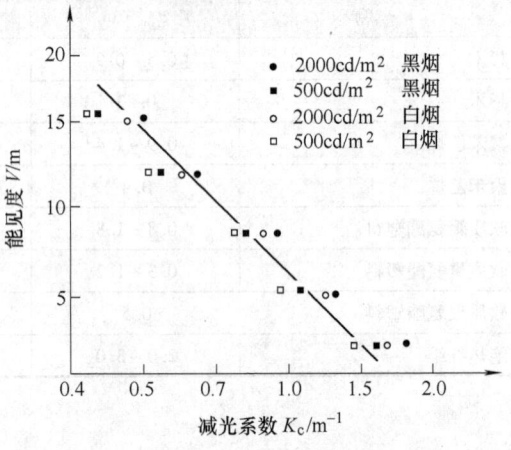

图1-2　发光标志的能见度与减光系数的关系

以上关于能见度的讨论并没有考虑烟气对眼睛的刺激作用。金（Jin）又对暴露于刺激性烟气中人的能见度和移动速度与减光系数的关系进行了一系列试验。图1-3表示在刺激性与非刺激性烟气的情况下，发光标志的能见度与减光系数的关系。刺激性强的白烟是由木垛燃烧产生的，刺激性较弱的烟气是由煤油燃烧产生的。可见式（1-9）给出的能见度的关系式不适应于刺激性烟气，在较浓且有刺激性的烟气中，受试者无法将眼睛睁开足够长的时间以看清目标。

图1-4给出了暴露在刺激性与非刺激性的烟气中，人沿走廊的行走速度与烟气减光系数的关系。烟气对眼睛的刺激和烟气密度都对人的行走速度有一定影响。随着减光系数增大，人的行走速度减慢，在刺激性烟气环

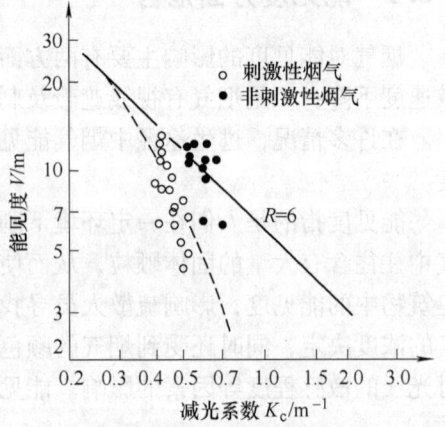

图1-3　在刺激性与非刺激性烟气中人的能见度

境下,行走速度减慢得更厉害。当减光系数为 0.4m^{-1} 时,通过刺激性烟气的行走速度仅是通过非刺激性烟气时的 70%。当减光系数大于 0.5m^{-1} 时,通过刺激性烟气的行走速度降至约 0.3m/s,相当于普通人蒙上眼睛时的行走速度。行走速度下降是由于受试者无法睁开眼睛,只能走"之"字形或沿着墙壁一步一步地挪动。

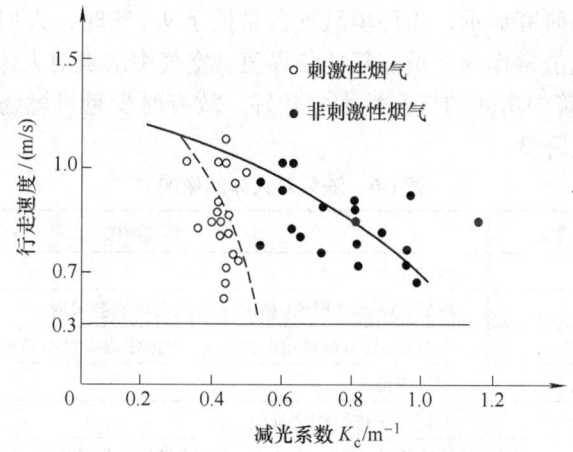

图 1-4 在刺激性与非刺激性烟气中人的行走速度

火灾中烟气对人员生命安全的影响不仅仅是生理上的,还包括对人员心理方面的副作用。当人员受到浓烟的侵袭时,在能见度较低的情况下,极易产生恐惧与惊慌,尤其当减光系数在 0.1m^{-1} 时,人员便不能正确进行疏散决策,甚至会失去理智而采取不顾一切的异常行为。

表 1-5 给出了适用于小空间和大空间的最低减光度。小空间到达安全出口的距离短,人员对建筑物可能比较熟悉,要求就相对松一些。大空间内人员很可能对建筑物不熟悉,为了确定逃生方向,寻找安全出口需要看得更远,因此要求能见度更高。

表 1-5 人员可以耐受的能见度极限值

参　　数	小空间	大空间
光学密度/m^{-1}	0.2	0.08
能见度/m	5	10

1.3.2 呼吸方面危害

1. 缺氧

人类习惯于在氧气含量为 21%(体积分数,下同)的大气下自在活动。

当氧气含量低至17%时，人的肌肉功能会减退，此为缺氧症现象。氧气含量在10%~14%时，人仍有意识，但显现错误判断力，且本身不易察觉。氧气含量在6%~8%时，人的呼吸停止，将在6~8min内窒息死亡。由于火灾引致的亢奋及活动量往往增加人体对氧气的需求，因此在氧气含量尚高时，实际上人可能已出现氧气不足症状。一般环境中氧气含量在10%下，即导致人的失能与死亡；而研究显示，当环境氧气含量低于9.6%时，人们无法继续进行避难逃生，而此值常作为人员需氧的临界值。空气中缺氧对人体的影响情况见表1-6。现代建筑中房间的气密性大多较好，故有时少量可燃物的燃烧也会造成含氧量的大大降低。

表1-6　缺氧对人体的影响

大气中环境氧气含量	人体症状
21%	活动正常
17%~21%	缺氧(Anoxia)现象(高山症)，肌肉功能会减退
10%~17%	尚有意识，但显现错误判断力，神态疲倦本身不易察觉
10%	导致失能
9.6%	人们无法进行避难逃生
6%~8%	呼吸停止，在6~8min内发生窒息(Asphyxiation)死亡

2. 有害气体

一般高分子材料热解及燃烧生成物成分种类繁杂，有时多达百种以上，然而对人体生理有具体毒害效应的气体生成物仅是其中一部分，这些气体的毒害性成分基本上可分为三类：窒息性或昏迷性成分、对感官或呼吸器官有刺激性成分、其他异常毒害性成分。表1-7给出了常见有机高分子材料燃烧所产生的有害气体。

表1-7　有机高分子材料燃烧所产生的有害气体

燃烧材料来源	气体产生种类
所有高分子材料	一氧化碳、二氧化碳
羊毛、皮革、聚氨酯、尼龙、氨基树脂等含氮高分子材料	氰化氢、一氧化氮、二氧化氮、氨
羊毛、硫化橡胶、含硫高分子材料等	二氧化硫、二硫化碳、硫化氢
聚氯乙烯、含卤素阻燃剂的高分子材料、聚四氟乙烯	硫化氢、氟化氢、溴化氢
聚烯类及许多其他高分子	烷、烯
聚氯乙烯、聚苯乙烯、聚酯等	苯
酚醛树脂	酚、醛
木材、纸张、天然原木纤维	丙烯醛
聚缩醛	甲醛
纤维素及纤维产品	甲酸、乙酸

从火灾死亡统计资料得知,大部分罹难者是因吸入一氧化碳等有害气体致死的,但有时不宜过于强调,因为没有一次火灾情况是完全相同的。此外一部分火灾试验也显示,在许多情况下任一毒害气体尚未到达致死浓度之前,最低存活氧气含量或最高呼吸温度已先行到达。表1-8列出了部分有害气体允许含量。多种气体共同存在可能加强毒害性。但目前综合效应的数据十分缺乏,而且结论不够一致。

表1-8　部分有害气体允许含量

热分解气体的来源	主要的生理作用	短期(10min)估计致死含量($\times 10^{-6}$)
木材、纺织品、聚丙烯腈尼龙、聚氨酯以及纸张等物质燃烧时分解出不等量氰化氢,本身可燃,难以准确分析	氰化氢(HCN):一种迅速致死、窒息性的毒物;在涉及装潢和织物的新近火灾中怀疑有此种毒物,但尚无确切的数据	350
纺织物燃烧时产生少量的、硝化纤维素和赛璐珞(由硝化纤维素和樟脑制得,现在用量减少)产生大量的氮氧化物	二氧化氮(NO_2)和其他氮的氧化物:肺的强刺激剂,能引起即刻死亡以及滞后性伤害	>200
木材、纺织品、尼龙以及三聚氰胺燃烧产生;在一般的建筑中氨气的含量通常不高;无机物燃烧产物	氨气(NH_3):刺激性、难以忍受的气味,对眼、鼻有强烈的刺激作用	>1000
PVC电绝缘材料、其他含氯高分子材料及阻燃处理物	氯化氢(HCL):呼吸道刺激剂,吸附于微粒上的HCL的潜在危险性较之等量的HCL气体要大	>500,气体或微粒存在时
氟化树脂类或薄膜类以及某些含溴阻燃材料	其他含卤酸气体:呼吸刺激剂	HF约为400 COF_2约为100 HBr>50
硫化物,这类含硫物质在火灾条件下的氧化物	二氧化硫(SO_2):一种强刺激剂,在远低于致死浓度下即难以忍受	>500
异氰酸脲的聚合物,在实验室小规模试验中已报道有像甲苯-2,4-二异氰酸酯(TDI)类的分解产物,在实际的火灾中的情况尚无定论	异氰酸酯类:呼吸道刺激剂是异氰酸酯为基础的聚氨酯燃烧烟气中的主要刺激剂	约为100
聚烯烃和纤维素在低温热解(400℃)而得,在实际火灾中的重要性尚无定论	丙醛:潜在的呼吸刺激剂	30~100

火灾中的各产物及其含量因燃烧材料、建筑空间特性和火灾规模等不同而有所区别，各种组分的生成量及其分布比较复杂，不同组成对人体的毒性影响也有较大差异，在分析预测中很难精确予以定量描述。因此，工程应用中通常采用一种有效的简化处理方法来度量烟气中燃烧产物对人体的危害含量，即若烟气的光学密度不大于 $0.1\mathrm{m}^{-1}$ 或能见度大于等于 10m，则可认为各种有害燃烧产物的含量在 30min 内不会达到人体的耐受极限，通常以 CO 的含量为主要的定量判定指标。

3. 一氧化碳

一氧化碳被人吸入后和血液中的血红蛋白结合成为一氧化碳血红蛋白。当一氧化碳和血液 50% 以上的血红蛋白结合时，便能造成脑和中枢神经严重缺氧，继而失去知觉，甚至死亡。即使吸入量在致死量以下，也会因缺氧而头痛无力及呕吐等，导致不能及时逃离火场而死亡。

人体暴露在一氧化碳含量为 2000ppm 的环境下约 2h，将失去知觉进而死亡；若含量高达 3000ppm，则约 30min 可致死（见表 1-9）。然而，即使浓度在 700ppm 以下，长时间暴露也将造成人体危害。1995 年，戴维德（David）提出空气中 CO 含量与人体暴露的临界忍受时间，可作为危害评估的参考。CO 对人体失能忍受时间表达式为：

$$t = \frac{30}{8.2925 \times 10^{-4} \times (X_{co} \times 10^4)^{1.036}} \quad (1\text{-}10)$$

式中 t——人体的忍受时间（min）；

X_{co}——烟气中 CO 含量（%）。

表 1-9 一氧化碳对人体的影响

含量($\times 10^{-6}$)	暴露时间	危害效应
100(0.01%)	8h 内	尚无感觉
400~500(0.05%)	1h 内	尚无感觉
600~700(0.07%)	1h 内	感觉头痛、恶心、呼吸不畅
1000~2000(0.2%)	2h 内	意识朦胧、呼吸困难、昏迷、逾 2h 即死亡
3000~5000(0.5%)	20~30min 内	即死亡
10000(1%)	1min 内	即死亡

4. 二氧化碳

随着二氧化碳浓度及暴露时间的增加，将对人体造成严重影响。例如，当 CO_2 含量在 10% 时，人体在其中暴露 2min，将导致意识模糊（见表 1-10）。

表 1-10 二氧化碳对人体的影响

CO_2 含量	暴露时间	危 害 效 应
17%～30%	1min 内	丧失控制与活动力、无意识、抽搐、昏迷、死亡
10%～15%	1min 至数分钟	头昏、困倦、严重肌肉痉挛
7%～10%	1.5min 至 1h	无意识、头痛、心跳加速、呼吸短促、头昏眼花、冒冷汗、呼吸加快
6%	1 至 2min	心悸、视力模糊
6%	16min	头痛、呼吸困难
6%	数小时	颤抖
4%～5%	数分钟内	头痛、头昏眼花、血压升高、呼吸困难
3%	1h	轻微头痛、冒汗、静态呼吸困难
2%	数小时	头痛、轻微活动下呼吸困难

1.3.3 温度方面危害

1. 火焰与温度

烧伤可能因火焰的直接接触及热辐射引起。由于火焰很少与燃烧物质脱离，故只对邻接区域内人员产生直接威胁，这点与烟气不同。

烟气温度对于火场内及邻接区域的人员皆具危险性。姑且不论氧气消耗或毒害性效应，由火焰产生的热空气及气体，亦能引致烧伤、热虚脱、脱水及呼吸道闭塞（水肿）。人在 95℃ 的环境中，会出现头晕，但可暴露 1min 以上，此后就会出现虚脱；在 120℃ 的环境中暴露时间超过 1min 就会烧伤；当在呼吸水平高度时，生存极限的呼吸温度约为 131℃；一旦室内气温高达 140℃时生理机能逐渐丧失，在超过 180℃ 时则呈现失能状态。然而对于呼吸而言，超过 66℃ 的温度一般民众便难以忍受，而该温度范围将使消防人员救援及室内人员逃生迟缓。

对于健康、着装整齐的成年男子，克拉尼（Cranee）推荐了温度与极限忍受时间的关系式为：

$$t = 4.1 \times 10^8 / T^{3.61} \tag{1-11}$$

式中 t——极限忍受时间（min）；

T——烟气温度（℃），目前在火灾危险性评估中推荐数据为：短时间脸部暴露的安全温度极限范围为 65～100℃。

2. 热辐射

研究表明火灾中火源释放的热量近 70% 通过对流传热方式进入烟气层。

若火场中烟气不能及时排出，当聚集的烟气温度达到较高温度时（通常认为达到600℃时），烟气将辐射大量的热作用于火场中尚未被点燃的物体致使其裂解出可燃气体，当裂解出的可燃气体足够多时，最终可能致使火场中绝大多数可燃物在短时间内都燃烧起来，这种现象称为轰燃。

轰燃现象表明火场中作用于人体的热量主要来自于烟气层的热辐射，因此控制烟气的温度对火场中的人员疏散有积极意义。一个人可忍受的辐射临界值，取决于许多不同变量，辐射值10kW/m^2一直被视为人类无法存活的指标，而2.5kW/m^2则为人类危害忍受度临界值（见表1-11）。辐射热为2.5kW/m^2的烟气相当于上部烟气层的温度达到180~200℃，所以通常认为在火场中，烟气层距地面或楼板2m高度以上时，烟气层平均温度200℃是人体耐受极限。

表1-11 人体对辐射热的耐受极限

热辐射强度	<2.5kW/m^2	2.5kW/m^2	10kW/m^2
忍受时间	>5min	30s	4s

3. 热对流

火场中人员呼吸的空气已经被火源和烟气加热，吸入的热空气主要通过热对流的方式与人体尤其是呼吸系统换热。试验表明，呼吸过热的空气会导致热冲击（即高温情况下导致人体散热不畅出现的中暑症状）和呼吸道灼伤，表1-12给出了不同温度和湿度时人体的耐热性。

表1-12 人体对热对流的耐受极限

温度和含水量	<60℃,水分饱和	100℃,水分含量<10%	180℃,水分含量<10%
耐受时间	>30min	12min	1min

更值得注意的是，由于灭火用水和燃烧产生的水在高温下汽化，火场中空气的绝对湿度会比正常环境下高很多。湿度对热空气作用于呼吸系统的危害程度影响很大，如120℃下，饱和湿空气对人体的伤害远远大于干空气所造成的危害。研究表明，火场中可吸入空气的温度不高于60℃才认为是安全的。

复 习 题

1. 火灾烟气的组成成分？
2. 烟气遮光性的定义是什么？它与能见度的关系如何？
3. 烟气的相关表征参数有哪些？
4. 火灾烟气的危害性主要体现在哪些方面？

第 2 章

火灾烟气的流动与控制

【教学要求】	了解烟气运动的驱动力；掌握烟囱效应；掌握烟气等效流通面积；掌握压力中性面的计算；掌握烟气流动的预测分析；掌握烟气控制的方式
【重点与难点】	烟囱效应及其对烟气流动的影响 压力中性面的计算 烟气流动的预测分析 加压防烟与机械排烟

建筑物发生火灾后，在浮力、烟囱效应、膨胀力、外界风等驱动下，烟气可由着火区向非着火区蔓延，与起火区相连的走廊、楼梯间及电梯井等处都将会迅速充满烟气，对人员逃生和消防扑救造成非常不利的影响。为有效地控制烟气在建筑物内的流动，减小烟气的危害，有必要深入了解和掌握火灾时烟气在建筑物内的流动规律以及控制措施。

2.1 烟气流动的驱动力

虽然烟粒的特性与气体特性显著不同，但由于其所占比例较小，即使烟气浓度达到使能见度降到几乎为零的程度，也不足以改变流动的总方式，其仍可视为理想气体流动。一般来说，引起烟气运动的因素有烟囱效应、浮升力、膨胀力、风力、空调系统以及扩散等。其中扩散是由于浓度差而产生的质量交换，火区的烟粒子或其他有害气体的浓度大，必然向浓度低的区域扩散。但是由于扩散引起的烟粒子或其他有害气体的迁移比起其他因素来说弱得多，所以下面只讨论除扩散外其他五种因素引起烟气流动的情况（见图 2-1）。

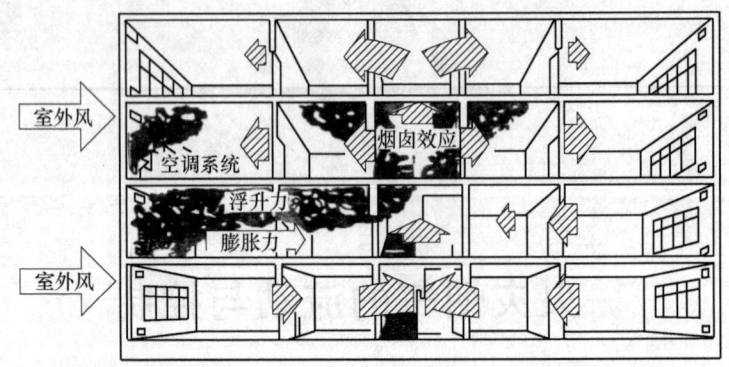

图 2-1 烟气运动的驱动力

2.1.1 浮升力引起的烟气运动

着火房间温度升高，空气和烟气的混合物密度减小，与相邻的走廊、房间或室外的空气形成密度差，具有向上的浮升力而引起烟气流动，如图2-2所示。实质上着火房间与走廊、邻室或室外形成热压差，导致着火房间内的烟气与邻室或室外的空气相互流动，中性面的上部烟气向走廊、邻室或室外流动，而走廊、邻室或室外的空气从中性面以下进入。这是烟气在室内水平方向流动的原因之一。由于建筑物烟囱效应或风压的影响，窗洞的中性面将上移或下移，同样也影响室内洞口的中性面上移或下移。

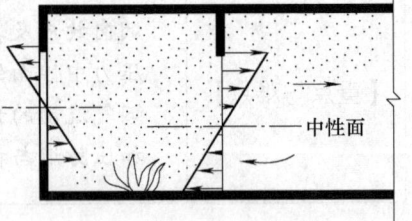

图 2-2 浮力作用下的烟气流动

由浮升力引起的着火房间与走廊、邻室或室外的热压差可写为：

$$\Delta p_{fT} = \frac{ghp_{atm}}{R}\left(\frac{1}{T_{out}} - \frac{1}{T_{in}}\right) \tag{2-1}$$

式中 Δp_{fT}——由浮升力引起的着火房间与外界的压差（Pa）；

p_{atm}——绝对大气压力（Pa）；

T_{out}——着火房间外气体的热力学温度（K）；

T_{in}——着火房间内气体的热力学温度（K）；

h——中性面以上的距离（m），此处中性面指的是着火房间内外压力相等处的水平面；

R——气体常数。

式（2-1）适用于着火房间内温度恒定的情况。当外界压力为标准大气压

时,该式可进一步写为:

$$\Delta p_{fT} = K_s h \left(\frac{1}{T_{out}} - \frac{1}{T_{in}} \right) \quad (2\text{-}2)$$

式中 K_s——修正系数,$K_s = 3460 \text{Pa} \cdot \text{K/m}$;

图 2-3 给出了不同的烟气温度对应的浮升力值。

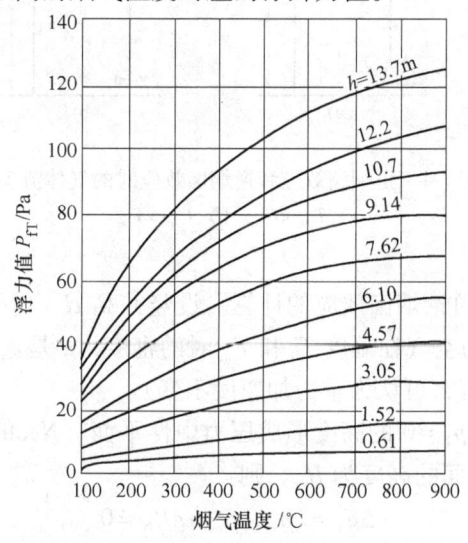

图 2-3 不同烟气温度对应的浮升力值

【例 2-1】 房间着火后烟气温度为 800℃,门洞高 2.5m,走廊内温度为 20℃,求门洞上端的内外热压差。

【解】 假设中性面在门洞的一半,利用式 (2-2) 有:

$$\Delta p_{fT} = \left[3460 \times \left(\frac{1}{273+20} - \frac{1}{273+800} \right) \times 1.25 \right] \text{Pa} = 10.7 \text{Pa}$$

由此可见,在门洞的上端,内外有 10.7Pa 的压差使烟气向走廊流动。

烟气在走廊内流动过程中受顶棚和墙壁的冷却作用,靠墙的烟气将逐渐下降,形成走廊的周边都是烟气的现象。浮力作用还将使烟气通过楼板上的缝隙向上层渗透。随着烟气的流动和烟气的浓度被稀释,浮升力的作用会逐渐减弱。

2.1.2 烟囱效应引起的烟气运动

当建筑物室内发生火灾时,室内外存在明显的温差,在烟气和空气的密度差作用下引起垂直通道内(楼梯间、电梯井、强弱电桥架等)的空气向上(或向下)流动,从而携带烟气向上(或向下)传播,这种现象称为正(逆)

烟囱效应，如图 2-4 所示。

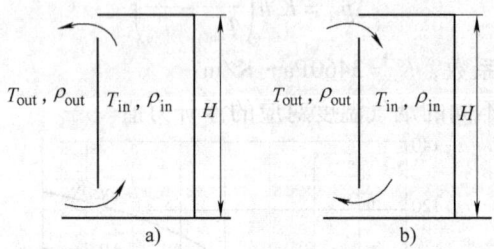

图 2-4　正烟囱效应和逆烟囱效应时的气体流动
a) $T_{out} < T_{in}$　b) $T_{out} > T_{in}$

现结合图 2-4a 讨论烟囱效应的计算。设竖井高 H，内外温度分别为 T_{in} 和 T_{out}，ρ_{in} 和 ρ_{out} 分别为空气在温度 T_{in} 和 T_{out} 时的密度，g 是重力加速度（对于一般建筑物的高度而言，可认为重力加速度不变）。

在着火房间，$\Delta p_T = 0$ 的高度形成压力中性平面（Neutral plane，简称中性面），令中性面离地面的高度为 H_N，则：

$$\Delta p_T = (\rho_{in} - \rho_{out}) g H_N = 0 \tag{2-3}$$

则在该建筑内部和外部高 h 处的压力分别为：

$$p_{in}(h) = p_0 - \rho_{in} g h \tag{2-4}$$

$$p_{out}(h) = p_0 - \rho_{out} g h \tag{2-5}$$

因而，在高 h 处的外内压力差为：

$$\Delta p_T = (\rho_{in} - \rho_{out}) g h \tag{2-6}$$

在建筑物的防排烟设计中，建筑物内外的压差变化与绝对大气压力相比要小得多，因此可根据理想气体定律，用 p_{atm} 来计算烟气的密度。一般认为烟气也遵循理想气体定律，再假设烟气的分子量与空气的平均分子量相同，即等于 0.0289kg/mol，则式（2-6）可写为：

$$\Delta p_T = \frac{g h p_{abs}}{R} \left(\frac{1}{T_{out}} - \frac{1}{T_{in}} \right) \tag{2-7}$$

式中　p_{abs}——绝对大气压力（Pa）；

T_{out}——外界空气的热力学温度（K）；

T_{in}——室内空气（竖井）的热力学温度（K）；

R——气体常数，与气体的种类有关。

在标准大气压下，即 $p_{abs} = 101325$Pa，空气 $R = 287.1$J/(kg·K)，$g = 9.8$m/s²，式（2-7）改写为：

$$\Delta p_{\text{T}} = K_s h \left(\frac{1}{T_{\text{out}}} - \frac{1}{T_{\text{in}}} \right) \tag{2-8}$$

式中　　h——中性面以上的距离（m）；

K_s——修正系数，$K_s = 3460$。

图 2-5 给出了通常温度范围内烟囱效应引起的压力值。

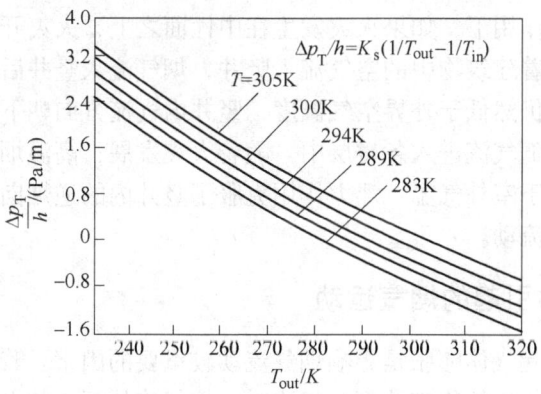

图 2-5　烟囱效应的压力计算图

烟囱效应是建筑火灾中烟气流动的主要因素。在正烟囱效应作用下，如果火灾发生在中性面之下，烟气将随建筑物中的空气流入竖井，并沿竖井上升。烟气流入竖井后使井内气温升高，产生的浮力作用增大，竖井内上升气流加强。一旦烟气上升到中性面以上，烟气便可由竖井流出，进入建筑物上部各楼层，然后随气流通过各楼层的外墙开口排至室外；如果楼层间的缝隙可以忽略，则中性面以下的楼层，除了着火层外都将没有烟气进入；如果楼层上下之间存在缝隙，则着火层所产生的烟气将向上一层渗漏，中性面以下楼层的烟气

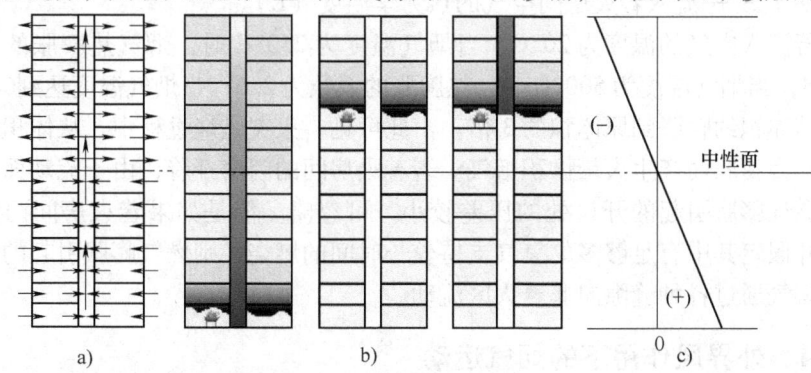

图 2-6　建筑物中正烟囱效应引起的烟气流动

a) 空气流　b) 烟气流动　c) 压差 Δp_{T}

将随空气进入竖井向上流动,如图 2-6a 所示。如果火灾发生在中性面之上,由正烟囱效应引起的空气流从竖井进入着火层能够阻止烟气流进竖井,见图 2-6b。当楼层间存在缝隙时,如果着火层的燃烧强烈,热烟气的浮力克服了竖井内的烟囱效应,则烟气仍可进入竖井继而流入上层楼层,见图 2-6c。着火房间中的烟气将随着建筑物中的气流通过外墙开口排至室外。

逆烟囱效应作用下,如果火灾发生在中性面之上,火灾开始阶段烟气温度较低,烟气将随着建筑物中的空气流入竖井,烟气流入竖井后虽然使井内的气温有所升高,但仍然低于外界空气温度,竖井内气流方向朝下,烟气被带到中性面以下,然后随气流进入各楼层中。随着火灾发展,高温烟气进入竖井后将导致井内气温高于室外气温,浮力作用克服了竖井内的逆烟囱效应,则烟气在竖井内转而向上流动。

2.1.3 膨胀力引起的烟气运动

温度升高引起气体膨胀是影响烟气流动较重要的因素。若着火房间只有一个小的墙壁开口与建筑物其他部分相连时,烟气将从开口的上部流出,外界空气将从开口下部流进。由于燃料燃烧所增加的质量与流入的空气质量相比很小,一般将其忽略;再假设烟气的热性质与空气相同,则烟气流出与空气流入的体积流量之比可表达为热力学温度之比:

$$\frac{Q_{\text{out}}}{Q_{\text{in}}} = \frac{T_{\text{out}}}{T_{\text{in}}} \tag{2-9}$$

式中 Q_{out}——从着火房间流出的烟气体积流量(m^3/s);

Q_{in}——流入着火房间的空气流量(m^3/s);

T_{out}——从着火房间流出烟气的热力学温度(K);

T_{in}——流入着火房间空气的热力学温度(K)。

若流入空气的温度为 20°C,当烟气温度为 250°C 时,烟气热膨胀的系数为 1.8;当烟气温度为 500°C 时,热膨胀的系数为 2.6;当烟气温度达到 600°C 时,其体积约膨胀到原体积的 3 倍。由此可见,火灾燃烧过程中,从体积流量来说,因膨胀而产生大量体积烟气。若着火房间的门窗开着,由于流动面积较大,燃气膨胀引起的开口处的压差较小,可忽略。但是如果着火房间门窗关闭,并假定其中有足够多的氧气支持较长时间的燃烧,则燃气膨胀引起的压差将使烟气通过各种缝隙向非着火区流动。

2.1.4 外界风作用下的烟气运动

风的存在可在建筑物的周围产生压力分布,而这种压力分布能够影响建筑物内的烟气流动。风的作用受到多种因素的影响,包括风速、风向、建筑物高度和几何外形及邻近建筑物等。一般说来，风朝建筑物吹过来会在建筑物的迎风侧产生较高的滞止压力，这可增强建筑物内的烟气向下风向的流动。压力差的大小与风速的平方成正比，即：

$$\Delta p_{wT} = \frac{1}{2} C_w \rho_{out} v^2 \tag{2-10}$$

式中　Δp_{wT}——风作用到建筑物表面产生的附加压力（Pa）；
　　　ρ_{out}——室外空气的密度（kg/m³）；
　　　v——室外风速（m/s）；
　　　C_w——风压系数（无量纲），取值参考表 2-1。

表 2-1　矩形建筑物各壁面的平均压力系数

建筑物的高宽比	建筑物的长宽比	风向角	不同墙壁上的风压系数			
			正面	背面	侧面	侧面
$H/W \leq 0.5$	$1 < L/W \leq 1.5$	0°	+0.7	-0.2	-0.5	-0.5
		90°	-0.5	-0.5	+0.7	-0.2
	$1.5 < L/W \leq 4$	0°	+0.7	-0.25	-0.6	-0.6
		90°	-0.5	-0.5	+0.7	-0.1
$0.5 < H/W \leq 1.5$	$1 < L/W \leq 1.5$	0°	+0.7	-0.25	-0.6	-0.6
		90°	-0.6	-0.5	+0.7	-0.25
	$1.5 < L/W \leq 4$	0°	+0.7	-0.3	-0.7	-0.7
		90°	-0.5	-0.5	+0.8	-0.1
$1.5 < H/W \leq 6$	$1 < L/W \leq 1.5$	0°	+0.8	-0.25	-0.8	-0.8
		90°	-0.8	-0.5	+0.8	-0.25
	$1.5 < L/W \leq 4$	0°	+0.7	-0.4	-0.7	-0.7
		90°	-0.5	-0.5	+0.8	-0.1

注：H 为屋顶高度，L 为建筑物的长边，W 为建筑物的短边。

若使用标准大气压状态下的空气物理量，则上式可写为：

$$\Delta p_{wT} = 177 C_w v^2 / T_0 \tag{2-11}$$

式中　T_0——环境温度（K）。

例如，若温度为 293K 的风以 7m/s 的速度吹到建筑物表面，将产生 30Pa

的压力差，显然它要影响建筑物内燃烧或烟囱效应引起的烟气流动。图2-7给出了不同室外风速对建筑物产生的风压值。

通常风压系数 C_w 的值在 $-0.8 \sim +0.8$ 之间。迎风墙为正，背风墙为负。C_w 为正，表示该处的压力比大气压力升高了 Δp_w；C_w 为负，表示该处的压力比大气压力减少了 Δp_w。此系数的大小决定于建筑物的几何形状及当地的挡风状况，并且在墙壁表面的不同部位有不同的值，如图2-8所示。表2-1给出了附近没有障碍物时，矩形建筑物的前后壁面上压力系数的平均值。

由风引起的建筑物两个侧面的压差为：

$$\Delta p_{wT} = \frac{1}{2}(C_{w1} - C_{w2})\rho_0 v^2$$

(2-12)

式中，C_{w1}、C_{w2} 分别为迎风墙和背风墙的压力系数；其他符号的意义同前式。

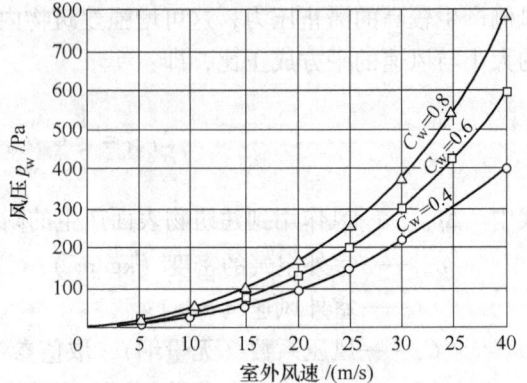

图2-7 不同室外风速对建筑物产生的风压值

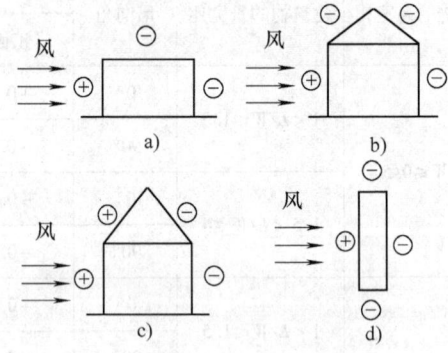

图2-8 建筑物在风力作用下的压力分布

上述各计算公式都用到风速 v。风速随高度的变化可用下式表示：

$$\frac{v}{v_0} = \left(\frac{Z}{Z_0}\right)^n$$

(2-13)

式中 Z——测量风速 v 时所在高度（m）；

Z_0——参考高度（m），机场和气象站等一般在离地高度10m处测量风速，本书亦将参考高度取为10m；

v——测量高度 Z 处的实际风速（m/s）；

v_0——参考高度 Z_0 处的风速（m/s）；

n——风速指数（无量纲）；气象测试资料表明，不同地形条件、不同地区的大气边界层厚度差别很大，因而应采用不同的风速指数；在平坦地带（如空旷的野外），风速指数可取0.16左右；在不平坦的地带（如周围有树木的村镇），风速指数可取0.28左右；在很不平坦的地带（如市区），风速指数约为 0.40。

在设计防排烟系统时，涉及如何选择参考风速的问题。有资料指出，大部分地区的平均风速为 2~7m/s，但此值对于防排烟系统的设计未必适用。大量证据表明，在约半数以上的火灾中，实际风速大于此值。建筑设计部门一般把当地的最大风速作为建筑安全设计参考值，其值常取为 30~50m/s。但对防排烟系统来说，此值又显得太大了，因为发生火灾的同时又遇到如此大风的概率太小了。在没有更理想的结果前，建议在设计防排烟系统时，将参考风速取为当地平均风速的 2~3 倍。

对于封闭性较好且外部门窗均关闭的高层建筑，就是在较高楼层、外部风较大的情况下，其对高层建筑内部气流的流动影响也比较小。但是，高层建筑发生火灾往往出现外窗玻璃破碎，在这种情况下，若破碎的外窗处于正迎风面，大量外界新鲜空气在高风压的作用下进入高层建筑内部，将驱动整个高层建筑内热烟气迅速流动，使火灾迅速蔓延，给建筑内人员的安全疏散及消防人员的灭火带来极大影响。若破碎的外窗处于背风面，则外部风压在高层建筑背风面产生的强大负压会将热烟气从高层建筑内抽出，为建筑内人员的安全疏散赢得宝贵时间。

2.1.5 通风空调系统引起的烟气运动

现代建筑中大多安装了采暖、通风和空气调节系统（Heat Ventilation and Air Condition，简称 HVAC）。在火灾情况下，即使风机不开动，HVAC 系统的管道也能成为烟气流动的通道。在前面所说的几种力（尤其是烟囱效应）的作用下，烟气将会沿管道流动，从而促使烟气在整个楼内蔓延。若此时 HVAC 系统仍在工作，HVAC 系统能将烟气送到建筑物的其他部位，从而使尚未发生火灾的空间也受到烟气的影响。对于这种情况，一般认为，应立即关闭 HVAC 系统管道的防火阀和风机，切断着火区与其他部位的联系。这种方法虽然防止了向着火区的供氧及在机械作用下烟气进入通风管的现象，但并不能避免由于压差等因素引起的烟气沿通风管道扩散。

2.2 烟气等效流通面积

烟气从出口向外蔓延的规律遵从流体孔口流动规律。与开口壁的厚度相比，开口面积很大的孔洞（如门窗洞口）的气体流动，叫做孔口流动，如图 2-9 所示。从出口（开口面积为 A）喷出的气流发生缩流现象，流体发生缩流后的截面面积变为 A'。故引入收缩系数 α，则 $\alpha = A'/A$。由流体力学试验得知，α 的一般取值为 0.62~0.64，一般圆形薄壁小孔口的 α = 0.62~0.64。

那么通过孔口处的容积流量 Q（m³/s）为：

$$Q = \alpha A v \tag{2-14}$$

一个系统中烟气蔓延的流动路径可以是相互并联、串联、或是串、并联相结合。对于给定的流动系统，其等效流通面积定义为在同样压差情况下与多个烟气出口造成同样流动的单一开口的面积。这与电路理论中等效电阻的概念相类似。因为求得等效流通面积后，就可根据式（2-14）简单地求出系统的烟气流量，所以等效流通面积的概念在烟气控制系统的分析中非常有用。

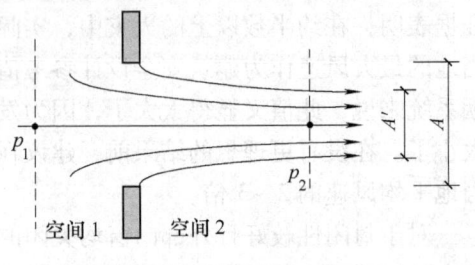

图 2-9 孔口处的气流

根据伯努利方程（不考虑孔口入口处的缩流阻力和孔口内的摩擦阻力），有：

$$p_1 = p_2 + \frac{1}{2}\rho v^2 \tag{2-15}$$

则烟气总流量 Q、开口两侧总压差 Δp（$\Delta p = p_1 - p_2$）和等效流通面积 A_e 之间的关系式为：

$$Q = \alpha A_e (2\Delta p/\rho)^{\frac{1}{2}} \tag{2-16}$$

式中　α——收缩系数；

　　　A_e——孔口等效流通面积（m²）；

　　　Δp——开口两侧总压差（Pa）；

　　　ρ——流过孔口的气体密度（kg/m³）；

　　　v——烟气通过孔口的流速（m/s）。

对于多数烟气控制计算来说，可以假定通过某一孔口的烟气温度不变和收缩系数相同。下面分别讨论各种情形下等效流通面积的计算。

2.2.1　并联流动

如图 2-10a 所示，当烟气从正

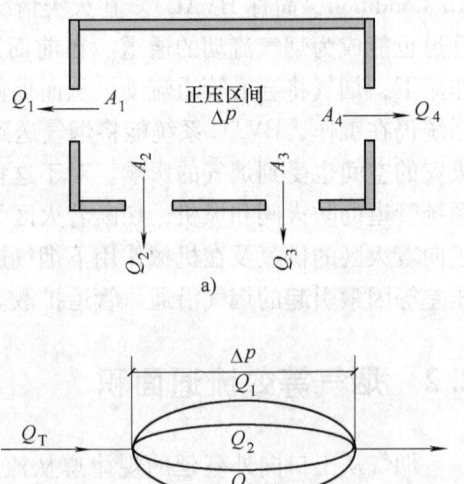

图 2-10 并联气流通路

压区间的若干个门窗流出进入非正压区时,这几个门窗就构成并联式的气流通路。并联式气流通路,可以简化为图 2-10b。

图 2-10 中气体从的正压区间/加压空间有 4 个并联出口,每个出口的压差 Δp 都相同,总流量 Q_T 为 4 个出口的流量之和:

$$\Delta p_T = \Delta p_1 = \Delta p_2 = \Delta p_3 = \Delta p_4 \tag{2-17}$$

$$Q_T = Q_1 + Q_2 + Q_3 + Q_4 \tag{2-18}$$

根据式 (2-16),可以写出 4 个并联出口流量和流通面积的关系式

$$Q_1 = \alpha_1 A_1 (2\Delta p_1/\rho)^{\frac{1}{2}} \tag{2-19}$$

$$Q_2 = \alpha_2 A_2 (2\Delta p_2/\rho)^{\frac{1}{2}} \tag{2-20}$$

$$Q_3 = \alpha_3 A_3 (2\Delta p_3/\rho)^{\frac{1}{2}} \tag{2-21}$$

$$Q_4 = \alpha_4 A_4 (2\Delta p_4/\rho)^{\frac{1}{2}} \tag{2-22}$$

设备开口的收缩系数相等,$\alpha = \alpha_1 = \alpha_2 = \alpha_3 = \alpha_4$,将式 (2-19)、式 (2-20)、式 (2-21)、式 (2-22) 代入式 (2-18) 中得:

$$A_e = A_1 + A_2 + A_3 + A_4 \tag{2-23}$$

若独立的并行出口有 n 个,则等效流通面积就是各出口的流通面积的代数和,即:

$$A_e = \sum_{i=1}^{n} A_i \tag{2-24}$$

2.2.2 串联流动

图 2-11 所示的正压区间有四个串联出口。通过每个出口的体积流量 Q 是相同的,从加压空间到外界的总压差 Δp_T 是经过四个出口的压差 Δp_1、Δp_2、Δp_3、Δp_4 之和:

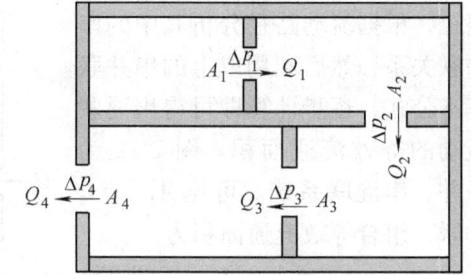

图 2-11 串联气流通路

$$Q_T = Q_1 = Q_2 = Q_3 = Q_4 \tag{2-25}$$

$$\Delta p_T = \Delta p_1 + \Delta p_2 + \Delta p_3 + \Delta p_4 \tag{2-26}$$

由式 (2-16),可得:

$$\Delta p_T = \frac{\rho}{2} [Q_T/(\alpha A_e)]^2 \tag{2-27}$$

类似地,可以写出四个串联出口压差和流量、流通面积的关系式:

$$\Delta p_1 = \frac{\rho}{2} [Q_1/(\alpha_1 A_1)]^2 \tag{2-28}$$

$$\Delta p_2 = \frac{\rho}{2}[Q_2/(\alpha_2 A_2)]^2 \qquad (2\text{-}29)$$

$$\Delta p_3 = \frac{\rho}{2}[Q_3/(\alpha_3 A_3)]^2 \qquad (2\text{-}30)$$

$$\Delta p_4 = \frac{\rho}{2}[Q_4/(\alpha_4 A_4)]^2 \qquad (2\text{-}31)$$

设各开口的流通系数相等，$\alpha = \alpha_1 = \alpha_2 = \alpha_3 = \alpha_4$，将式（2-28）、式（2-29）、式（2-30）、式（2-31）代入式（2-18）中，得：

$$A_e = [1/A_1^2 + 1/A_2^2 + 1/A_3^2 + 1/A_4^2]^{-\frac{1}{2}} \qquad (2\text{-}32)$$

以此类推，可以得到 n 个出口串联时的等效流通面积为：

$$A_e = \left[\sum_{i=1}^{n}(1/A_i^2)\right]^{-\frac{1}{2}} \qquad (2\text{-}33)$$

在烟气控制系统中，两个串联出口最为常见，其等效流通面积常写为：

$$A_e = A_1 A_2 / \sqrt{A_1^2 + A_2^2} \qquad (2\text{-}34)$$

2.2.3 混联流动

混联流动在计算其等效流通面积时，应首先分析气体在流动过程中的流动路径，根据流动路径分析其中的串并联关系，然后利用以上的串并联基本公式，逐步计算即可得出混联流动的等效流通面积。图 2-12 为一并、串混联系统。可见 A_2 与 A_3 并联，组合等效流通面积为：

$$A_{23e} = A_2 + A_3 \qquad (2\text{-}35)$$

A_4、A_5 也是并联，其等效流通面积为：

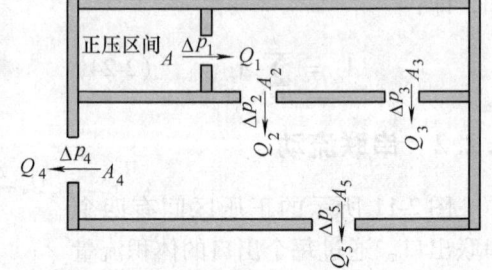

图 2-12 混联气流通路

$$A_{45e} = A_4 + A_5 \qquad (2\text{-}36)$$

这两个等效流通面积又与 A_1 串联，所以系统的总等效流通面积为：

$$A_e = [1/A_1^2 + 1/A_{23e}^2 + 1/A_{45e}^2]^{-\frac{1}{2}} \qquad (2\text{-}37)$$

2.3 压力中性面

中性面理论不仅适用于正常情况下建筑物的通风，而且适用于火灾情况下建筑物的排烟。在防排烟工程中，确定了压力中性面的位置，就可确定其上下方烟气的不同流动状况,从而制定不同的烟气控制策略,实现烟气的有效控制。

在发生火灾时,着火房间内的气体温度总是高于室外空气的温度,故本节主要讨论正烟囱效应下中性面位置的确定方法,并可采用有效面积法将其扩展到建筑物中性面的分析。使用烟气流动的串联模型,根据中性面的位置,可以估计流过建筑物的气体流速和压差。

2.3.1 具有连续侧向开缝竖井

假设一个竖井(与地面相通的垂直通道),从其顶部到底部有连续的宽度相同的侧向开缝与外界连通,由于竖井内温度高于竖井外温度,则由正烟囱效应而引起的该竖井内气流状况如图2-13所示。

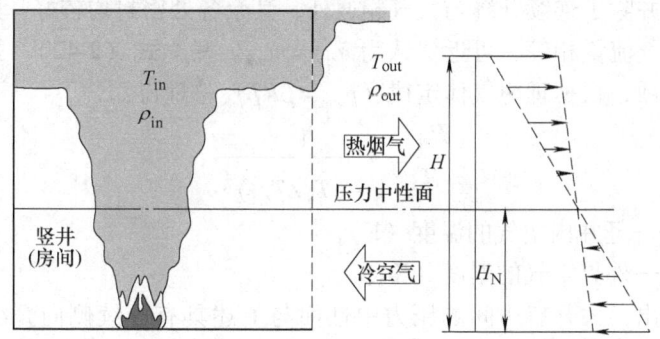

图2-13 与外界具有连续开缝竖井的气流状况

竖井侧向开口高度为$H(m)$,中性面N到竖井下缘的垂直距离为$H_N(m)$室内外气体温度分别为T_{in}、T_{out}。则在距中性面N上方垂直距离h处的竖井内外压力差为:

$$\Delta p = |\rho_{out} - \rho_{in}|gh \tag{2-38}$$

从h处起向上取微元高dh,设w为竖井开口宽度。根据流量平方根法则,通过该微元面积向外排出的气体质量流量为:

$$dm_{out} = \alpha w \sqrt{2\rho_{in}\Delta p}dh = \alpha w \sqrt{2\rho_{in}bh}dh \tag{2-39}$$

其中:

$$b = gp_{atm}(1/T_{out} - 1/T_{in})/R \tag{2-40}$$

则从竖井中性面至上缘之间的开口面积中排出的气体质量流量为:

$$m_{out} = \int_0^{H-H_N} dm_{out} = \int_0^{H-H_N} \alpha w \sqrt{2\rho_{in}bh}dh \tag{2-41}$$

积分得

$$m_{out} = \frac{2}{3}\alpha w(H-H_N)^{\frac{3}{2}}\sqrt{2\rho_{in} b} \tag{2-42}$$

同理，可以得到从竖井中性面至下缘之间的开口面积中流入的空气质量流量为：

$$m_{in} = \frac{2}{3}\alpha w H_N^{\frac{3}{2}}\sqrt{2\rho_{out} b} \tag{2-43}$$

式中 α——竖井的收缩系数；

ρ_{out}——外界空气的密度（kg/m^3）；

ρ_{in}——室内空气的密度（kg/m^3）。

假设竖井除了连续开缝与大气相通外，其余各处密封均较好，则流入与流出房间的烟气流量相等，可近似认为 $m_{in}=m_{out}$。联立式（2-42）、式（2-43），消去相同的项，根据理想气体定律（$p_{atm}=\rho RT$）整理得：

$$\frac{H_N}{H} = \frac{1}{1+(T_{in}/T_{out})^{\frac{1}{3}}} \tag{2-44}$$

式中 T_{in}——竖井内空气的温度（K）；

T_{out}——外界空气的温度（K）。

顺便指出，大开口房间的压力中性面与上述具有连续侧向开缝的竖井类似。火灾初期，室内气体分为上部热烟气层和下部冷空气层，因而室内压力分布由两段斜率不同的直线组成，下半段直线与室外压力分布线平行，室内外压力分布线没有交点，不存在压力中性面；随着火灾的发展，热烟气层逐渐变厚，室内压力分布线上半段随之变长，并与室外压力分布线相交，交点所在的水平面即为压力中性面；发生轰燃后，室内气体不再分层，压力分布线成为一条直线，其发展过程如图 2-14 所示。

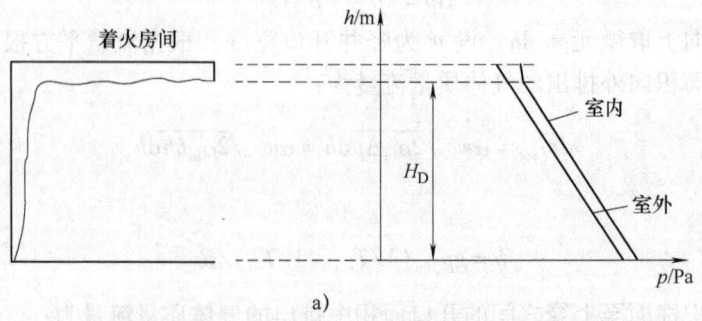

图 2-14 大开口房间压力分布线发展过程示意图
a）烟气未流出开口时的室内外压力分布

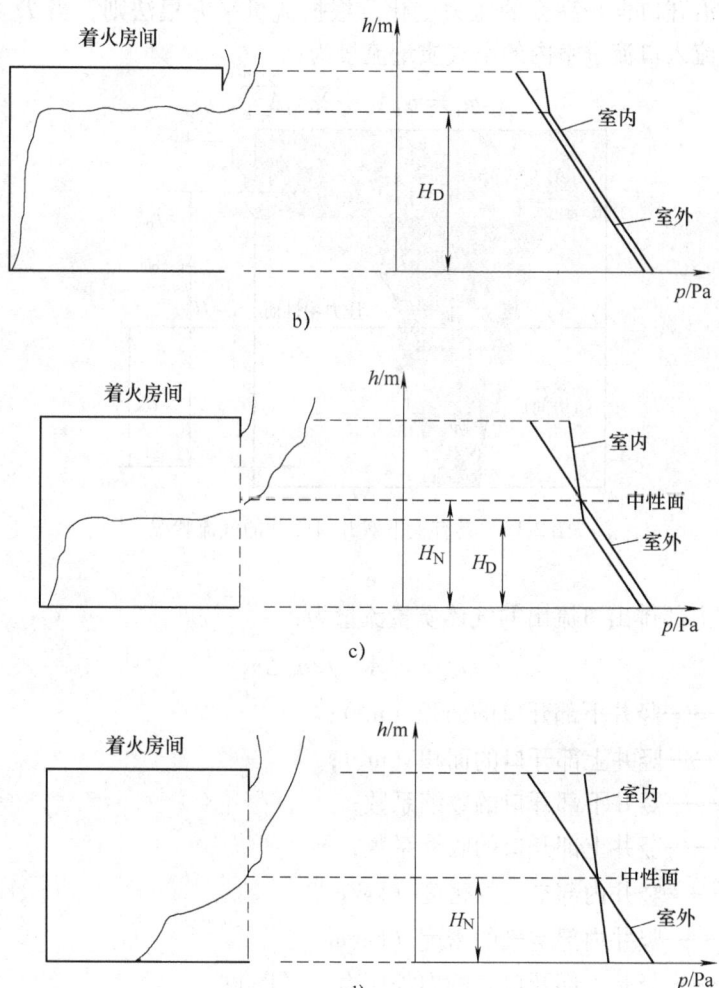

图 2-14 大开口房间压力分布线发展过程示意图（续）
b）烟气刚开始流出开口时的室内外压力分布（这个阶段仅持续很短时间）
c）室内烟气分层时的室内外压力分布　d）烟气充满房间时的室内外压力分布

2.3.2 具有上下侧向开口的竖井

设某竖井具有上、下两个侧向开口，由正烟囱效应而引起的该竖井内气流状况如图 2-15 所示（此种情况类似于着火房间与室外具有上、下两个开口）。

为了简化分析，假设两个侧向开口间的距离比开口本身的尺寸大得多，这样可忽略沿开口自身高度的压力变化。根据流量平方根法则，当 $T_{in} > T_{out}$ 时，通过下部流入口流进室内的空气质量流量为：

$$m_{in} = \alpha_1 A_1 \sqrt{2\rho_{out}\Delta p_1} \tag{2-45}$$

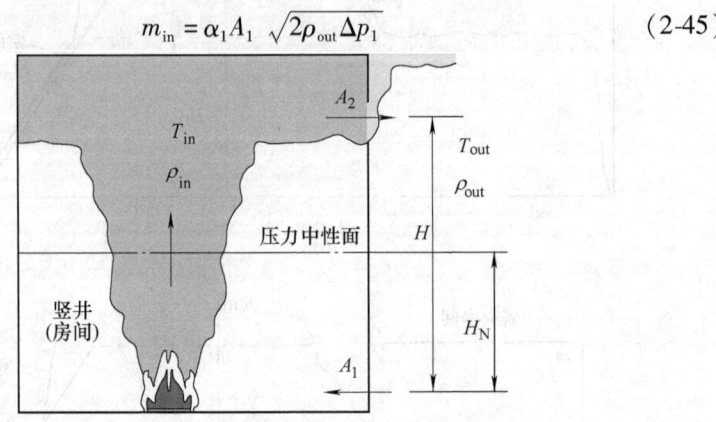

图 2-15 具有上下双开口竖井的气流状况

通过上部排出口流出的气体质量流量为：

$$m_{out} = \alpha_2 A_2 \sqrt{2\rho_{in}\Delta p_2} \tag{2-46}$$

式中 A_1——竖井下部开口的面积（m^2）；

A_2——竖井上部开口的面积（m^2）；

α_1——竖井下部开口的收缩系数；

α_2——竖井上部开口的收缩系数；

ρ_{in}——竖井内部空气的密度（kg/m^3）；

ρ_{out}——竖井内部空气的密度（kg/m^3）；

Δp_1——竖井下部开口处的内外压力差（Pa）；

Δp_2——竖井上部开口处的内外压力差（Pa）。

图中 H_N 为中性面到竖井下部开口中心位置处的垂直距离（m）。在中性面 N 处，竖井内外压力相等，即 $p_{Nin} = p_{Nout}$。

在竖井下部开口处，竖井内压力为：

$$p_{1in} = p_{Nin} + \rho_{in}gH_N \tag{2-47}$$

竖井外压力为：

$$p_{1out} = p_{Nout} + \rho_{out}gH_N \tag{2-48}$$

则竖井下部开口处的内外压差为：

$$\Delta p_1 = |p_{1in} - p_{1out}| = |\rho_{in} - \rho_{out}|gH_N \tag{2-49}$$

在竖井上部开口处，竖井内压力为：

$$p_{2in} = p_{Nin} - \rho_{in}g(H - H_N) \tag{2-50}$$

竖井外压力为：

$$p_{2out} = p_{Nout} - \rho_{out}g(H - H_N) \tag{2-51}$$

则竖井上部开口处的内外压差为：

$$\Delta p_2 = |p_{2in} - p_{2out}| = |\rho_{out} - \rho_{in}|g(H - H_N) \tag{2-52}$$

由于流量连续，即 $m_{in} = m_{out}$，故

$$\alpha_1 A_1 \sqrt{2g\rho_{out}|\rho_{in} - \rho_{out}|H_N} = \alpha_2 A_2 \sqrt{2g\rho_{in}|\rho_{out} - \rho_{in}|(H - H_N)} \tag{2-53}$$

两边平方，根据理想气体定律移项整理得到：

$$\frac{H_N}{H} = \frac{1}{1 + (T_{in}/T_{out})(\alpha_1 A_1/\alpha_2 A_2)^2} \tag{2-54}$$

一般，竖井上下开口的结构形式基本相同，可认为其流量系数相近，即 $\alpha_1 = \alpha_2$，则式（2-54）简化为：

$$\frac{H_N}{H} = \frac{1}{1 + (T_{in}/T_{out})(A_1/A_2)^2} \tag{2-55}$$

式（2-55）表明了中性面位置与上下开口面积、竖井内气体温度及外界空气温度之间的关系。显而易见，火灾温度越高，中性面越往下移；下部开面积增大，中性面亦往下移。中性面下移，有利于对外排烟，所以，在进行自然排烟设计时，应适当加大竖井底部的开口面积，这样有利于上层的对外排烟。

2.3.3 具有连续侧向开缝和一个上部侧向开口的竖井

设某竖井具有连续侧向开缝和一个上部侧向开口，则竖井内由正烟囱效应所引起的气流流动状况如图 2-16 所示（此种情况类似于着火房间通向室外的单个门窗开启，且有一个上部开口）。

设上部侧向开口的面积为 A_v，其中心到地面的高度为 H_v。开口位于中性面之下时也可作类似分析。为简化起见，认为开口的自身高度与竖井高 H 相比很小，这样可认为流体流过开口时的压力差不变。

流出房间的烟气质量是由门孔中性面至上缘之间的开口面积中流出的烟气质量与由上部开口流出的烟气质量之和，即：

$$m_{out} = \frac{2}{3}\alpha w(H-H_N)^{3/2}\sqrt{2\rho_{in}b} + \alpha A_v\sqrt{2\rho_{in}b(H_v-H_N)} \qquad (2\text{-}56)$$

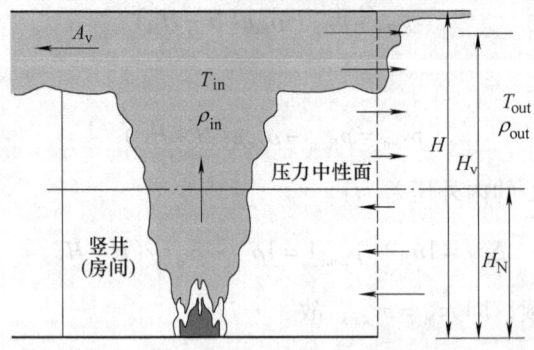

图 2-16 具有一个上开口及连续开缝竖井的气流状况

同理，可以得到从窗孔中性面至下缘之间的开口面积中流入的空气质量流量为：

$$m_{in} = \frac{2}{3}\alpha w H_N^{\frac{3}{2}}\sqrt{2\rho_{out}b} \qquad (2\text{-}57)$$

根据质量守恒原理，流出房间的烟气质量应等于流入的质量，即 $m_{in} = m_{out}$。联立式（2-56）、式（2-57），消去相同的项，并将理想气体定律关于密度和温度的关系代入，得：

$$\frac{2}{3}w(H-H_N)^{\frac{3}{2}} + A_v(H_v-H_N)^{\frac{1}{2}} = \frac{2}{3}w H_N^{\frac{3}{2}}(T_{in}/T_{out})^{\frac{1}{2}} \qquad (2\text{-}58)$$

当 $A_v \neq 0$ 时，此式可进一步整理为：

$$\frac{2}{3}\times\frac{wH(H-H_N)^{\frac{3}{2}}}{A_v H} + (H_v-H_N)^{\frac{1}{2}} = \frac{2}{3}\times\frac{wHH_N^{\frac{3}{2}}T_{in}^{\frac{1}{2}}}{A_v H T_{out}^{\frac{1}{2}}} \qquad (2\text{-}59)$$

对于较大的开口，比值 wH/A_v 趋近于零。而当 wH/A_v 接近于零时，上式中的第一、三项接近于零，于是得到 $H_N = H_v$，这样中性面就位于上部开口处。显然，由上述各式决定的中性面位置受流通面积影响较大，而受温度影响较小。

无论开口在中性面上部还是下部，其位置将位于式（2-55）所给的无开口时的高度与开口高度 H_v 之间。wH/A_v 的值越小，中性面的位置就越接近于 H_v。

2.3.4 顶部水平开口的竖井

建筑物顶部开设水平排烟口也是一种最普遍的自然排烟方式。但是受压差的影响，流动的方向有单向和双向两种情况，如图 2-17 所示。由于火灾情况下，室内压力高于室外，因此，我们认为水平开口处仅存在单向流动。

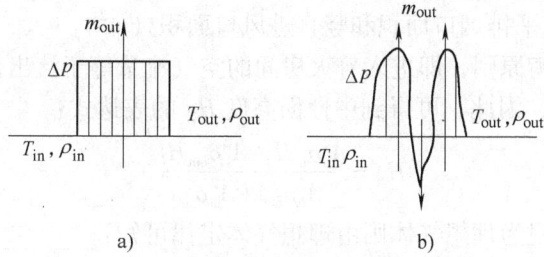

图 2-17 水平自然排烟口的烟气流动
a) 单向流动 b) 双向流动

某房间顶部有一排烟口，发生火灾后其烟气运动如图 2-18 所示。

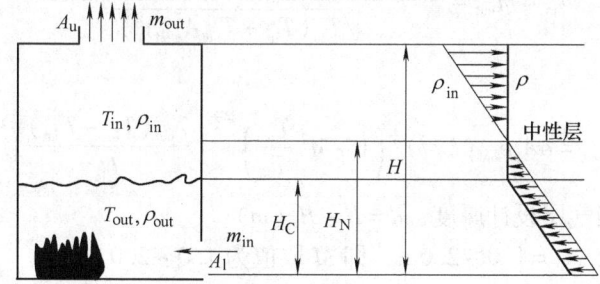

图 2-18 顶部自然排烟口的烟气流动

顶部排烟口流速为：

$$v = \sqrt{\frac{2\Delta p}{\rho_{in}}} \quad (2\text{-}60)$$

上部开口：

$$\Delta p_u = (H - H_N)(\rho_{out} - \rho_{in})g \quad (2\text{-}61)$$

下部开口：

$$|\Delta p_l| = (H_N - H_C)(\rho_{out} - \rho_{in})g \quad (2\text{-}62)$$

式中 Δp_u、Δp_l——顶部水平开口和下部竖直开口处压差（Pa）；
  H、H_N、H_C——房间高度、中性面高度和冷空气层高度（m）。
结合式（2-60）~式（2-62），可以得到烟气和空气的质量流量：

$$m_{\text{out}} = \alpha A_u \rho_{\text{in}} \sqrt{\frac{2(H-H_N)(\rho_{\text{out}}-\rho_{\text{in}})g}{\rho_{\text{in}}}} \tag{2-63}$$

$$m_{\text{in}} = \alpha A_1 \rho_{\text{out}} \sqrt{\frac{2(H_N-H_C)(\rho_{\text{out}}-\rho_{\text{in}})g}{\rho_{\text{out}}}} \tag{2-64}$$

式中 m_{out}——流出顶棚的烟气流量（kg/s）；

A_u、A_1——水平排烟口面积和竖直进风口面积（m^2）。

根据质量平衡原则，即进入着火房间的空气流量等于流出顶部排烟口的烟气流量 $m_{\text{in}} = m_{\text{out}}$，因此，可得到中性面高度 H_N 的表达式：

$$H_N = \frac{A_u^2 \rho_{\text{in}} H + A_1^2 \rho_{\text{out}} H_C}{A_1^2 \rho_{\text{out}} + A_u^2 \rho_{\text{in}}} \tag{2-65}$$

将烟气和空气都视为理想气体则由理想气体定律可知：

$$\rho_{\text{out}} T_{\text{out}} = \rho_{\text{in}} T_{\text{in}} \tag{2-66}$$

将中性面高度及式（2-65）代入式（2-63）、式（2-64），得到的烟气流量和空气流量为：

$$m_{\text{in}} = m_{\text{out}} = \frac{\alpha A_u \rho_{\text{out}} \sqrt{2g(H-H_C)(T_{\text{in}}-T_{\text{out}})T_{\text{out}}}}{\sqrt{T_{\text{in}}(T_{\text{in}}+T_{\text{out}}A_u^2/A_1^2)}} \tag{2-67}$$

上式可以写为：

$$m_{\text{out}} = \alpha A_u \rho_{\text{out}} (2gd)^{\frac{1}{2}} \left(1+M^2 \frac{T_{\text{out}}}{T_{\text{in}}}\right)^{-\frac{1}{2}} \left(\frac{T_{\text{out}}(T_{\text{in}}-T_{\text{out}})}{T_{\text{in}}^2}\right)^{\frac{1}{2}} \tag{2-68}$$

式中 d——烟气层设计厚度，$d = H - H_C$（m）。

$M = A_u/A_1$，$A_u = 1.0 \sim 2.0 A_1$，即 M 取值为 $1.0 \sim 2.0$。

上式有如下适用条件：烟气层温度不变（设计时可取最大值）；空气层状态近似为与外界环境相同；不考虑外部风的影响。

在已知烟气质量流量、进风口面积和冷空气层高度的条件下可由式（2-68）得到顶部排烟口的面积。

2.3.5 中性面以上楼层内的烟气浓度

火灾烟气蔓延到建筑物的上部楼层后，空气中的有害污染物浓度也将发生变化。在某些需要考虑烟气控制的情况下，人们需对这些物质的影响有所认识。现结合中性面以上楼层讨论其估算方法。

尽管有害污染物的浓度在不断变化，但仍近似认为烟气的质量流量是稳定的。中性面位置可由前面讨论的方法确定，并设外界温度低于竖井内的温度（$T_{\text{out}} < T_{\text{in}}$）。因为楼层之间没有缝隙，所以由竖井流进各层的质量流量等于从各层流到外界的质量流量，这一流率可表达为：

$$m = \alpha A_e \sqrt{2\rho_{in}\Delta p} \qquad (2\text{-}69)$$

式中 m——质量流量（kg/s）；

α——收缩系数（无量纲，一般约为 0.65）；

A_e——竖井与外界间的等效流通面积（m²）；

ρ_{in}——竖井内气体密度（kg/m³）；

Δp——竖井与外界的压差（Pa）。

式（2-33）表示的计算等效流通面积的方法仅适用于两条路径串联且流体温度相同的情况，但这种分析可扩展到流体温度不同的情况：

$$A_e = \left[\frac{1}{A_s^2} + \frac{T_f}{T_s} \times \frac{1}{A_a^2}\right]^{-\frac{1}{2}} \qquad (2\text{-}70)$$

式中 A_e——竖井与外界的等效流通面积（m²）；

A_s——竖井与房间的等效流通面积（m²）；

A_a——房间与外界的等效流通面积（m²）；

T_f——楼层内的温度（K）；

T_s——竖井内的温度（K）。

压差由烟囱效应方程给出：

$$\Delta p = K_s(1/T_{out} - 1/T_s)Z \qquad (2\text{-}71)$$

式中 T_{out}——外界空气的温度（K）；

T_s——竖井内气体的温度（K）；

Z——中性面以上的距离（m）；

K_s——系数，当外界压力为标准大气压时，K_s 取值为 3460。

在中性面以上的某一楼层中，污染物的质量守恒方程为：

$$\frac{dC_f}{dt} = \frac{m}{V_f\rho_f}(C_s - C_f) \qquad (2\text{-}72)$$

式中 C_f——中性面以上某楼层内污染物浓度；

C_s——竖井内污染物浓度；

t——时间（s）；

m——质量流量（kg/s）；

V_f——该楼层容积（m³）；

ρ_f——该楼层内的气体密度（kg/m³）。

C_f 和 C_s 可用任意适当的量纲表示，但两者量纲统一。

此微分方程的解为：

$$C_f = C_s(1 - e^{-\lambda t}) \qquad (2\text{-}73)$$

而

$$\lambda = \frac{m}{V_f \rho_f} \tag{2-74}$$

【例2-2】 请按图2-4a所示的结构形式讨论中性面以上任一楼层内有毒气体浓度的计算。设竖井内CO的含量（体积分数）为1%，外界空气温度 t_{out} = −18℃，竖井内气体温度 t_{in} = 93℃，某楼层在中性面以上的高度 Z = 18.3m，该层内气体温度 t_f = 21℃，竖井与房间的开口面积 A_s = 0.186m²，房间与外界之间的开口面积 A_a = 0.279m²，该层容积 V_f = 561m³，求该楼层内的CO浓度。

【解】 气体密度由理想气体定律计算，设 p 是大气压力（101325Pa），气体常数 R = 287.0J/(kg·K)，可得密度 ρ_s = 0.964kg/m³，ρ_f = 1.20kg/m³。根据式（2-70）可算出 A_e = 0.160m²，由式（2-71）可得 ΔP = 0.75Pa，由式（2-72）可得 m = 1.25kg/s，由式（2-74）可得 λ = 0.1831/s。

该楼层内 C_{CO} 随时间的变化由式（2-73）计算，部分结果见表2-2。

表2-2 有毒气体含量计算结果

时间/min	C_{CO} (×10⁻⁶)	C_{CO}(平均) (×10⁻⁶)	时间/min	C_{CO} (×10⁻⁶)	C_{CO}(平均) (×10⁻⁶)	时间/min	C_{CO} (×10⁻⁶)	C_{CO}(平均) (×10⁻⁶)
0	0	0	8	5851	5341	16	8279	8067
2	1974	987	10	6670	6261	18	8618	8449
4	3559	2767	12	7328	6999	20	8891	8755
6	4830	4195	14	7855	7919			

2.4 烟气流动预测分析

烟气生成速率的计算是进行排烟量计算和风机选型的基础。烟气的生成速率受火灾规模、平均火焰高度、材料特性和建筑空间特性等诸多因素的影响。在一定的建筑空间和火灾规模条件下，烟气生成速率主要取决于烟羽流的质量流量。烟羽流的生成速率由可燃物的质量损失速率、燃烧所需的空气量及上升过程中卷吸的空气量三部分组成。其中，可燃物的质量损失速率和燃烧所需的空气量是一定的，因此，在一定高度上烟羽流的生成速率主要取决于烟羽流对周围空气的卷吸能力。一般情况下，卷吸进羽流的空气量远远超过燃烧产物量，因此，烟气主要由空气组成。由于燃烧产物和空气相比数量很小，在计算烟气生成速率时可以忽略。火灾烟气生成速率的计算一般都基于一定的羽流模型，下面分别予以简要介绍。

2.4.1 NFPA92B 的羽流模型

美国消防协会发布的《商业街、中庭及大空间烟气控制系统设计指南》(NFPA92B) 中推荐的烟气火灾烟气生成速率计算式为：

$$m = 0.071 Q_c^{\frac{1}{3}} Z^{\frac{5}{3}} + 0.0018 Q_c \quad (Z > Z_1) \quad (2\text{-}75)$$

式中 m——在羽流的 Z 高度处烟气的产生速率（kg/s），以 $Z > Z_1$（含义见以下注释）为条件；

Q_c——火源热释放率中的对流换热部分（kW），通常 $0.6Q \leqslant Q_c \leqslant 0.8Q$，一般可取 $Q_c = 0.7Q$，Q 为火源热释放率（适用于液体池火和其他表面火，固体深位火灾等除外）；

Z——烟气层界面至可燃物表面的垂直高度（m），在一般情况下不计可燃物表面至地面的高度，故 Z 也可认为是烟气层界面至地面的垂直高度，用于人员疏散时，这里的地面是指疏散走道的地面；

Z_1——火焰的极限高度（m），按下式计算：

$$Z_1 = 0.166 Q_c^{\frac{2}{5}} \quad (2\text{-}76)$$

式（2-75）由下式演变而来：

$$m = C_1 Q_c^{\frac{1}{3}} (Z - Z_0)^{\frac{5}{3}} [1 + C_2 Q_c^{\frac{2}{3}} (Z - Z_0)^{-\frac{5}{3}}] \quad (2\text{-}77)$$

式中 m——在羽流的 Z 高度处，烟气的生产速率（kg/s），以 $Z > Z_1$；

Q_c——火源热释放率中的对流换热部分（kW），通常 $0.6Q \leqslant Q_c \leqslant 0.8Q$，一般可取 $Q_c = 0.7Q$（适用于液体池火和其他表面火，固体深位火灾等除外）；

Z_0——从可燃物表面至虚点火源的垂直高度（m），图 2-19 是虚点火源的位置，其值由下式求得：

$$Z_0 = 0.083 Q_c^{\frac{2}{5}} - 1.02 D \quad (2\text{-}78)$$

若虚点火源位于可燃物表面的上方时 Z_0 为正值，若虚点火源位于可燃物表面的下方时 Z_0 为负值；

D——火源的当量直径（m）；

C_1——常数，取 0.071；

C_2——常数，取 0.026；

Z——羽流计算点离可燃物表面的垂直高度（m），通常把烟气层界面离疏散地面的高度作为计算点。

将 $C = 0.071$、$C_2 = 0.026$ 代入式（2-77）：

$$m = 0.071 Q_c^{\frac{1}{3}} (Z - Z_0)^{\frac{5}{3}} + 0.071 Q_c^{\frac{1}{3}} (Z - Z_0)^{\frac{5}{3}} \times 0.026 Q_c^{\frac{2}{3}} (Z - Z_0)^{-\frac{5}{3}}$$

$$= 0.071 Q_c^{\frac{1}{3}}(Z-Z_0)^{\frac{5}{3}} + 0.0018 Q_c \tag{2-79}$$

因一般建筑火灾的 Z_0 值很小，可略去不计，则式（2-79）简化为式（2-75），即

$$m = 0.071 Q_c^{\frac{1}{3}} Z^{\frac{5}{3}} + 0.0018 Q_c$$

式（2-75）的适用条件如下：

1）小面积火源的轴对称羽流（火源在房间中部）。

2）烟气层界面高度 Z 大于火源极限高度 Z_1。

3）烟气层界面在火源上方较远处，而且烟气层界面高度 Z 大于火源当量直径的 5 倍。

当 $Z = Z_1$ 时，轴对称羽流在高度 Z 处的烟气的生产速率按下式计算：

$$m = 0.035 Q_c \tag{2-80}$$

当 $Z < Z_1$ 时，轴对称羽流在高度 Z 处的烟气的生产速率按下式计算：

$$m = 0.032 Q_c^{\frac{3}{5}} Z \tag{2-81}$$

另外，NFPA92B 还给出了预测烟气分层的高度 H 的计算公式：

$$H = 15.5 Q_c^{\frac{2}{5}} t^{-\frac{3}{5}} \tag{2-82}$$

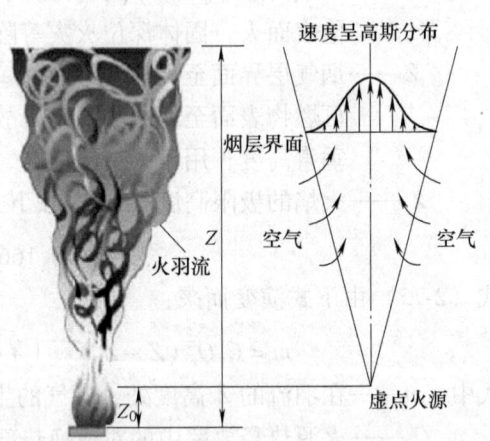

图 2-19 理想化羽流的虚点火源

式中 H——火场上方可能发生烟气分层的高度（m）；

Q_c——火源热释放率中的对流换热部分（kW）；

t——火源周围环境空气温度与中庭顶部空气的温差（℃），取 10 ~ 15℃。

2.4.2 Thomas-Hinkley 羽流模型

Thomas 和 Hinkley 等在大量试验和理论研究的基础上，提出大面积火源轴对称羽流的烟气生成速率的计算公式，该式在英国获得广泛使用。

$$m = C_e P_f Y^{\frac{3}{2}} \tag{2-83}$$

式中 m——大面积火源轴对称羽流的烟气生成速率（kg/s）；

C_e——烟的质量流量系数[kg/(s·m$^{5/2}$)]，当顶棚高度远离火源时，$C_e = 0.188$；火源发生在很大房间，当顶棚高度接近火焰表面时，$C_e = 0.21$；火源发生在小房间，并靠近房间开口时，$C_e = 0.34$；

P_f——火源的周界长度（m）；

Y——烟气层界面离地高度（m）。

式（2-83）在运用时，火源的单位面积热释放率应在 200~750kW/m² 的范围内，而且烟气层界面高度应小于 2.5 倍的火源周界长度 P_f，这些条件下，烟气生成速率较为与试验相符。

式（2-83）由下式演变而来：

$$m = 0.096 P_\mathrm{f} \rho_0 Y^{\frac{3}{2}} (gT_0/T_\mathrm{f})^{\frac{1}{2}} \tag{2-84}$$

式中　m——火羽流在 Y 高度处的烟气生产速率（kg/s）；

　　　P_f——火源的周界长度（m）；

　　　ρ_0——周围空气的密度（kg/m³），取环境温度 17℃ 时，$\rho_0 = 1.22$kg/m³；

　　　Y——烟气层界面离火源可燃物燃烧面的垂直高度（m）；当不计可燃物表面至地面的高度时，Y 也常叫做"烟气层界面离地高度"；

　　　g——重力加速度（m/s²）；

　　　T_0——周围环境空气的热力学温度（K），取 $T_0 = 290$K；

　　　T_f——羽流中心火焰的热力学温度（K）。

如令 $\rho_0 = 1.22$kg/m³，$T_0 = 290$K，$T_\mathrm{f} = 1100$K，$g = 9.81$m/s²，上式便可简化为：

$$m = 0.188 P_\mathrm{f} Y^{\frac{3}{2}} \tag{2-85}$$

当把 0.188 作为常数时，以符号 C_e 表示，则式（2-85）简化为式（2-83），即：

$$m = C_\mathrm{e} P_\mathrm{f} Y^{\frac{3}{2}}$$

按照以上公式计算得到的烟气生成率 m，均为质量生成率（kg/s）。为方便确定排烟量，还应换算为体积生成率（m³/s），其换算式如下：

$$V = mT/(\rho_0 T_0) \tag{2-86}$$

式中　V——烟气的体积生成率（m³/s）；

　　　m——烟气的质量生成率（kg/s）；

　　　ρ_0——环境温度下空气的密度（kg/m³），取 $\rho_0 = 1.22$kg/m³；

　　　T_0——环境的平均温度（K），取 $T_0 = 293$K；

　　　T——计算点高度处的烟气平均温度（K）。

$$T = \Delta T + T_0 \tag{2-87}$$

式中　ΔT——烟气平均温度与环境温度的差（K）。

$$\Delta T = Q_\mathrm{c}/(mC_\mathrm{p}) \tag{2-88}$$

式中　Q_c——火源热释放率中的对流换热部分（kW）；

m——烟气的质量生成率（kg/s）；

C_p——烟气的定压比热[kJ/(kg·K)]，取1.02。

此外，利用Hinkley计算公式推导出的、用以计算烟气层界面下降至离地Y高度时所需时间的计算式，由于计算便捷，常用来作为控制疏散时间的依据。只有计算的人员疏散所需时间小于烟气层界面下降至离地Y高度时所需时间，疏散才是安全的。该计算公式如下：

$$t = 20 \times \left(\frac{A}{P_f \sqrt{g}} \right) \left(\frac{1}{\sqrt{Y}} - \frac{1}{\sqrt{H}} \right) \quad (2-89)$$

式中 t——烟气层界面下降至离地Y高度时所需时间（s）；

P_f——火源的周界长度（m），圆形火源按火源当量直径D计算，矩形火源取四边长之和；

Y——预计的烟气层距离疏散地面的垂直高度（m），一般以最小清晰高度作为Y值，故：

$$Y = 1.6 + 0.1(H - h) \quad (2-90)$$

式中 H——顶棚至火源面的垂直高度（m）；

h——疏散地面至火源面的垂直高度（m）。

$0.1(H-h)$——考虑烟气对空气的污染等因素所取的安全裕度。

通常，疏散地面与室内地面的标高相同，不计火源的高度，故：

$$Y = 1.6 + 0.1H \quad (2-91)$$

式中 H——排烟空间的建筑高度（m）。

圆形火源按火源当量直径D计算

$$D = 2\left(\frac{Q}{\pi q} \right)^{\frac{1}{2}} \quad (2-92)$$

式中 D——火源当量直径（m）；

Q——火源的热释放率（kW）；

π——圆周率，取3.14计算；

q——火源单位面积的热释放率（kW/m²），应在200~750kW/m²之间取值，当限制可燃物时取小值，不限制时取大值。

采用Hinkley计算烟气层下降至离地Y高度的时间，使用起来非常方便，比用NFPA92B推荐的计算式计算起来更简单。NFPA92B法需取时间步长、用反复计算的方法求得烟气层的增加厚度，一直计算到烟气层预期的高度，得到最终的时间。

所有计算火灾烟气生成速率的计算式，都是由火羽流对空气的卷吸量推导而得的，尽管各计算式的试验条件不一定相同，使用范围也不完全一样，但计算式中影响烟气生成量的因素均有三个，即：火源热释放率Q，烟气层界面高

度 Z 或 Y，火羽流流动的空间环境条件。

火源热释放率是推动火羽流升腾的动力，火羽流升腾越高，卷吸空气量越多，烟气生成速率越大，所以火源热释放率与烟气生成速率成正比关系。有的计算式直接用热释放率计算；有的计算式则不用热释放率来反映火源的热特性，而采用火源的线性尺寸（如火源圆周长度）来反映，但它仍然反映了火源功率增长对烟气生成速率的影响。

烟气层界面高度 Z（或 Y）也是影响烟气生成速率的重要因素。在受限空间内发生火灾时，只要不发生烟气大量流失，烟气层界面高度总会随时间推移而下降，最终将火羽流和火焰淹没。烟气层界面的下降，会使火羽流浸没在烟气层中，由于火羽流在空气中升腾的路径减小，卷吸的空气量也随之减小，因此，烟气层界面高度的下降，会导致火羽流的烟气生成速率减小。在所有烟气生成速率计算公式中，烟气层界面高度的下降都是使烟气生成速率减小和制约体系产烟的活跃因素。

火源热释放率和烟气层界面高度对产烟体系的影响，取决于两者的相对变化率。通常所称"烟气层界面离地高度"，是把燃料高度略去不计，在多数情况下不会有差错。但当燃料有较大堆高时，应考虑燃料高度对烟气生成速率的影响。发生火灾人员疏散时，常用烟气层界面高度，预测烟层下降时间对人员疏散安全的影响。这时应注意，在决定烟气层临界高度时，应考虑疏散走道与火源燃烧面的相对高程差对疏散安全的影响。

火羽流流动的环境空间条件是指火源发生在大空间、小空间或发生在大空间中部，羽流是轴对称型；火源发生在大空间靠墙、靠角时，羽流是不对称的，影响了羽流对空气的卷吸，也影响烟气生成速率。所以墙羽流、角羽流的产烟量显然小于轴对称羽流。但是当火源发生在靠近房间开口处时，由于火风压作用，会使羽流有条件卷吸更多空气，而加大产烟量。在运用各公式时应注意火灾部位的空间环境、火源特性、烟气层界面高度等与公式的设定条件是否接近。

【例2-3】 图2-20是一座展览中心的大小展厅的横剖面示意图。该展厅仅是展览中心的一部分，其纵向长度为195m，横向宽度为72m，由设在中部的凌空设备廊道分隔为大展厅和小展厅。设备廊道为钢筋混凝土结构，由钢筋混凝土柱支持。设备廊道既是空调设备和供配电设备安装的空间，也是屋面钢结构的生根部位。设备廊道纵向长195m，横向宽6m，地面离展厅地面高度为6m。设备廊道底面用不燃烧材料装修，用以安装空调管道。装修吊顶底面离地面高度为3.5m。设定展厅的火焰为轴对称羽流，火源热释放率为7400kW，单位面积热释放率为 $500kW/m^2$。

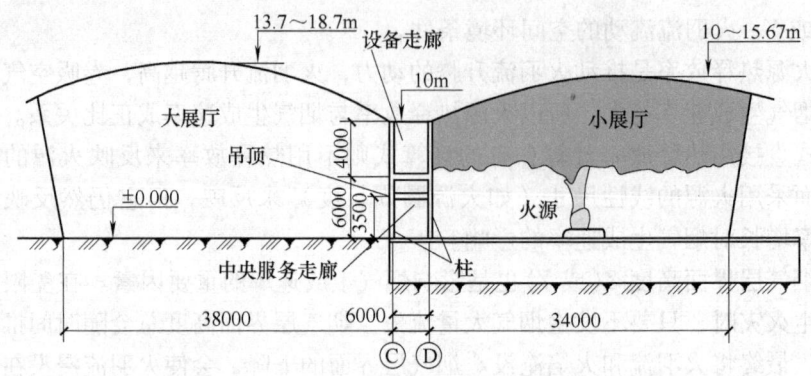

图 2-20 某展览中心的大小展厅的横剖面示意图

【解】 由于小展厅相对于大展厅容烟能力低，故以小展厅火灾为例，说明烟气生成速率计算式的应用。

$$Y = 1.6 + 0.1(H - h)$$

式中 Y——烟气层界面的临界高度（m），是从烟气层界面计算至离火源可燃物燃烧面的垂直高度，当不计可燃物表面至地面的高度时，也是烟气层界面离地的垂直高度；

H——小展厅钢屋架屋面至火源面的垂直高度（m），本例不计可燃物高度，故 H 为屋面至地面的高度，取 $H = 12.8$m；

h——疏散走道离火源面的垂直高度（m），本例的走道与地面平齐，可不计火源燃烧面的高度，故 $h = 0$。

则

$$Y = 1.6 + 0.1H = (1.6 + 0.1 \times 12.8)\text{m} = 2.88\text{m}$$

取 $Y = 3$m。

已知火源热释放率 7400kW 及单位面积热释放率 500kW/m²，求火源的当量直径 D。

$$D = 2\left(\frac{Q}{\pi q}\right)^{\frac{1}{2}}$$

式中 D——火源当量直径（m）；

Q——火源的热释放率（kW）取 $Q = 7400$kW；

π——圆周率，取 3.14；

q——火源单位面积的热释放率（kW/m²），取 $q = 500$kW/m² 之间取值。

故

$$D = 2\left(\frac{Q}{\pi q}\right)^{1/2} = 2\left(\frac{7400}{3.14 \times 500}\right)^{\frac{1}{2}}\text{m} = 4.34\text{m}$$

已知 $Y=3\text{m}$、$D=4.34\text{m}$,故 $Y<2.5P_f$。所以采用 Hinkley 公式计算烟气层界面下降至临界高度时所需时间 t。

$$t = 20 \times \left(\frac{A}{P_f\sqrt{g}}\right)\left(\frac{1}{\sqrt{Y}} - \frac{1}{\sqrt{H}}\right)$$

式中 A——小展厅地面面积（m^2），取 $A=6780\text{m}^2$;

P_f——火源的周界长度（m），因火源的热释放率为 7400kW 时，其火源当量直径为 4.34m，故其圆形火源周界长度为 13.63m；

Y——预计烟气层界面的临界高度（m），取 $Y=3\text{m}$；

H——钢结构屋面的平均高度（m），取 $H=12.8\text{m}$；

g——重力加速度（m/s^2），取 $g=9.81\text{m/s}^2$；

故

$$t = \left[20 \times \left(\frac{6780}{13.63 \times \sqrt{9.81}}\right) \times \left(\frac{1}{\sqrt{3}} - \frac{1}{\sqrt{12.8}}\right)\right]\text{s} = (20 \times 158.8 \times 0.297)\text{s}$$
$$= 943\text{s}$$

计算表明，烟气层界面下降至临界高度的时间为 943s，而模拟计算的小展厅人员疏散完成时间为 657s，因此人员可安全疏散。

还可以利用 Hinkley 关于轴对称型羽流烟气生成计算公式，确定该展厅需要的最小排烟量 m：

$$m = 0.188 P_f Y^{\frac{3}{2}}$$

已知 $P_f=13.63\text{m}$（因 $D=4.34\text{m}$），设定 $Y=4\text{m}$。因需要将烟气层界面高度维持在离地 4m 的高度，使机械排烟系统工作时烟气层界面不低于设备廊道的吊顶高度，以防止烟气层界面低于设备廊道底部而侵入隔离带进入大展厅，保证人员安全。故：

$$m = 0.188 P_f Y^{\frac{3}{2}} = (0.188 \times 13.63 \times 4^{\frac{3}{2}})\text{kg} = 20.5\text{kg}$$

按 NFPA93B 计算得到的烟气的生成量为 21.7kg，与本式计算结果相近。

将烟气的质量生成量按下式换算为体积生成量：

$$V = mT/(\rho_0 T_0)$$

已知：$m=20.5\text{kg/s}$，$\rho_0=1.22\text{kg/m}^3$，$T_0=293\text{K}$。

因 $T=\Delta T+T_0$，$\Delta T=Q_c/(mc_p)$，$c_p=1.02\text{kJ/(kg·K)}$，$\Delta T=[5180/(20.5\times1.02)]\text{K}=247.7\text{K}$。

故 $T = \Delta T + T_0 = (247.7+293)\text{K} = 541\text{K}$

将 m、ρ_0、T_0、T 代入：

$$V = mT/(\rho_0 T_0) = \frac{20.5 \times 541}{1.22 \times 293}\text{m}^3/\text{s} = 31\text{m}^3/\text{s}$$

进行烟气生成速率的计算应当明确以下三点：

（1）每秒烟气增量，仅指火源的火羽流在计算条件下卷吸空气的烟气增量。

（2）火源的热释放率或火源周界长度能被控制而不增长。

（3）烟气层界面高度保持4m不变，在此之前蓄烟池中的烟气不发生流失。

在上述三个条件下，如果能及时起动排烟设施，保证排烟设施的排烟量不小于 $31m^3/s$ 时，烟气层界面高度在理论上是不会下降至低于4m的高度的。在这里必须有措施能保证火源热释放率或火源面积能被控制在计算条件之下，而且这些措施能在不迟于排烟风机起动之前产生作用。例如本例中取用的火源周界长度 P_f 是按火灾增长系数 $a = 0.08241$ 和火灾持续时间300s时的火源热释放率7400kW及单位面积热释放率 $500kW/m^2$ 计算得到的，只有火源特征参数 Q_c 或 P_f 保持不变，排烟风机才能保证烟气层界面高度不低于4m的高度。

当需要保持的烟气层界面高度越高时，由于火羽流与空气的接触面大，卷吸的空气量多，火羽流的每秒烟气增量就大。例如本例中，若要维持烟气层界面高度为6m时，其排烟量为37.6kg/s或 $45m^3/s$。这就表明，当火源特征参数 Q_c 或 P_f 保持不变，烟气层界面越高，维持这一高度所需的排烟量越大；反之，越小。

计算出的烟气生成率数值，是指计算条件下火羽流柱的烟气生成量，当把它作为排烟量时，还应考虑排烟空间的具体环境和灭火设施的起动对烟气增量的影响而予以修正：

（1）烟气生成量公式中只考虑了火羽流的卷吸成烟量。然而顶棚射流和热烟流动时仍然要卷吸空气生成一定的烟，因此实际的烟气增量比计算略大。

（2）建筑蓄烟池可能发生漏烟；排烟风机也可能提前起动，这些都能使烟气流失，延缓烟气层界面下降到预定高度的时间，影响预期的烟气增量。

（3）灭火设备也可能不按预定时间起动，或起动后不能将火势控制在预期的目标值上，促使烟气增量的增大。

（4）排烟管道的漏风量。对于一个系统为两个或两个以上防烟分区服务的排烟风机，按最大一个防烟分区每平方米不小于 $120m^3/h$ 计算排烟量，已考虑了长管道的漏风损失；但对负担一个防烟分区排烟的排烟风机的排烟量则没有考虑管道漏风损失。

通常，应综合以上三个因素，合理给出一个系数，确定烟的生成量。

2.5 烟气控制的方式

烟气控制的主要目的是在建筑物内创造无烟或烟气含量极低的疏散通道或

安全区。烟气控制的实质是控制烟气合理流动，也就是使烟气不流向疏散通道、安全区和非着火区，而向室外流动。

控制烟气有"防烟"和"排烟"两种方式。"防烟"是防止烟的进入，是被动的；相反，"排烟"是积极改变烟的流向，使之排出户外，是主动的，两者互为补充。防烟措施主要有两种：①限制烟气的产生量；②设置机械加压送风防烟系统。烟气控制的具体方式有隔断或阻挡、自然排烟、机械防烟、机械排烟、空气流、非火源区的烟气稀释等。排烟措施主要有两种：①充分利用建筑物的结构进行自然排烟；②利用机械装置进行机械排烟。其中，机械加压送风防烟系统和机械排烟系统均需要通过管道送风和排风。一个设计优良的机械排烟系统在火灾中能排出 80% 的热量，使火灾温度大大降低，对人员安全疏散和灭火起到重要作用。因而防排烟系统的管路设计非常重要，设计适当才能在火灾发生时起重要作用，最大限度地减少人员伤亡和财产损失。防排烟系统的管路设计主要涉及风道的设计计算、风道中流动阻力计算、正压风道均匀送风设计、风道压力分布规律等。

2.5.1　隔断或阻挡

隔断或阻挡防烟是指在烟气扩散流动的路线上设置某些耐火性能好的构件（如隔墙、隔板、楼板、梁、挡烟垂壁等）把烟气阻挡在某些限定区域，不让它流到可对人对物产生危害的地方。这种方法适用于建筑物与起火区没有开口、缝隙和漏洞的区域。

挡烟垂壁常常设置在烟气扩散流动路线上烟气控制区域的分界处，有时也在同一防烟分区内采用，以便和排烟设备配合进行更有效的排烟。

挡烟垂壁从顶棚向下的下垂高度 h_0 一般距顶棚面要在 50cm 以上，称为有效高度。当室内发生火灾时，所产生的烟气由于浮力作用而聚积在顶棚下面，随时间的推移，烟层越来越厚。当烟层厚度小于挡烟垂壁的有效高度 h_0，烟气就被阻挡在垂壁和墙壁所包围的区域内而不能向外扩散，如图 2-21a 所示。有时，即使烟层厚度小于挡烟垂壁的有效高度 h_0，当烟气流动高于一定速度时，由于反浮力壁面射流的形成，烟层可能克服浮力作用而越过挡烟垂壁的下缘继续水平扩散。当挡烟垂壁的有效高度 h_0 小于烟气层厚度 h 或小于烟气层厚度 h 与其下降高度 Δh 之和时，挡烟垂壁防烟失效，如图 2-21b 所示。

烟气流动的动能与所克服的浮力有如下关系：

$$\frac{\rho_y v_y^2}{2} \geqslant (\rho_k - \rho_y) g \Delta h \tag{2-93}$$

式中　v_y——烟气水平流动的速度（m/s）；

　　　ρ_y——烟气的密度（kg/m³）；

ρ_k——空气的密度（kg/m³）；

Δh——烟气层下降的高度（m）。

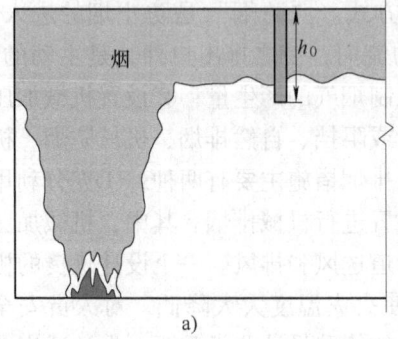 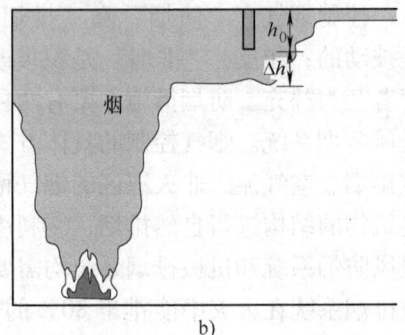

图 2-21　挡烟垂壁的作用机理

烟气层的下降高度 Δh 与烟气的温度有很大关系，由式（2-93）可以看出，在相同的流速下，烟气温度越低，烟气下降的高度越大。当挡烟垂壁的有效高度小于烟气层厚度 h 及其下降高度 Δh 时，其防烟是无效的，故挡烟分隔体凸出顶棚的高度应尽可能大。

2.5.2　自然排烟

这种方式利用墙面、天花板、中庭或天井顶部的开口让烟由风管或直接排出建筑物外。此开口平常时可由挡板控制开或关，遇有火灾时则自动或人工手动开启，以利室内的烟排出。图 2-22 为自然排烟图示。

自然排烟设计时，经常配合其他烟控方法将烟排出，与挡烟垂壁的设置配合、储烟区的规划等，以此对烟作更有效的控制。另外，若在进入楼梯间前设置前室，且其墙壁是外墙的话，则可于外墙上设排烟口，使欲进入楼梯间的烟，能在楼梯间前室就自然排出，以保持楼梯间为无烟状态，让人顺利逃生。

图 2-22　自然排烟图示

图 2-23 是利用可开启的外窗进行排烟，如果外窗不能开启或无外窗，可以专设排烟口进行自然排烟。专设的排烟口也可以是外窗的一部分，但它在火灾时可以人工开启或自动开启。开启的方式也有多样，如可以绕一侧轴转动，或绕中轴转动等。

自然排烟的优点是：构造简单、经济，不需要专门的排烟设备及动力设施；运行维修费用低，排烟口可以兼做平时通风换气使用，避免设备的闲置；对于顶棚较高的房间（中庭），若在顶棚上开设排烟口，自然排烟的效果很好。其缺点是：排烟的效果不稳定；对建筑设计的制约；存在着火灾通过排烟口向紧邻上层蔓延的危险性等。

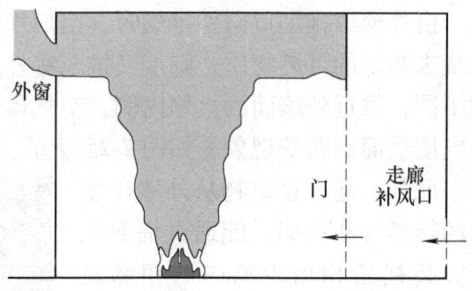

图 2-23　窗户自然排烟的典型形式

1. 自然排烟的效果不稳定

由于自然排烟是利用热烟气的浮力作用、室内外温差引起的热压作用和外部风力作用，而这些因素本身又是不稳定的，譬如火灾时烟气温度随时间发生变化、室外风向和风速随季节变化、高层建筑的热压作用随季节发生变化等，这就导致自然排烟的效果不稳定。特别是排烟口设置在建筑物的迎风面时，不仅排烟效果大大降低，还可能出现烟气倒灌现象，并使烟气扩散蔓延到未着火的区域，如图 2-24 所示。

2. 对建筑设计的制约

由于自然排烟是通过外墙或顶棚上的外窗或专用的排烟口将烟气直接排至室外，所以需要排烟的房间必须靠室外，而且房间的进深不能太大，且排烟口还需要一定的开窗面积。这样，即使有明确要求作分隔的房间，也必须设置外窗或排烟口，所以带来诸如隔声、防尘、防雨等问题。

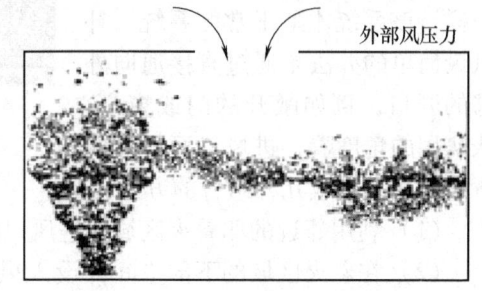

图 2-24　自然排烟时烟气倒灌现象

由于自然排烟是依靠浮力通过可开启的外窗、排烟竖井将烟气排出，这就要求烟气流动距离不能太长，以免浮力降低，导致烟气滞留室内。

另外，建筑排烟使用自然排烟方式时，其设置高度是个必须考虑的问题。随着烟气的上升，其浮力下降后，出现"层化现象"，这将不利于排烟。因此，我国规定可以采用自然排烟的中庭的最大高度是12m。但目前关于自然排烟的最大高度还没有形成统一的认识，例如日本对自然排烟没有限定高度，关于自然排烟系统的设计使用也未限定高度。

3. 存在火势蔓延至上层的可能性

由外窗或排烟口向外排烟时，当烟气排出时的温度很高，如果烟气中含有大量未燃尽的可燃物质，则烟气排至室外后会形成火焰。因为火焰四周补气条件不同，靠近外墙面的火焰内侧，空气得不到补充，造成负压区，致使火焰有扑向墙壁面的贴壁现象，如图2-25所示。

此外，起火建筑物从外墙口喷出的热烟气和火焰，能通过辐射把火灾传播给相当距离内的相邻建筑。因此在建筑物之间设置防火间距，主要是为了避免热辐射对相邻建筑的威胁。

4. 补风的影响

自然排烟系统有效性的前提条件之一就是要确保充分的补风量。排烟口打开后，以可靠的方式迅速进风是必需的。排烟过程是烟气与空气的对流置换过程，从理论上讲，自然排烟系统的进、出空气量一样，该系统才是正常的系统。补风最简单的办法是通过直接通向外部的开口，例如敞开的门或窗户；从实用的角度看，进风口可设计成下述的任一种或几种组合的方式：

图2-25　烟气贴壁现象

（1）利用邻近的非着火区域的进风口向着火区域自然送风。

（2）在着火区域的下部空间开设入风口，使其与上部的排烟口实现气流循环。

（3）在建筑的相关部位设置若干可在火灾中自动开启的门，以保证外部新鲜空气的流入。

为了能达到建筑排烟系统的设计功能，需要在低水平位置有大量的新鲜空气进口。目前国内外还没有关于补风口面积的具体规定。有试验结果表明，当上部热层温度高于环境温度400℃时，进风与排烟面积比为1:1，排烟流量可达到预定流量的80%；面积比为2时可达到90%。当上部热层温度相对较低时，例如高于环境温度200℃，如果进风与排烟面积比为1:1，可达到预定排烟流量的70%，面积比为2:1时则可达到90%。

另外，在实际火灾情况中，可以用于补风的开口在发生火灾时通常不能全部用于补风，往往被疏散人流或门窗堵塞，所以在设定自然排烟的自然补风面积时应注意使用于补风的开口总面积不小于自然排烟口面积。

2.5.3 加压防烟

加压防烟，是采用强制性送风的方法，使疏散路线和避难所空间维持一定的正压值，防止烟气进入的一种方式。即在建筑物发生火灾时，对着火区以外的走廊、楼梯间等疏散通道或避难场所进行加压送风，使其保持一定的正压，以防止烟气侵入。此时着火区应处于负压，着火区开口部位必须保持如图2-26所示的压力分布，即开口部位不出现中性面，开口部位上缘内侧压力的最大值不能超过外侧加压疏散通道的压力。

加压送风防烟主要有两种机理，一种是使用风机可在防烟分隔物的两侧造成压力差从而抑制烟气，另一种是直接利用空气流阻挡烟气。

加压送风采用的主要方式有两种：当建筑物某墙上的门关闭时，设门的左侧是疏散通道或避难区，通过风机可使该侧形成一定的正压，以阻止门右侧的热烟气通过各种建筑缝隙（诸如建筑结构缝隙、门缝等）侵入到正压侧（见图2-27a）；若门开放着时，空气以一定风速从门洞流过以烟气进入疏散通道或避难区（见图2-27b）。

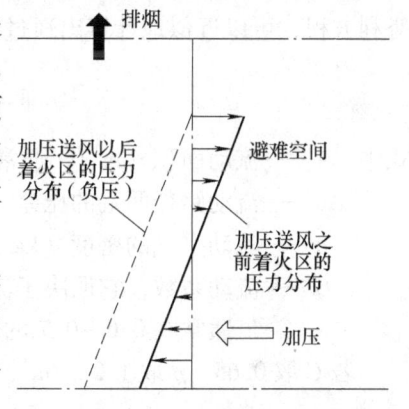

图2-26 加压送风原理图

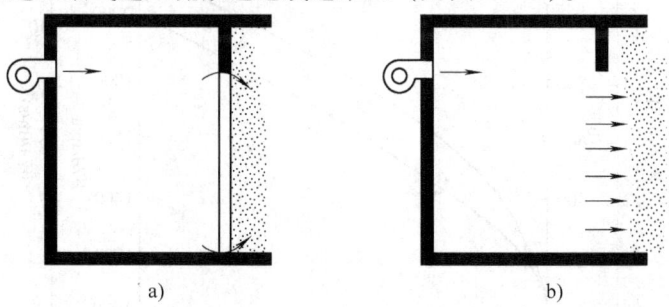

图2-27 加压防烟示意图
a) 门关闭时 b) 门开启时

在挡烟物两边形成一定的压差称之为加压。加压的结果是使空气在门缝和建筑结构缝隙中正向流动,从而阻止热烟气通过这些缝隙逆向蔓延。实际上,对有较大开口的挡烟物而言,在设计计算和验收试验过程中,空气流速都是很容易控制的物理量。而当挡烟物只有很小的缝隙时,在实际过程中要想确定缝隙中的空气流速是十分困难的,在这种情况下选择压差作为烟气控制的设计参数则相当方便。因此在不同情况下,对上述两个原则应作单独考虑。

1. 加压

通过建筑结构缝隙、门缝以及其他流动路径的空气体积流率正比于这些路径两端压差的 n 次方。对于几何形状固定的流动路径,理论上 n 在 $0.5 \sim 1.0$ 的范围内。对于除极窄的狭缝以外的所有流动路径,均可取 $n = 0.5$。根据伯努利方程,可以近似地计算出通过门缝等的空气泄漏量:

$$W = CA\left(\frac{2\Delta p}{\rho}\right)^{\frac{1}{2}} \tag{2-94}$$

式中　A——流动面积(m^2),通常等于流动路径的截面积;

　　　Δp——流动路径两端的压差(Pa);

　　　ρ——流动空气的密度(kg/m^3);

　　　C——流动系数,它取决于流动路径的几何形状及流动的湍流度等,其值通常在 $0.6 \sim 0.7$ 的范围内。

若 C 取 0.65,ρ 取 $1.2 kg/m^3$,则上述方程可表示为:

$$W = K_f A \Delta p^{\frac{1}{2}} \tag{2-95}$$

式中,系数 $K_f = 0.839$。也可利用图 2-28 来确定空气体积流率。例如关闭的门

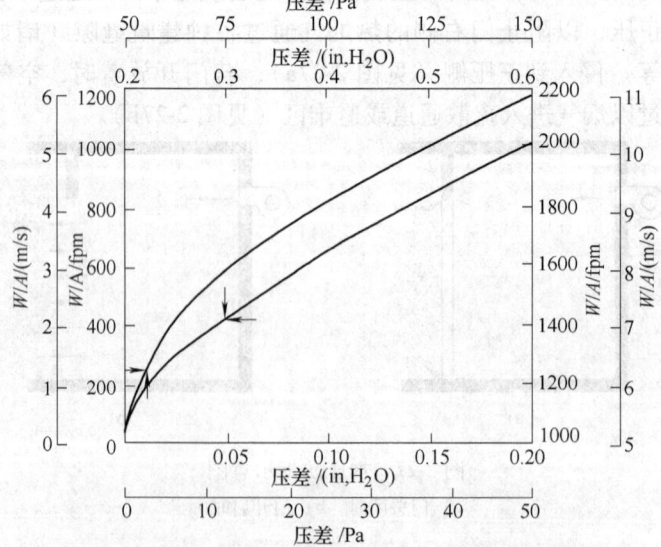

图 2-28　空气的体积流量与压差和缝隙面积关系图

周围缝隙的面积为 0.01m², 两边压差为 2.5Pa 时, 空气体积流量约为 0.013m³/s。当压差增至 75Pa 时, 空气体积流量增至 0.073m³/s。

在烟气控制系统的现场测试中, 隔墙或关闭的门两边的压差常有 5Pa 范围内的波动, 这通常被认为是风的影响。另外供暖通风和空调系统以及其他原因也可能引起这种波动。压差的波动及其引起的烟气运动尚是目前有待研究的课题之一。从克服压差波动、烟囱效应、烟气浮力以及外部风影响的角度而言, 烟气控制系统所能提供的压差应该足够大, 然而在门等敞开的情况下, 这是难以做到的。

2. 空气气流

从理论上而言, 合理利用空气气流能够有效地阻止烟气向任何空间蔓延。目前, 采用气流来控制烟气运动的方法被普遍用于门口和走廊。托马斯 (Thomas) 提出了阻止烟气侵入走廊所需临界气流速度的经验计算式:

$$v_k = k \left(\frac{gE}{\rho w c_p T} \right)^{\frac{1}{3}} \tag{2-96}$$

式中 v_k——阻止烟气扩散的临界气流速度 (m/s);

E——走廊中的能量进入速率 (kW), 取其为火源热释放率中的对流换热部分 Q_c;

w——走廊的宽度 (m);

ρ——上游空气密度 (kg/m³);

c_p——下游气体的比热容 [kJ/(kg·℃)];

T——下游气体的热力学温度 (K);

k——量纲为 1 的常数;

g——重力加速度 (m/s²)。

考虑到距火区较远处物性参数在流动截面上的分布近似均匀, 若取 $\rho = 1.3$kg/m³, $c_p = 1.005$kJ/(kg·℃), $T = 300$K, $g = 9.81$m/s², $k = 1$, 则临界气流速度为:

$$v_k = k_v \left(\frac{Q_c}{w} \right)^{\frac{1}{3}} \tag{2-97}$$

系数 k_v 取 0.292。此计算式适用于火区在走廊以及烟气通过敞开的门、透气窗和其他开口进入走廊的情况。但是, 它不适用于水喷淋作用下的火灾情况, 因为这时上游空气和下游气体之间的温差很小。图 2-29 给出了式 (2-97) 的图解。

例如, 当 1.22m 宽的走廊中烟气能量进入速率为 150kW 时, 可得到临界气流速度约为 1.45m/s。而在同样走廊宽度的情况下, 若烟气能量进入速率增至 2.1MW, 则得到临界气流速度约为 3.50m/s。一般要求的气流速度越高,烟气控制系统设计的难度就越大，造价也越高。许多工程设计者认为，如果要求流经门的气流速度保持在1.5m/s以上，则相应烟气控制系统的造价就会难以承受。

尽管空气气流的运用能够控制烟气蔓延，但这并不是最基本的方法，因为它需要大量的空气才能发挥效用。这里所谓"最基本的方法"，指通过在门、隔墙以及其他建筑构件两边产生压差来控制烟气蔓延。

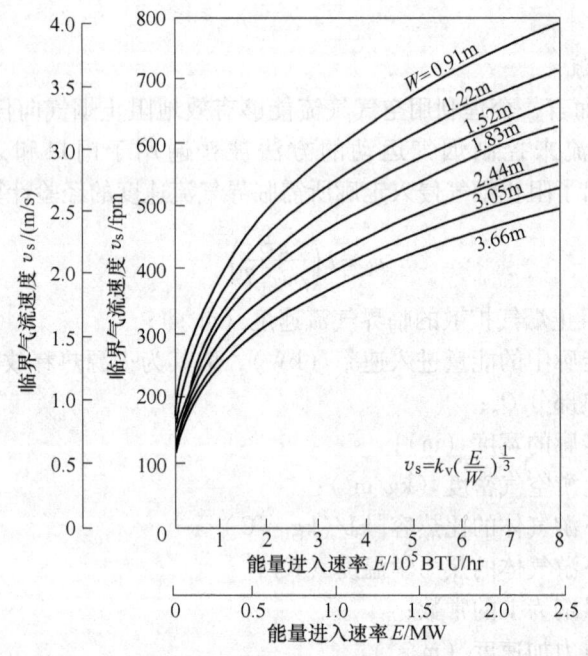

图2-29 走廊内临界气流速度与走廊宽度和能量进入速率的关系
注：1BTU/hr = 1055.06J

【例2-4】 在宽为1.22m、高为2.74m的走廊内有一处150kW的火源（相当于一个纸篓着火），试计算阻止烟气逆流所需的空气流率。

【解】 由式（2-97）或图2-29所示，可得出临界风速是1.45m/s，而走廊的截面积为$1.22m \times 2.74m = 3.34m^2$，空气流率等于截面积与速度的乘积，即约为$4.7m^3/s$。

使用空气流将导致氧气的供入是人们普遍关心的问题。休盖特（Huggett）曾对多种天然与合成的固体材料燃烧时的O_2消耗量作了计算。他发现在建筑火灾中绝大多数物质燃烧时，每消耗1kg的O_2所放出的热量约为13.1×10^6J/

kg。O_2 在空气中的质量比是 23.3%，所以若 1kg 空气中的 O_2 全部消耗掉，约放出 3.0MJ 的热量。由此可以看出，阻止烟气逆流的空气量可支持相当强的火灾。在商用和住宅楼里经常堆放着许多可燃物（如纸、木板、家具等），一旦起火，其燃烧强度相当大。即使一般情况下楼内可燃物数量不太多，但在短期内存放较多的可燃物也经常发生（如楼房装修，货物交接等）。因此建议在建筑物内一般不要采用空气流来控制着火区的烟气。

3. 空气净化

在理想情况下，门只是在人员疏散时期内短暂敞开，那么就可以通过向被保护的区域供入新鲜空气达到稀释和净化空气的目的。然而实际上，火灾中的疏散门总是处于开启状态，因此通过提供足够强的空气流来阻止烟气经过敞开的门进入被保护区域的目的很难实现。

假设有一个由挡烟墙和可自动关闭的门与火区隔离的房间，当所有的门关闭时无烟气进入该房间。如果房间的一扇或多扇门窗处于敞开状态，而又没有足够强的空气流时，来自火区的烟气则会进入该房间。为了便于分析，假设整个房间中烟气浓度分布均匀。在所有的门又重新关闭一段时间以后，这时房间中污染物的浓度可表示成：

$$\frac{C}{C_0} = \text{EXP}(-\alpha t) \tag{2-98}$$

式中　　C、C_0——初始和 t 时刻污染物浓度，可根据所考虑的污染物不同采用任何合适的单位，但必须一致；

　　　　α——净化速率，其含义为每分钟内空气的变化；

　　　　t——门关闭后的时间（min）。

根据一系列测试和已有的人体对烟气的耐受极限，对火灾环境中最大烟浓度的估算表明，其比人体所能承受的极限烟浓度约大 100 倍，因此，单从火灾环境烟气浓度的角度来看，理论上的安全区域内环境烟浓度不应超过火区附近烟浓度的 1%。很明显，用新鲜空气来稀释烟气的同时也将减少环境气体中有毒烟气组分的浓度。烟气的毒性是一个更为复杂的问题，目前尚无有关的数据和结论能够从烟气毒性的角度来说明需要如何稀释烟气才能确保安全的环境。

式（2-98）可改求得净化速率为：

$$\alpha = \left(\frac{1}{t}\right) \ln\left(\frac{C_0}{C}\right) \tag{2-99}$$

例如：敞开门后房间中污染物的浓度达到着火房间的 20%，随即将门关闭，要求 6min 后房间中污染物的浓度降至着火房间的 1%，由式（2-99）可求得这种情况下该房间所需的空气净化速率约为 0.5/min。

实际上，污染物浓度在整个房间中是不可能均匀分布的。由于浮力作用，很可能在顶棚附近污染物浓度较高,因此将排气管道的入口接近顶棚安置,而将供气管道的出口接近地板安置,可望得到比以上计算结果更高的空气净化速率。同时还必须注意,供气管道出口应远离排气管道入口,以免造成"短路"。

此外,在烟气控制系统的设计中,应充分考虑要预留烟气排放通道,保障烟气受热膨胀的情况下起到泄压作用。还应当明确:在火区稀释烟气并不意味着达到了烟气控制的目的。因为,简单地向火区大量充气和从火区大量排气的做法尽管有时可以净化烟气,但是很难确保火区的气体适宜人体吸入。同时,由于不能提供挡烟门敞开时所必需的气流和压差,也就不能有效地控制烟气蔓延。而在与火区隔离的区域内,这种充气和排气的做法的确能够很大程度上限制空气当中的烟气含量。

2.5.4 机械排烟

1. 机械排烟的形式

机械排烟,是利用电能产生的机械动力,迫使室内的烟气和热量及时排出室外的一种方式。机械排烟的优点是能有效地保证疏散通路的安全,使烟气不向其他区域扩散。其缺点在于:火灾猛烈发展阶段排烟效果会降低,排烟风机和排烟管道需耐高温,初投资和维修费用高。

机械排烟可分为局部排烟和集中排烟两种方式。局部排烟方式是在每个需要排烟的部位设置独立的排烟风机直接进行排烟;集中排烟方式是将建筑物划分为若干个区域,在每个区域内设置排烟风机,烟气通过排烟口进入排烟管道引到排烟风机直接排至室外(见图2-30)。由于局部机械排烟方式投资大,且排烟风机分散,维修管理麻烦,所以很少采用。若采用,一般与通风换气要求相结合,即平时可兼作通风排风使用。

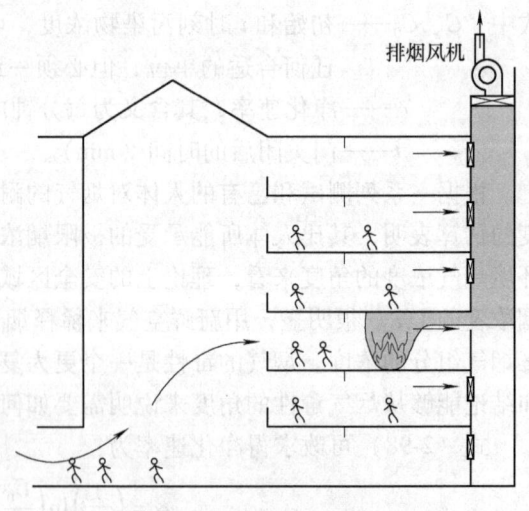

图 2-30 机械集中排烟方式

根据补气方式的不同,机械排烟可分为机械排烟-自然进风、机械排烟-机械进风两种方式,图 2-31 和图 2-32 分别表示了这两种方式。机械排烟-自然进风方式适合于大型建筑空间的烟气控制;机械排烟-机械进风方式则多用于性质重要,对防排烟设计较为严格的高层建筑或大型建筑空间的烟气控制。

机械排烟-自然进风方式:在需要排烟的上部安装某种排烟风机,风机的起动可使进烟管口处形成低压,从而使烟气排出。而房间的门、窗等开口便成为新鲜空气的补充口。使用这种方式需要在进烟管口处形成相当大的负压,否则难以将烟气吸过来。如果负压程度不够,在室内远离进烟管口区域的烟气往往无法排出。若烟气生成量较大,烟气仍

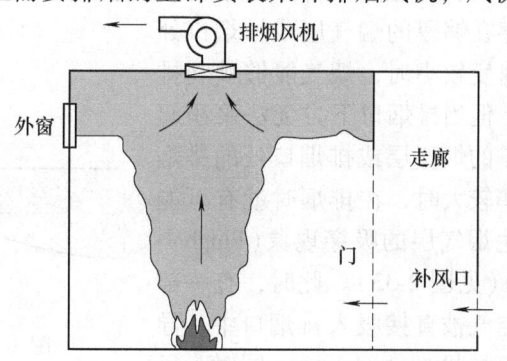

图 2-31 机械排烟与自然进风方式

然会沿着门窗上部蔓延出去。另外,由于这种方式下风机直接接触高温烟气,所以应当能耐高温,同时还应当在进烟管中安装防火阀,以防烟气温度过高而损坏风机。不过这种排烟方式的设计、安装都比较方便,因此成为目前采用最多的机械排烟方式。

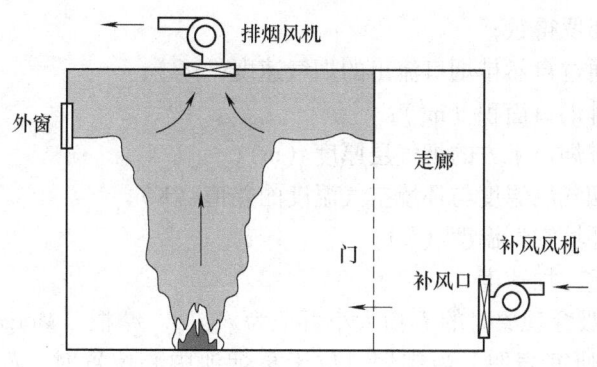

图 2-32 机械排烟与机械进风方式

机械排烟-机械进风方式:一般称这种方式为全面通风排烟方式,使用这种方式时,通常让送风量略小于排烟量,即让房间内保持一定的负压,从而防止烟气的外溢或渗漏。全面通风排烟方式的防排烟效果良好,运行稳定,且不受外界气象条件的影响。但由于使用两套风机,其造价较高,且在风压的配合方面需要精心设计,否则难以达到预定的排烟效果。

2. 负压排烟时的烟气层吸穿现象

为有效地排除烟气，通常要求负压排烟口浸没在烟气层之中。当排烟口下方存在够厚的烟气层或排烟口处的速度较小时，烟气能够顺利排出。但当排烟口下方无法聚积起较厚的烟气层或排烟口处的排烟速率较大时，在排烟时就有可能发生烟气层的吸穿现象（Plugholing）（见图 2-33）。此时，有一部分空气被直接吸入排烟口中，导致机械排烟效率下降。同时，风机对烟气与空气交界面处的扰动

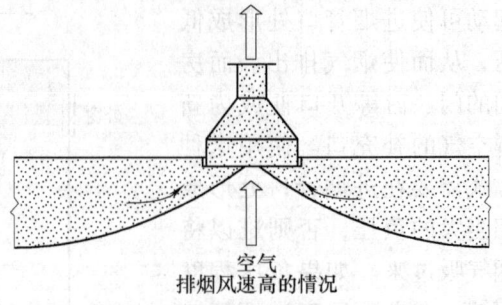

图 2-33 机械排烟时排烟口下方的烟气流动情况

更为直接，可使得较多的空气被卷吸进入烟气层内，增大了烟气的体积。

欣克利（Hinckley）提出可以采用无量纲量 F 来描述自然排烟时的吸穿现象，其定义如下：

$$F = \frac{u_v A}{\left(g\dfrac{\Delta T}{T_0}\right)^{\frac{1}{2}} h_e^{\frac{5}{2}}} \tag{2-100}$$

式中　F——弗罗得数；

　　　u_v——通过自然排烟口流出的烟气速度（m/s）；

　　　A——排烟口面积（m²）；

　　　h_e——排烟口下方的烟气层厚度（m）；

　　　ΔT——烟气层温度与环境空气温度的差值（K）；

　　　T_0——环境空气温度（K）；

　　　g——重力加速度（m/s²）。

刚好发生吸穿现象时的 F 值大小可记为 F_{critical}。摩根（Morgan）和嘉德纳（Gardiner）的研究表明，当排烟口位于蓄烟池中心位置时，F_{critical} 可取 1.5；当排烟口位于蓄烟池边缘时，F_{critical} 可取 1.1。发生吸穿现象时，排烟口下方的临界烟气层厚度可表示为：

$$h_{\text{critical}} = \left[\frac{u_v}{(g\Delta T/T_0)^{1/2} F_{\text{critical}}}\right]^{\frac{2}{5}} \tag{2-101}$$

式中，符号含义同前。

应当指出防烟与排烟是烟气控制的两个方面，是一个有机的整体，综合应用防排烟方式比采用单一方式效果更佳。图 2-34 为加压防烟与机械排烟两种组合形式。

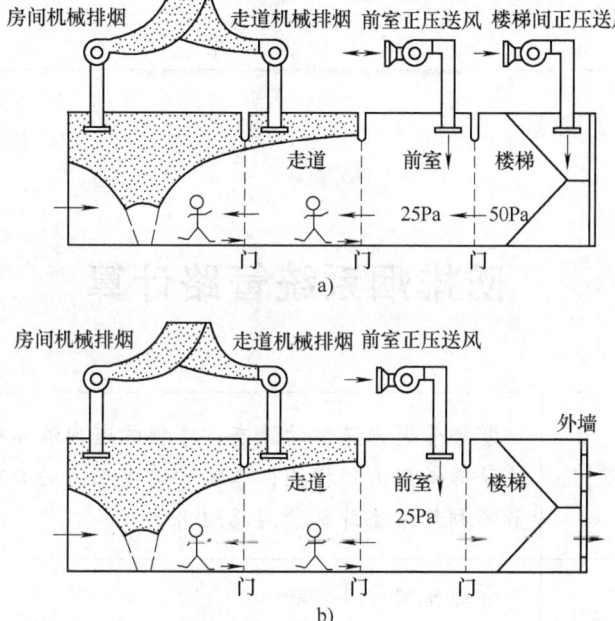

图 2-34 挡烟门两侧的压差及烟气流动

复 习 题

1. 火灾烟气流动的驱动力有哪些？
2. 烟囱效应的含义及其对烟气流动的影响是什么？
3. 烟气并联气流通路等效流通面积如何推导？
4. 具有连续开缝和一个上侧开口的竖井的压力中性面计算公式是如何推导的？
5. 烟气流动的预测分析的 NFPA92B 的羽流模型和 Thomas-Hinkley 羽流模型是什么？
6. 烟气控制的主要方式及其优缺点是什么？

第3章

防排烟系统管路计算

【教学要求】	掌握管道内流体的流态；掌握管道内流体阻力的计算方法及降低阻力的措施；掌握管道内压力的分布；掌握使用最不利环路法计算管网总阻力
【重点与难点】	管道阻力计算方法 管网总阻力计算方法

在防排烟系统中，空气、烟气的流动都属于管路流动问题，系统管路流动的阻力计算对系统设计非常重要。管路系统的具体布置、管径大小的选择、送风机或排风机的选择都需要通过阻力计算才能最终确定。本章将讨论管道阻力产生的原因、降低阻力的措施以及阻力计算方法。

3.1 风管内气体流动的流态和阻力

3.1.1 流体流动的两种流态

1883年英国物理学家雷诺（O. Reynolds）通过试验发现，同一流体在同一管道中流动时，不同的流速，会形成不同的流动状态。当流速较低时，流体质点互不混杂，沿着与管轴平行的方向作层状运动，称为层流（或滞流）。当流速较大时，流体质点的运动速度在大小和方向上都随时发生变化，成为互相混杂的紊乱流动，称为湍流（紊流，下同）。

雷诺曾用各种流体在不同直径的管路中进行了大量试验，发现流体的流动状态与平均流速 u、管道直径 d 和流体的运动粘度 ν 有关。可用一个无量纲数来判别流体的流动状态，这个无量纲数就叫雷诺数，用 Re 表示：

$$Re = \frac{ud}{\nu} \tag{3-1}$$

式中　u——管道内流体的平均流速（m/s）；
　　　d——管道半径（m）；
　　　ν——流体的运动粘度（m²/s）。

试验表明：流体在圆管内流动时，当 $Re \leq 2300$（下临界雷诺数）时，流动状态为层流；当 $Re \geq 4000$（上临界雷诺数）时，流体流动状态为湍流。在 $Re = 2300 \sim 4000$ 的区域内，流动状态不是固定的，由管壁的粗糙程度、流体进入管道的情况等外部条件而定，只要稍有干扰，流态就会发生变化，因此称为不稳定的过渡区。在实际工程计算中，为简便起见，通常用 $Re = 2300$ 来判断管路流动的流态，即：$Re \leq 2300$ 为层流；$Re > 2300$ 为湍流。

对于非圆形断面的烟道，对应 Re 值的管道直径 d 应以烟道的当量直径 d_e（m）来表示：

$$d_e = 4\frac{S}{U} \tag{3-2}$$

式中　S——烟道断面（m²）；
　　　U——烟道断面周长（m）。

烟气在管道内的流动，Re 一般都大于 4000，因此烟道内风流均应呈湍流状态。

【例 3-1】　某流体在管内流动，管径 $d = 100\text{mm}$，管中流速 $u = 1.0\text{m/s}$，流体的运动粘度为 $0.0131\text{cm}^2/\text{s}$，试判明管中流体的流态。

【解】　管中流体的雷诺数为：

$$Re = \frac{ud}{\nu} = \frac{(100 \times 10^{-3} \times 1.0)\text{m}^2/\text{s}}{(0.0131 \times 10^{-4})\text{m}^2/\text{s}} = 76635 > 2300$$

因此管中流体处于湍流状态。

3.1.2　流体流动的阻力

当流体在通风管道内流动时，必然要损失一定的能量来克服风管中的各种阻力。如烟气在风管内之所以产生阻力是因为烟气是具有粘性的实际流体，在运动过程中要克服内部相对运动出现的摩擦阻力以及风管材料内表面的粗糙程度对气体的阻滞作用和扰动作用。风管内流体流动的阻力有两种，一种是由于流体本身的粘性及其与管壁间的摩擦而引起的沿程能量损失，称为摩擦阻力或沿程阻力；另外一种是流体在流经各种管件或设备时，由于速度大小或方向的变化，以及由此产生的涡流所造成的比较集中的能量损失，称为局部阻力。在实际管路中，局部阻力的形式很多，归纳起来主要包括四种形式，即：变截面局部阻力、变方向局部阻力、变流股局部阻力和障碍物局部阻力。流体流动的总阻力为摩擦阻力和局部阻力之和。

3.2 摩擦阻力计算

3.2.1 摩擦阻力

流体本身的粘性及其与管壁间的摩擦是产生摩擦阻力的原因。流体在任意横断面形状不变的管道中流动时，根据流体力学原理，其摩擦阻力 h_f(Pa)可按下式计算：

$$h_f = \lambda \frac{L}{d} \rho \frac{u^2}{2} \tag{3-3}$$

式中　λ——摩擦阻力系数（无量纲），其值通过试验求得；
　　　L——管道的长度（m）；
　　　d——圆形管道直径，或非圆形管道的当量直径（m）；
　　　ρ——流体的密度（kg/m³）；
　　　u——管道内空气的平均流速（m/s）。

单位长度的摩擦阻力，也称比摩阻 R_m，R_m 按下式计算：

$$R_m = \lambda \frac{1}{d} \rho \frac{u^2}{2} \tag{3-4}$$

由式（3-3）可知，当管路中流动工况、流体参数和管道的结构特性确定时，式中，L、d、ρ、u 都被确定了，这样就剩下一个 λ 值未确定。所以，摩擦阻力计算的关键在于确定管路的摩擦阻力系数 λ。

摩擦阻力与流体流动状态关系密切，在层流流动状态下，摩擦阻力是由于粘性流体在流动过程中与管道壁面之间的摩擦力以及流体层向的内摩擦力而形成的切应力的作用所引起的。在湍流流动状态下，由于流体之间横向脉动速度的存在，流体间将因掺混而产生附加切应力作用。也就是说，湍流流动比层流流动更加复杂。所以，层流和湍流状态下的摩擦阻力系数是不同的。

3.2.2 层流摩擦阻力系数

当流体在圆形管道中做层流流动时，从理论上可以导出摩擦阻力 h_f(Pa)计算式，即：

$$h_f = \frac{32\rho\nu L}{d^2} u \tag{3-5}$$

因 $Re = \dfrac{ud}{\nu}$，由式（3-5）得：$h_\mathrm{f} = \dfrac{64}{Re} \dfrac{L}{d} \rho \dfrac{u^2}{2}$。与式（3-3）比较，可得圆管层流的沿程阻力系数 λ 为：

$$\lambda = \dfrac{64}{Re} \tag{3-6}$$

上式表明，层流流动状态下的摩擦阻力系数 λ 仅和雷诺数 Re 有关，且成反比。因为流动由层流转化为湍流的下界雷诺数 Re 为 2300，故层流状态下的最小摩擦阻力系数 $\lambda_\mathrm{min} = \dfrac{64}{Re} = \dfrac{64}{2300} = 0.028$。

3.2.3 湍流摩擦阻力系数

湍流流动是指总的流动处于湍流状态，但紧靠管道壁面的一薄层流体仍处于层流状态，称为层流底层。层流底层的厚度 δ 虽然很薄，通常仅为几分之一毫米，但其对流动阻力有着重要的影响。

任何壁面表面总是凹凸不平的，其凸起的峰顶和下凹的谷底的高差称为壁面绝对粗糙度，记为 Δ，绝对粗糙度 Δ 与管道直径 d 的比值 Δ/d 称为相对粗糙度。在湍流状态下，当层流底层的厚度 $\delta > \Delta$ 时，层流底层掩盖了壁面粗糙度对流体流动的影响，流体犹如在光滑的壁面上流动一样，摩擦阻力系数 λ 与壁面绝对粗糙度 Δ 无关。相反，当层流底层的厚度 $\delta < \Delta$ 时，壁面上凸起的峰顶将突出在层流底层以外的湍流区域中，引起旋涡，增大能量损失，摩擦阻力增大，这说明摩擦阻力系数 λ 与壁面绝对粗糙度 Δ 有关。

由于湍流流动的复杂性，加上各种壁面的粗糙度各不相同，所以湍流状态的摩擦阻力系数 λ 很难像层流状态那样可用理论分析来求解，而往往是通过试验数据整理得到的。在这方面，前人做了大量的试验研究工作，积累了丰富的资料，最有代表性的是尼古拉兹试验。尼古拉兹以水为流动介质，对相对粗糙度 Δ/d 分别为 1/30、1/61、1/120、1/252、1/504 和 1/1014 的六种不同的管道进行试验研究。对试验数据进行分析整理，在对数坐标纸上画出 λ 与 Re 的关系曲线，如图 3-1 所示。

从图 3-1 可看到：

第Ⅰ区——层流区。当 $Re < 2300$，所有的试验点聚集在直线 ab 上，说明 λ 与粗糙度 $\dfrac{\Delta}{d}$ 无关，并且 λ 与 Re 的关系符合 $\lambda = \dfrac{64}{Re}$，即试验结果证实了圆管层流理论公式的正确性。同时，此试验也证明 Δ 不影响临界雷诺数下限 $Re = 2300$ 的结论。

第Ⅱ区——层流转变为湍流的过渡区。此时 λ 基本上也与 $\dfrac{\Delta}{d}$ 无关，而只

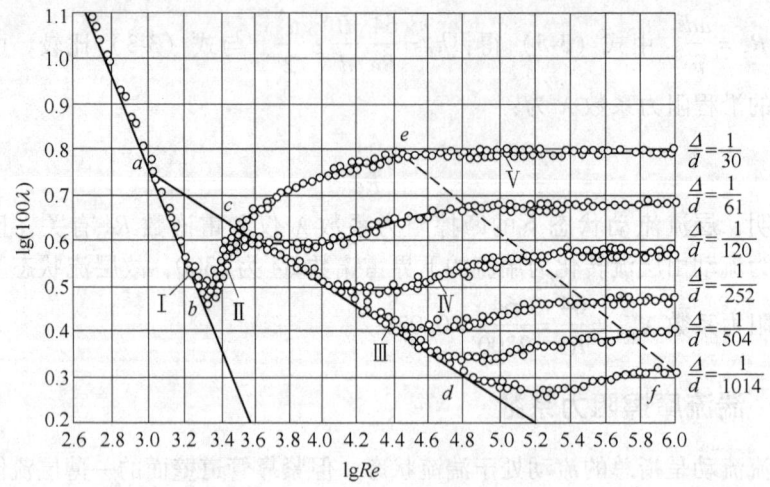

图 3-1 尼古拉兹试验结果

与 Re 有关。

第Ⅲ区——"光滑管"区。此时水流虽已处于湍流状态,$Re > 3000$,但不同粗糙度的试验点都聚集在直线 cd 上,即粗糙度对 λ 值仍没有影响。只是随着 Re 加大,相对粗糙度大的管道,其试验点在 Re 较低时离开了直线 cd;而相对粗糙度小的管道,在 Re 较高时才离开此线。

第Ⅳ区——"光滑管"转变向"粗糙管"的湍流过渡区。在这个区段内,各种不同相对粗糙度的试验点各自分散,呈一波状曲线,阻力系数 λ 既与 Re 有关,也与 $\dfrac{\Delta}{d}$ 有关。

第Ⅴ区——粗糙管区或阻力平方区。试验曲线成为与横轴平行的直线,即该区 λ 与 Re 无关,$\lambda = f\left(\dfrac{\Delta}{d}\right)$。这说明水流处于发展完全的湍流状态,水流阻力与流速的平方成正比,故又称此区为阻力平方区。

尼古拉兹试验虽然是在人工粗糙管中完成的,不能完全用于工业管道,但是,尼古拉兹试验的意义在于:它全面揭示了不同流态情况下 λ 和 Re 及相对粗糙度 $\dfrac{\Delta}{d}$ 的关系,从而说明确定 λ 的各种经验公式和半经验公式有一定的适用范围。

当流体处于湍流且 $Re < 10^5$ 时,通常可用布拉休斯经验公式计算 λ:

$$\lambda = \frac{0.3164}{Re^{\frac{1}{4}}} \tag{3-7}$$

在某些工程实践中,只需对管路流动的摩擦阻力进行近似计算,且希望得到的数值偏于安全可靠,则可直接按表3-1 选定不同流道的摩擦阻力系数近似值进行计算。

表3-1 摩擦阻力系数近似值

管道类型	金属风道	金属烟道	混凝土或砖砌烟风道
摩擦阻力系数 λ	0.02	0.03	0.04

【例3-2】 长度 $l=1000$m,内径 $d=200$mm 的镀锌钢管,用以输送运动粘度 $\nu=35.5\times10^{-6}$m^2/s,密度 $\rho=1.2$kg/m^3 的流体,测得流量 $Q=38$L/s。试确定沿程阻力损失。

【解】 (1) 确定流速及流态。

管中流速 u 为:

$$u = \frac{Q}{A} = \frac{(38\times10^{-3})\text{m}^3/\text{s}}{\left(\frac{\pi}{4}\times0.2^2\right)\text{m}^2} = 1.21\text{m/s}$$

雷诺数 Re 为:

$$Re = \frac{ud}{\nu} = \frac{1.21\times0.2}{35.5\times10^{-6}} = 6817 > 2320$$

故可判定管中流态为湍流。

(2) 根据 Re 选择 λ 并计算沿程损失。

由于 $4000<Re<6817<10^5$,故沿程损失系数为:

$$\lambda = \frac{0.3164}{\sqrt[4]{Re}} = \frac{0.3164}{\sqrt[4]{6817}} = 3.48\times10^{-2}$$

沿程阻力损失为:

$$h_f = \lambda\frac{l}{d}\frac{\rho u^2}{2} = \left(3.48\times10^{-2}\times\frac{1000}{0.2}\times\frac{1.2\times1.21^2}{2}\right)\text{Pa} = 152.85\text{Pa}$$

3.3 局部阻力计算

由于产生局部阻力的原因很复杂,而且流体在局部阻力件处的流动状态过于复杂,所以,大多数情况下,局部阻力只能通过试验来确定。实际工程中,对局部阻力的计算一般采用经验公式。

和摩擦阻力类似,局部阻力 h_i(单位:Pa)一般也用动压的倍数来表示:

$$h_i = \xi\frac{\rho}{2}u^2 \tag{3-8}$$

式中 ξ——局部阻力系数(无量纲)。

一般来说,局部阻力系数 ξ 值取决于局部阻力件处管道的几何形状和流动的雷诺数。由于产生局部阻力处的流动往往受到强烈的扰动,处于湍流状态,因而,局部阻力系数 ξ 往往与雷诺数无关,而只取决于局部阻力件处管道的几何形状。正是这个特点,使局部阻力系数 ξ 比较容易通过试验确定。

前人通过大量的试验已经确定了各种形式局部阻力件的局部阻力系数。一些国家制定了各种水动力计算、空气动力计算标准等,其中都包含有局部阻力及其阻力系数的计算。我国目前尚无统一的标准方法,但各行业都有一套适用的计算方法、公式及图表。防排烟工程作为火灾条件下的通风工程,完全可以借用一般通风工程中有关局部阻力系数的计算式或图表来计算局部阻力系数。

3.3.1 变截面处的局部阻力系数

1. 截面突变时的局部阻力系数

所谓截面突变是指沿流道截面发生突然扩大或收缩,在变截面处的流道具有尖锐边缘的情况,如图 3-2 所示。

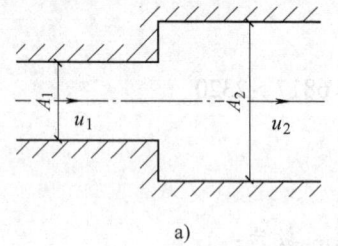 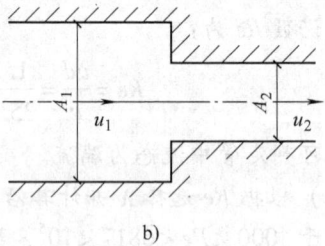

a)   b)

图 3-2 突然扩大和突然缩小

a)突然扩大 b)突然缩小

截面突然扩大时的局部阻力系数可按下式计算:

$$\xi = 1.1(1 - A_1/A_2)^2 \tag{3-9}$$

式中 A_1——流道截面扩大前的流通面积(m^2);

A_2——流道截面扩大后的流通面积(m^2)。

当流体从某流道流入大容积的空间时,可视为截面突扩的特殊情况,这时 $A_1/A_2 \approx 0$,那么局部阻力系数 $\xi = 1.1$。这种形式的局部阻力系数通常称为出口阻力系数。

截面突然缩小时的局部阻力系数可按下式计算:

$$\xi = 0.5(1 - A_2/A_1)^2 \tag{3-10}$$

式中 A_1——流道截面缩小前的流通面积(m^2);

A_2——流道截面缩小后的流通面积（m^2）。

当流体从大容积的空间流入某流道时，可视为截面突缩的特殊情况，这时 $A_2/A_1 \approx 0$，那么局部阻力系数 $\xi = 0.5$。

2. 截面渐变时的局部阻力系数

截面渐变是指沿流道的截面逐渐扩大或收缩，工程上常见的截面渐变有圆锥形、扁平形、棱锥形、圆形、方圆锥形。它们的局部阻力系数往往主要取决于渐变前后的截面比和扩展角，一般来说，截面比 $n = A_2/A_1$ 和扩展角 θ 越小，局部阻力系数越小。反之，局部阻力系数越大，如图 3-3 所示。流道截面渐扩时的局部阻力系数见表 3-2。

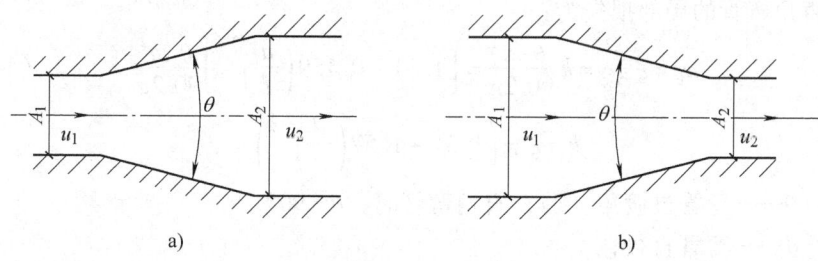

图 3-3 逐渐扩大和逐渐缩小
a) 线性渐扩管　b) 线性渐缩管

表 3-2 流道截面渐扩时的局部阻力系数

n \ θ	10	15	20	25	30
1.25	0.02	0.03	0.05	0.06	0.07
1.50	0.03	0.06	0.10	0.12	0.13
1.75	0.05	0.09	0.14	0.17	0.19
2.00	0.06	0.13	0.20	0.23	0.26
2.25	0.08	0.16	0.26	0.30	0.33
3.50	0.09	0.19	0.30	0.36	0.39

3.3.2 变方向处的局部阻力系数

流道变方向即通常所说的转弯，主要有直角转弯和折角转弯两种。在直角弯管（见图 3-4a）和折角管（见图 3-4b）中，由于管径不变，故流速大小不变。但由于流动方向的变化而造成能量损失。

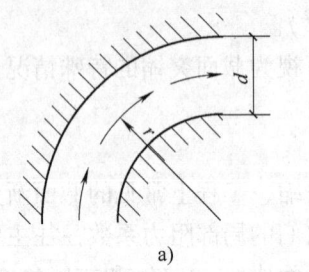 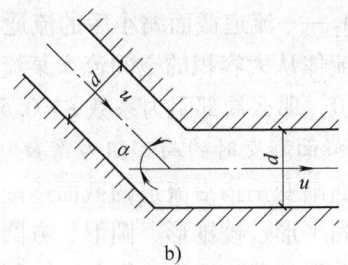

图 3-4 弯管
a) 直角弯管　b) 折角弯管

直角弯管的局部损失为：

$$h_\xi = \xi \frac{u^2}{2g} = k \frac{\theta}{90} \frac{u^2}{2g} = \left[1.31 + 0.159\left(\frac{d}{r}\right)^{3.5}\right]\frac{\theta}{90}\frac{u^2}{2g} \tag{3-11}$$

$$k = \xi = \left(1.31 + 1.57\left(\frac{d}{r}\right)^{3.5}\right)$$

式中　θ——弯管过渡角（°）；直角弯管时，$\theta = 90°$；

　　　d——弯管直径；

　　　r——弯管中线曲率半径。

折角弯管局部损失公式为：

$$h_\xi = \xi \frac{u^2}{2g} = \left[0.946\sin^2\left(\frac{\alpha}{2}\right) + 2.047\sin^4\left(\frac{\alpha}{2}\right)\right]\frac{u^2}{2g} \tag{3-12}$$

至于其他类型的局部损失（阻力系数），请查阅有关手册或教科书。

3.3.3 变流股处的局部阻力系数

变流股的流道在工程上也是常见的。根据需要，常常把一股流体分流为两股或多股流体，或者把两股或多股流体汇集成一股流体。那么，在各股流体的交汇处由于涡流、碰撞、改变方向和速度等产生局部阻力。习惯上把几股流体交汇称为几通，最常见的是三通。分流三通是一股流体分流成两股，而汇流三通是两股流体汇合成一股。三通的局部阻力系数主要通过查表得到，见表3-3。

表 3-3 三通接头的局部阻力系数

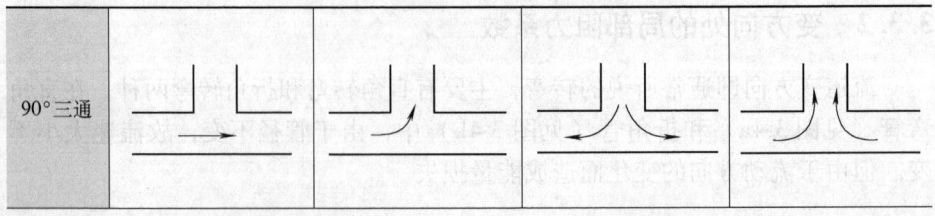

(续)

ξ	0.1	1.3	1.3	3
45°三通				
ξ	0.15	0.05	0.5	3

3.3.4 阻碍物的局部阻力系数

阻碍物的局部阻力主要是指流道中的各种阀门的影响,其局部阻力系数不仅与流道内的压力差有关,而且还与阀门的结构、材质、加工精度、口径、阀门开度等相关,目前尚无完善统一的数据。通风防排烟常见的有门阀有闸板门、防火阀和排烟防火阀等,图 3-5 为闸板门的示意图。一般来说,阀门全开时,其局部阻力系数很小,当随着开度减小时,局部阻力系数也随着增大,在不同开度下闸板门的局部阻力系数见表 3-4。

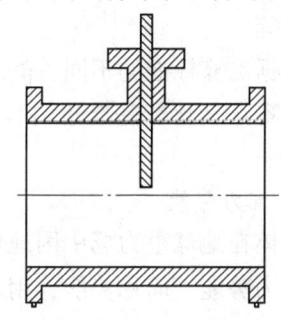

图 3-5 闸板门示意图

表 3-4 闸板门的局部阻力系数

开度(%)	10	20	30	40	50	60	70	80	90	全开
圆形	97.8	35	10	4.6	2.06	0.98	0.44	0.17	0.06	0
矩形	193	44.5	17.8	8.12	4.0	2.1	0.95	0.39	0.09	0

3.4 管路的压力分布

流体在管道中流动时,由于流体沿程受阻力影响,同时由于流速变化,流体在管道各处的压力是不断变化的。了解风管内压力的分布规律,有助于正确设计通风和防排烟系统,并使之经济、合理、安全可靠的运行。

通过管路的计算,在确定了管路的流动阻力之后,管路上各处的压力降或压力分布也随即确定了。管路的压力分布是评价管路设计正确与否和制定运行操作规程的重要依据。管路的压力分布与管路系统的布置方式、管路的结构特性等有密切关系。

3.4.1 风流的能量与压力

能量与压力是通风工程中两个重要的基本概念，压力可以理解为：单位体积空气所具有的能够对外做功的机械能。

1. 静压与静压能

空气的分子无时无刻不在做无秩序的热运动。这种由分子热运动产生的分子动能的一部分转化的能够对外做功的机械能叫静压能，用 E_p 表示 (J/m^3)。当空气分子撞击器壁时产生力的效应，这种效应称为静压力或静压，用 p 表示 (Pa)。压力的概念与物理学中的压强相同，即单位面积上受到的垂直作用力。静压也可称为是静压能。静压与静压能是一个事物的两个方面，它们在数值上大小相等。

根据测算标准的不同，静压可分为绝对静压与相对静压。绝对压力以真空为测算零点（比较基准）。相对压力以当地当时同标高的大气压力为测算基准（零点）。

2. 重力势能

物体在地球重力场中因地球引力的作用，由于高度的不同而具有的一种能量叫重力势能，简称势能，用 E_{p0} 表示。如果把质量为 m(kg) 的物体从某一基准面 Z(m) 提高，就要对物体克服重力做功 mgZ(J)，物体因而获得同样数量 (mgZ) 的重力势能。即：

$$E_{p0} = mgZ \tag{3-13}$$

重力势能是一种潜在的能量，它只有通过计算得知其大小，而且是一个相对值。

3. 动能与动压

当空气流动时，除了位能和静压能外，还有空气定向运动的动能，用 E_v 表示，单位为 J/m^3；其动能所转化显现的压力叫动压或称速压，用符号 h_v 表示，单位为 Pa。

单位体积空气所具有的动能为：

$$E_{vi} = \frac{1}{2}\rho_i u_i^2 \tag{3-14}$$

将某点风流动压与静压之和称为此点全压，因此某点的风流压力可分为静压、动压和全压。

3.4.2 能量方程

根据能量守恒定律，空气在管道内流动时不同断面间的能量计算式如下：

$$p_{j1} + \rho \frac{u_1^2}{2} + \rho g Z_1 = p_{j2} + \rho \frac{u_2^2}{2} + \rho g Z_2 + \Delta p_{1-2} \tag{3-15}$$

式中 p_{j1}、p_{j2}——断面1、2处的静压（Pa）；

$\rho \dfrac{u_1^2}{2}$、$\rho \dfrac{u_2^2}{2}$——断面1、2处的动压（Pa）；

Z_1、Z_2——管道中心线断面1、2处的高度（m）；

g——重力加速度（m/s²）；

Δp_{1-2}——断面1、2间摩擦阻力和局部阻力之和（Pa）。

3.4.3 风管内流体压力分布

1. 管路压力分布

流体在风道中流动时，由于风道内阻力和流速的变化，流体的压力也在不断地发生变化。下面通过图3-6所示的单风机通风系统风管内的压力分布图来定性分析风管内空气的压力分布。

压力分布图的绘制方法是取一坐标轴，将大气压力作为零点，标出各断面的全压和相对静压值，将各点的全压、静压分别连接起来，即可得出。图中全压和静压的差值即为动压。系统停止工作时，通风机不运行，风道内空气处于静止状态，其中任一点的压力均等于大气压力，此时，整个系统的静压、动压和全压都等于零。系统工作时，通风机投入运行，流体以一定的速度开始流动，此时，流体在风道中流动时所产生的能量损失由通风机的动力来克服。

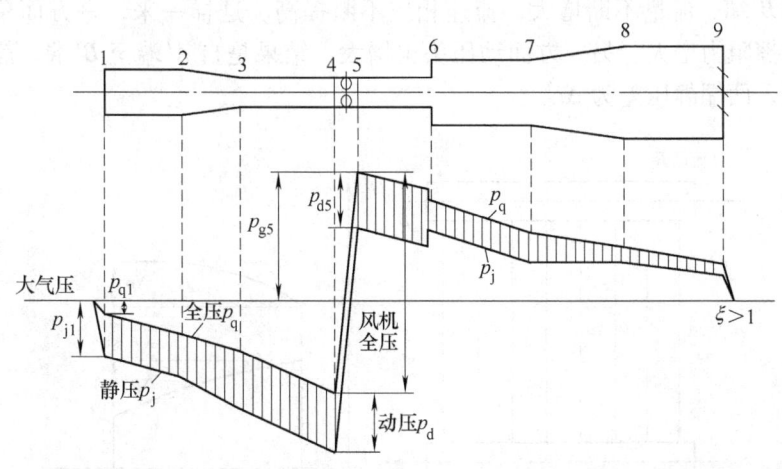

图3-6 风管压力分布示意图

从图中可以看出，在吸风口处的全压和静压均比大气压力低，入口外和入口处的一部分静压降转化为动压，另一部分用于克服入口处产生的局部阻力。在断面不变的风道中，能量的损失是由摩擦阻力引起的，此时全压和静压的损失是相等的，如管段 1~2、3~4、5~6、6~7 和 8~9。在收缩段 2~3，沿着空气的流动方向，全压值和静压值都减小了，减小值也不相等，但动压值相应增加了。在扩张段 7~8 和突扩点 6 处，动压和全压都减小了，而静压则有所增加，即会产生所说的静压复得现象。在出风口点 9 处，全压的损失与出风口形状和流动特性有关，由于出风口的局部阻力系数可大于 1、等于 1 或小于 1，所以全压和静压变化也会不一样。在风机段 4~5 处可看出，风机的风压即风机入口和出口处的全压值，等于风道的总阻力损失。

2. 联箱压力分布

在工程中，常常碰到需要将流体由若干条较小的管道汇集到一个较大的管道中或由一个较大的管道分流到若干较小的管道中的情况，人们习惯上把较大的管道称为联箱，相应的有集流联箱和分流联箱。对于管路系统中的集流联箱和分流联箱，当引进管和引出管的布置不同时，则联箱轴向上的压力分布是不同的。

如图 3-7 所示，上方为 A 端端部引进的分流联箱，该联箱内轴向流动的特点是：自 A 端至 B 端，流量不断减小，流速相应不断降低。这样一来，一方面单位长度的摩擦阻力减少，另一方面动压头也降低，结果是自 A 端至 B 端，静压逐渐升高，两端静压差为 $\Delta p'$。

图 3-7 下方为 B' 端端部引进的集流联箱，该联箱内轴向流动的特点是：自 A' 端至 B' 端，流量不断增大，流速相应不断提高。这样一来，一方面单位长度的摩擦阻力增大，另一方面动压头也增大，结果是自 A' 端至 B' 端，静压逐渐降低，两端静压差为 $\Delta p''$。

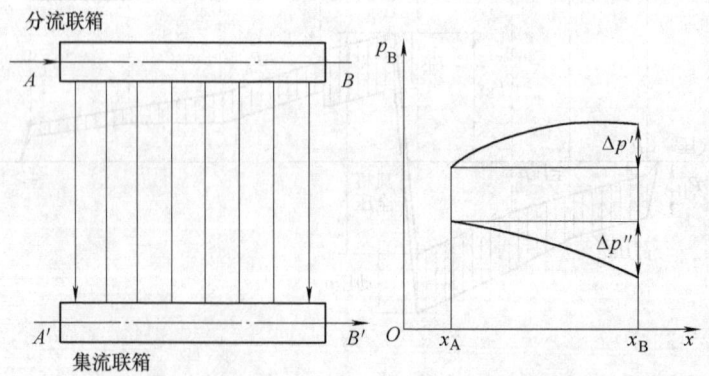

图 3-7 联箱内的压力分布

在防排烟工程中，如正压送风防烟系统，如果要通过一送风干管经由若干送风支管把正压空气输送到需要维持正压的区间中去，这个送风支管实质上就起到分流联箱的作用，送风支管的引进方式和干管内轴向速度的大小将影响各支管中的风量分配，在设计时应予以注意。又如高层建筑的正压防烟楼梯间，正压空气通过楼梯间与前室的门以及前室与走廊的门渗漏到走廊中去，所有的楼层的漏风通路实际上构成了一平行管路，正压防烟楼梯间亦起到分流联箱的作用。为保证楼梯间上下压力分布均匀，应采用多点送风的方式。

3. 竖井的压力分布

随着高层建筑的发展，出现了种种竖井，如楼梯间、电梯井、管道井、送风竖井、排烟竖井等等。在通风和防排烟工程中，竖井中的压力分布特性对通风和防排烟性能影响很大，会出现所谓的"烟囱效应"。竖井的压力分布不单单与竖井中气流的流动状况有关，而且还与热压作用有关。即竖井内的压力分布是热压作用和流动阻力综合决定的。

3.5 管路的计算

摩擦阻力和局部阻力的计算最终是为了进行管路的计算。管路计算的任务在于确定通过管路的流体流量及其参数、管路的结构特性和流动阻力三者之间的关系。在工程实际中，根据原始数据的不同，管路设计计算通常可以分为以下三种：

（1）已知管路中的流体流量及参数和管路的结构特性，确定管路的压力降。这类设计的实质就是计算管路各处的摩擦阻力和局部阻力。

（2）已知管路的结构特性和允许的压力降，确定通过管路的流体流量及参数。这类设计是通过确定管路各处的摩擦阻力和局部阻力，计算管路中的流速，然后确定管路中流体的流量及参数。

（3）已知管路中的流体流量及参数和允许的压力降，确定管路的结构特性。这类设计是确定管路各处的摩擦阻力和局部阻力，然后确定其结构特性。

管路计算是一个很复杂的问题，一方面是因为各种阻力形式很多，影响的因素也复杂；另一方面，管路本身的连接方式不同，计算方法也有所不同。通常将管路的计算分为简单管路、串联管路、并联管路和复杂管路四种类型。

3.5.1 简单管路的计算

所谓简单管路计算是指流道流通截面积不变，流体流量恒定的管路。流体在简单管路中的压力降等于流动的总阻力，为摩擦阻力和局部阻力之和，即：

$$\Delta p = \Delta h = \Delta h_f + \Delta h_\xi \tag{3-16}$$

因摩擦阻力和局部阻力都对应于管路内的压力差，则：

$$\Delta p = \Delta h = \left(\lambda \frac{L}{d} + \Sigma \xi_i\right)\frac{\rho}{2}u^2 = \frac{\left(\lambda \frac{L}{d} + \Sigma \xi_i\right)}{2\rho S^2}Q^2 \qquad (3-17)$$

式中 Q——流体流量（m^3）；

S——管路流通截面积（m^2）。

令 $R = \rho\left(\lambda \frac{L}{d} + \Sigma \xi_i\right)/2S^2$，称 R 为管路的总水力特性，其主要取决于管路的结构特性和流体的物性参数，则：

$$\Delta p = RQ^2 \qquad (3-18)$$

根据式（3-14）就可以对前述三类命题进行计算了，值得注意的是，由于摩擦阻力系数 λ 的计算式在不同的阻力区域是不同的，所以在计算时首先必须确定流动所处的阻力区域。这一点在第一类命题中是很方便的，因为根据已知的流体流量参数和管路的结构特性可求出流动的雷诺数 Re 值，从而判别流动所处的阻力区域。在第二、三类命题中，则必须预先假定一阻力区域，待确定管路的结构特性或管路中流体的流量及参数后，校核是否处于该阻力区域，如校核结果与假定不符，应重新假定再行计算，直到相符为止。

简单管路在工程实际中是存在的。从流道截面积不变的角度来看，任何复杂的管路中的某一直管段都属这种情况，所以简单管路的计算是复杂管路计算的基础。从流体流量恒定的角度来看，并非所有情况都能满足要求，只有在稳定的流动工况下才能作为简单管路来进行计算。

在等温流动时，管路中流体的参数不变，所以计算比较简单。在非等温流动时，如管道受加热或受冷却的情况下，在流动过程中流体的参数不断变化，则可取计算管段进出口的流体平均温度下的参数来进行计算。

应当指出，水平管路的压力降实际是管路进出口的静压差，所以只有在进出口处流体的静压差不变的情况下，管路的压力降才能等于管路的总阻力，对于简单管路来说，由于管路截面尺寸相同，流体密度在进出口不变或变化不大，流体的速度相同或基本相同，所以，管路进出口的静压差相等或基本上相等，这样，简单管路的压力降就等于其总阻力。

3.5.2 复杂管路的计算

工程上的许多管路系统，如防排烟工程中的建筑防排烟系统，是比较复杂的管路系统，既不是单一的并联管路，也不是单一的串联管路，更不是单一的简单管路，而是由许多个简单管路、串联管路及并联管路混合串联和并联而成的，故称为复杂管路。在复杂管路中，串联和并联是相互交叉的，串中有并，并中有串。

尽管复杂管路的组成十分复杂,但其计算可分解为单一的串联管路、并联管路甚至简单管路分别进行。当然,其计算过程是非常麻烦的。各管路的计算数据相互牵连、互相制约,变化一点,影响全局。这种牵制的关系服从两条基本法则,即:

(1) 并联管路的阻力相等,流体的质量流量迭加。

(2) 串联管路中流体的质量流量相等,阻力叠加。

复杂管路的具体计算应根据实际的管路系统加以分解,然后按照上述两条法则列出阻力和流量方程式,并联立求解。

3.6 风道设计与管网总阻力计算

防排烟管网系统中,在排(送)风量已确定的情况下,管网设计的主要任务是:①风道设计,即根据风速要求确定风管的断面形状、选择风管的断面尺寸;②计算各风管的阻力损失以及总阻力,以便最终确定风管的断面尺寸和选择合适的通风机。

3.6.1 确定风道材料及断面形式

1. 风道材料选择

用作风管的材料有薄钢板、硬聚氯乙烯塑料板、玻璃钢板、胶合板、铝板、砖及混凝土等。需要经常移动的风管大多采用柔性材料制成各种软管,如塑料软管、金属软管、橡胶软管等。薄钢板有普通薄钢板和镀锌薄钢板两种,厚度一般为 0.5~1.5mm。

对于有防腐要求的通风工程,可采用硬聚氯乙烯塑料板或玻璃钢板制作的风管。硬聚氯乙烯塑料板表面光滑,制作方便,但不耐高温,也不耐寒,在热辐射作用下容易脆裂。所以,仅限于室内应用,且流体温度不可超过 -10~60℃。

以砖、混凝土等材料制作风管,主要用于与建筑、结构相配合的场合。为了减少阻力、降低噪声,可采用降低管内流速、在风管内壁衬贴吸声材料等技术措施。

在选取通风工程、防排烟工程设备及管道材料时,应严格把关,杜绝火灾发生及蔓延的隐患。

(1) 设备及风道应采用不燃烧材料制作,某些接触腐蚀性介质的风道及其配件可采用难燃材料制作。

(2) 管道和设备的保温材料、消声材料和胶粘剂应为不燃烧材料或难燃材料。穿过防火墙和变形缝的风管两侧各2.00m范围内，保温材料、消声材料及其胶粘剂应采用不燃烧材料。

（3）风管内设有电加热器时，风机应与电加热器连锁。电加热器应设无风断电保护装置，而且电加热器前后各800mm范围内的风管和穿过设有火源等容易起火部位的管道均必须采用不燃保温材料。

2. 风道断面选择

风管断面形状有圆形和矩形两种。圆形断面的风管强度大、阻力小、消耗材料少，但加工工艺比较复杂，占用空间多，布置时难以与建筑、结构配合，常用于高速送风的系统。

矩形断面的风管易加工、好布置，能充分利用建筑空间，弯头、三通等部件的尺寸较圆形风管的部件小。为了节省建筑空间，布置美观，一般民用建筑通风系统送、回风管道的断面形状均以矩形为宜。工业管道中流速的选取见表3-5。

表3-5 工业管道中常见的流体流速　　　　　　　　　　（单位：m/s）

建筑物类别	管道系统部位	风道		靠近风机处的极限流速
		自然通风	机械通风	
辅助建筑物	吸入空气的百叶窗	0～1.0	2～4	10～12
	吸风道	1～2	2～6	
	支管及垂直风道	0.5～1.5	2～5	
	水平总风量	0.5～1.0	5～8	
	接近地面的进风口	0.2～0.5	0.2～0.5	
	接近顶棚的进风口	0.5～1.0	1～2	
	接近顶棚的排风口	0.5～1.0	1～2	
	排风塔	1～1.5	3～6	
工业建筑	材料	总管	支管	室内进风口	室内回风口	新鲜空气入口
	薄钢板	6～14	2～8	1.5～3.5	2.5～3.5	5.5～6.5
	砖、矿渣、石棉水泥、矿渣混凝土	4～12	2～6	1.5～3.0	2.0～3.0	5～6

常用矩形风管的规格见表3-6。为了减少系统阻力，进行风道设计时，矩形风管的高宽比宜小于6，最大不应超过10。

表 3-6 矩形风管规格

外边长×外边宽/mm×mm				
120×120	320×200	500×400	800×630	1250×630
160×120	320×250	500×500	800×800	1250×800
160×120	320×320	630×250	1000×320	1250×1000
200×160	400×200	630×320	1000×400	1600×500
200×200	400×250	630×400	1000×500	1600×630
250×120	400×320	630×500	1000×630	1600×800
250×160	400×400	630×630	1000×800	1600×1000
250×200	500×200	800×320	1000×1000	1600×1250
250×250	500×250	800×400	1250×400	2000×800
320×160	500×320	800×500	1250×500	2000×1000

3.6.2 计算管网总阻力

风管的阻力损失 Δh 由沿程阻力损失 Δh_f 和局部阻力损失 Δh_ξ 两部分组成，$\Delta h = \Delta h_f + \Delta h_\xi$。$\Delta h_f$ 和 Δh_ξ 可采用本书 3.3 节介绍的公式计算。实际工程中经常会将计算过程简化，并形成了一定的计算数据以表格形式记录下来，本书也给出一些数据表。其中，圆形断面薄钢板风管单位管长沿程阻力损失见附录 A，矩形断面薄钢板风管单位管长沿程阻力见附录 B，各种管件的局部阻力系数见附录 C。计算管网总阻力可采用最不利环路法。

1. 最不利环路法计算总阻力

如图 3-8 所示的机械排风系统，各段管路分别标注了编号、管段长度以及吸风口设计排风量。从各进风口都有一条到出风口的路线，由于进风口与出风口都与大气连通，因此每条路线实际上构成了一个环路。若将图中各管路的端点以及交叉点也进行编号，图 3-8 可简化为图 3-9 所示的网状结构，图中虚线表示各进风口与排风口通过大气连通。可见所有的吸风口具有相同的编号，按照串、并联管路的计算方法，系统运行时，进风节点 6 到出风节点 1 的任一路线计算出的阻力之和（管网总阻力）应相等，且数值上等于风机的风压。在管网的参数设计完成后，若不添加风流调节设施，并不能保证各进风口都一定吸入设计风量的流量，此时按照设计风量与当前管段水力特性计算出各线路的总阻力，其中总阻力最大的线路就是最不利环路。其他线路总阻力计算值若与最不利环路计算值相差较大，则只有在其他线路独有的管段上增加其水力特性，使其阻力达到与最不利环路阻力相等，才能保证其他进风口仅吸到设计风量的风流而不吸入过多的风流,否则最不利管路上的进风口必定不能达到设计吸风量。设计时只要其他线路的总阻力计算值与最不利环路相差不超过15%,即认为满足要求。

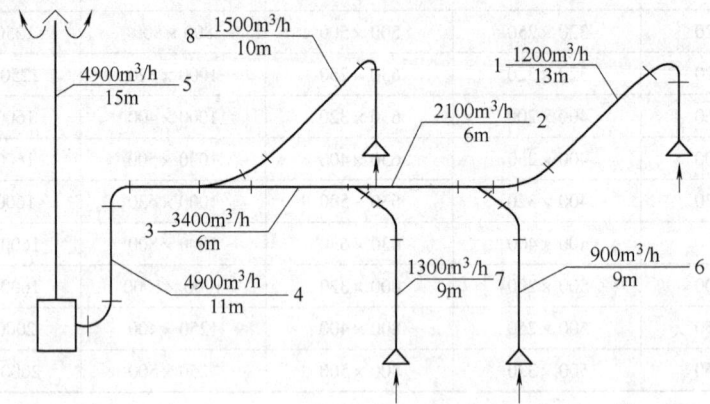

图 3-8 机械排烟系统示意图

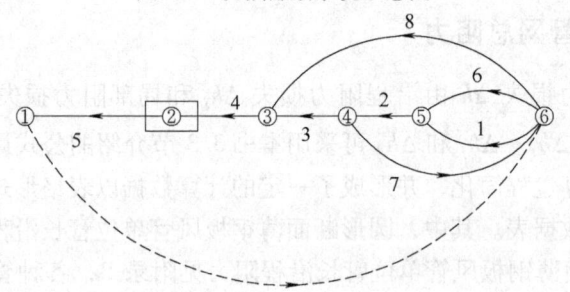

图 3-9 机械排烟系统简化图

防排烟管网中一般线路最长的即为最不利环路,找到最不利环路后,计算出其总阻力即为管网排风机的设计风压,所有排风口的风量之和即为风机的设计排风量,据此可选择排风机。本书附录 A 与附录 B 给出了单位长度的圆管与矩形管在不同断面、风速下的沿程阻力损失,可供查表计算。

2. 总阻力计算实例

【例3-3】 图3-8、图3-9 所示的机械排风系统,各吸风口的设计吸风量标于对应支管上。若风管材料为薄钢板,风机前风管为矩形,风机出口后采用圆形,假设输送气体密度$\rho=1.2 kg/m^3$,圆形伞形罩的扩张角为40°,风管90°弯头的曲率半径 $R=2D$,合流三通分支管夹角为30°,带扩压管的伞形风帽 $h/D_0=0.5$,当地大气压力为标准大气压,对该系统进行设计计算。

【解】

(1) 确定各管段气流速度,查表3-5有:工业建筑机械通风对于干管 $u=$

6~14m/s；对于支管 $u=2$~8m/s。

(2) 确定最不利环路，本系统 1~5 为最不利环路。

(3) 根据各管段风量及流速，确定各管段的管径及单位管长阻力损失，计算沿程损失，应首先计算最不利环路，然后计算其余分支环路。

管段 1，根据 $Q=1200\mathrm{m}^3/\mathrm{h}$，$u=6$~14m/s，查本书附录 B 知矩形断面为 $250\mathrm{mm} \times 160\mathrm{mm}$，$u=8.5\mathrm{m/s}$，单位管长沿程阻力损失 $h_{\mathrm{fl}}=4.78\mathrm{Pa/m}$。

管段 1 沿程阻力损失计算：$\Delta h_{\mathrm{fl}} = h_{\mathrm{fl}} l = (4.78 \times 13)\mathrm{Pa} = 62.14\mathrm{Pa}$

其他的管段的计算结果见表 3-7。

表 3-7 各管段沿程阻力损失计算表

管段编号	流量/(m³/h)	管长/m	断面尺寸/mm×mm	流速/(m/s)	单位管长阻力损失/(Pa/m)	沿程阻力损失/(Pa/m)
1	1200	13	250×160	8.5	4.78	62.14
2	2100	6	320×200	9.5	4.41	26.46
3	3400	6	500×200	9.6	3.70	22.20
4	4900	11	500×250	11.1	4.02	44.62
5	4900	15	D360	13.5	5.38	80.70
6	900	9	160×160	10.0	8.31	74.79
7	1300	9	250×120	12.5	12.6	113.4
8	1500	10	250×120	14.5	16.76	167.6

(4) 计算各管段局部损失。

如管段 1，查附录 C 得：圆形伞形罩扩张角 40°，$\xi_1=0.13$，90°弯头 2 个，$\xi_2=0.15 \times 2 = 0.3$，合流三通直管段，$\xi_3=0.47$。

管段 1 局部阻力损失计算：$\Delta h_{\xi 1} = \sum \xi \dfrac{u^2}{2}\rho = \left(0.88 \times \dfrac{8.5^2}{2} \times 1.2\right)\mathrm{Pa} = 38.15\mathrm{Pa}$

其他的管段的局部阻力损失计算结果见表 3-8。

(5) 计算各管段总的阻力损失，计算结果见表 3-8。

表 3-8 各管段阻力损失计算表

管段编号	局部阻力系数	流速/(m/s)	局部阻力损失/(Pa/m)	沿程阻力损失/(Pa/m)	总阻力损失/(Pa/m)	支路不平衡率
1	0.88	8.5	38.15	62.14	100.29	
2	0.37	9.5	20.04	26.46	46.50	
3	0.34	9.6	18.39	22.20	40.59	
4	0.26	11.1	19.21	44.62	63.83	
5	0.60	13.5	65.61	80.70	146.31	
6	0.38	10.0	22.8	74.79	97.59	9.0%
7	0.14	12.5	13.13	113.4	126.53	13.8%
8	0.08	14.5	10.09	167.6	177.69	5.2%

(6) 检查并联管路阻力损失的不平衡率。

管段 6 和管段 1 不平衡率为:

$$\frac{\Delta h_1 - \Delta h_6}{\Delta h_1} = 11.1\% < 15\%,满足要求。$$

同理,可得管段 7 与管路 1+2 平衡,管段 8 与管路 1+2+3 平衡。

(7) 计算系统总阻力。

$$\Delta h = \sum (\Delta h_f + \Delta h_\xi)_{1\sim5} = (100.29 + 46.5 + 40.59 + 63.83 + 146.31)\text{Pa}$$
$$= 397.52\text{Pa}$$

(8) 选择风机。

风机风量:$Q_f = 1.1Q = 1.1 \times 4900\text{m}^3/\text{h} = 5390\text{m}^3/\text{h}$

风机风压:$p_f = 1.15\Delta h = 1.15 \times 397.52\text{Pa} = 457.15\text{Pa}$

可根据 Q_f、p_f 值查风机样本来选择风机、电动机。

3.7 管路设计中的常见问题及其处理措施

3.7.1 管道设计的基本要求

对于工程上的各种管路系统,无论是供热工程中的供热系统,还是通风工程中的通风系统,正确的管道设计一般应达到如下几个基本要求。

1. 提高经济性

使系统的总阻力尽可能降低,这样可选用压头较低的泵与风机,不但使设备的投资费用低,而且使设备的运行耗电量低,从而达到节约投资、节约能源、提高经济效益的目的。

2. 满足技术性

使系统中各部分的介质流量和参数满足生产工艺、安全技术及生活等各方面的要求,为此,管道上必须设有调节、控制和测量装置。

3. 布置合理性

系统中管道的布置应力求合理,既服从工艺路线和建筑物的总体布置,又便于安装、检修和维护。仪表、阀门要装设在便于操作、观测的位置,以方便运行操作和计量管理。此外,还应尽可能减少占地面积和侵占空间,主要不要影响所通过场所的美观。

4. 保证安全性

为提高系统运行的安全可靠性,增长系统的使用寿命,应根据介质的压力、温度以及腐蚀性、爆炸性等因素,正确选用管道的材质。同时,还应注意到管道通过场所的安全问题,采取一些必要的防火防爆等技术措施。

5. 力求通用性

管道和管件的规格尺寸应力求标准化，以提高通用性。防排烟工程中的通风系统是在火灾事故条件下投入运行的系统，从总体上来说，对经济性、技术性、安全性、合理性及通用性等基本要求都是适用的，但防排烟系统与常年运行的供热、通风的管路系统应有所不同，具有一定的特殊要求。首先，保证系统中的风量、风压达到设计要求是管道设计的首要任务；其次，管道本身的防火安全问题是至关重要的。至于系统运行的耗电量可不必过多考虑，但设备投资、基建投资却要予以重视。

3.7.2 管道设计的主要技术问题及其处理措施

管道设计的主要技术问题是减小管道的流动阻力和保证管路的流量分配。

1. 减小管道流动阻力

对防排烟工程来说，减小管道流动阻力的目的首先不是为了减少运行电耗量，而是为减少设备（即送风机或排烟机）的投资费用，因为管道的流动阻力低，可选用压头较低的风机，因而设备投资较低，但是，管道阻力降低，管道口径较大，这样，管道本身的投资较大。所以，要进行综合比较。

减小管道流动阻力包括摩擦阻力和局部阻力两方面，应分别采取不同的措施。

（1）减小摩擦阻力的措施。根据摩擦阻力的计算式（式3-3），可以得出减小摩擦阻力的措施如下：

1）减小管道的长度。在进行管道系统的布置时，应力求使用管道尽可能的短，这不但是减小管道摩擦阻力的需要，而且也是减小管道本身投资的需要，实属一举两得的事情。

2）降低摩擦阻力系数。适当减小流道壁面的粗糙度，对降低摩擦阻力系数是有益的。如采用钢制管道，其摩擦阻力系数将比砖或混凝土管道小一半左右。为减小砖或混凝土管道的壁面粗糙度，可采用水泥细砂浆抹面。

3）增大管道的口径。圆形管道的摩擦阻力与管道直径成反比，适当增大管径，可使摩擦阻力有效减小。但并不意味着管道口径越大越好，因为随着管径增大，摩擦阻力减小了，运行费用降低，但管道尺寸增大，消耗材料增多，管道系统的初投资增加，所以应进行技术经济比较，以确定最佳的管道直径，如图3-10所示。

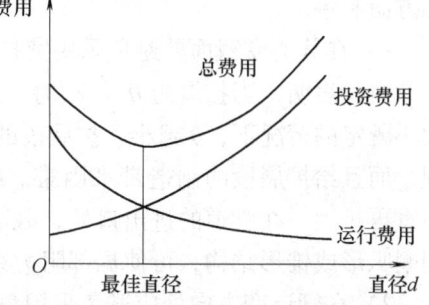

图3-10 管道直径与投资、运行费用的关系

在工程上,一般是以限制管道内介质的流动速度来确定管道的口径。对通风工程和防排烟工程来说,洁净空气的流速见表3-9。对非洁净的空气,如含尘气流或烟气,若速度过低,气流中所携带的尘粒沉积易造成管路堵塞,所以比洁净空气的流速取得高,但一般不宜超过20m/s,而且水平管比垂直管高些,在具体取值时,水平管可取表中上限值,而垂直管可取表中下限值。

表3-9 管道内洁净空气的流速　　　　　　　　　　　（单位：m/s）

管道材质	总管中流速	支管中流速
钢制管道	6~14	2~8
砖或混凝土管道	4~12	2~6

在选取管道中的气流速度时,应遵循如下几条基本原则:
1)总管速度高于支管速度。
2)非洁净空气流速高于洁净空气流速。
3)壁面光滑流道的气流速度高于壁面粗糙流道的气流速度。
4)常年运行系统管道中的气流速度大于非常年运行或事故运行系统管道中的气流速度。

通风工程和防排烟工程中烟风气流速度的限值见表3-10。

表3-10 通风和防排烟工程中烟风气流速度的限值　　（单位：m/s）

管道材质	通风工程	防排烟工程
钢制管道	≤14	≤20
砖或混凝土管道	≤12	≤15

(2)减小局部阻力的措施。管道的局部阻力往往是管道总阻力的主要部分,在工程实际中,这个问题常常不为人们所重视,所以,除了在管道的设计布置上注意之外,还应把好制造安装质量关。减小管道局部阻力主要应从如下几方面着手。

1)在管道变截面处避免采用突扩突缩结构,而应采用渐扩渐缩的结构。

实验表明,当扩展角 θ 为8°时,局部阻力系数最小,但在变截面 A_1、A_2 大小既定的情况下,θ 越小,扩展段的长度越长,在结构布置上可能造成不合理,而且给扩展段的制造带来困难。综合起来考虑,一般可取 θ 为20°左右,不宜再扩大。在管道的进出口处,截面的突变是不可避免的。这时在管端可采用喇叭形或锥形结构,可使局部阻力系数大大减小。

2)在管道变方向处应避免采用急转弯头,而采用缓转弯头,且选用较大的弯曲半径。

为减少缓转弯头的局部阻力系数，一般要求 $R/d(b) \geqslant 3.5$。对于通风工程和防排烟工程来说，风道和烟道的截面尺寸较大，要做到 $R/d(b) \geqslant 3.5$ 是困难的，在不得已采用小弯曲半径的缓转弯头甚至急转弯头的情况下，在弯头内装设导流板对减小弯头的局部阻力系数是很有成效的。如图3-11所示的急转弯头，当没有装设导流板时，其局部阻力系数可达1.1左右；当装设由薄钢板弯制的导流板时，局部阻力系数减小至约0.4；当导流板做成流线形时，局部阻力系数仅为0.25左右。可见在急转弯头内装设导流板，可使其局部阻力系数成倍的减小。

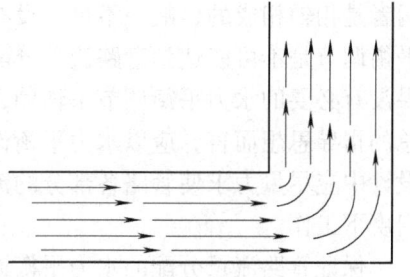

图3-11 急转弯头内的导流板

3) 减小管道变流股处的局部阻力。其措施主要有：①采用圆角边或一定锥度的扩展段结构；②减小支管与直管的夹角 α，一般 $\alpha \leqslant 30°$；③以平稳的转弯代替支管；④在总管中根据支管的流量分配装设合流板或分流板。一般希望各支管和总管中的工质流速相等，所以各支管的流通截面积之和等于总管的流通截面积。

4) 限制管道进出口的流速。为了减小管道进出口的局部阻力，除了采用喇叭形或锥形管端外，还应限制管道进出口处管内的流速，对于一般通风系统的进风口和排气口，气流速度为 $1.5 \sim 3.5 \text{m/s}$，最大不超过 6m/s。对于防排烟工程中的进风口和排烟口，根据事故运行系统高于常年运行系统的原则，送风口气流速度不大于 7m/s，排烟口气流速度不大于 10m/s。

2. 保证管路流量分配

管路流量分配是指并联回路或平行管路中各部分支管路中介质的流量分配。流量分配是根据生产工艺、生活及安全技术等要求而定的。在一般情况下，并联回路各管路中所要求的流量是各不相同的，而平行管路各支管路中的流量分配则要求尽可能地均匀。

(1) 水力平衡的概念。各回路或支管中介质的质量流量分配是按对应的回路或支管路的水力特性值的平方根成反比例分配的。为此，我们把为保证各并联回路或平行管路中得到应有的介质流量，在相同的阻力前提下确定各回路或各支管水力特性值的过程称为水力平衡，即并联回路或平行管路中各部分管路流量、阻力和水力特性值的相互匹配称为水力平衡。水力平衡分为水力平衡设计和水力平衡调节两种。水力平衡设计是指在管路系统设计阶段所进行的水力平衡设计计算，要求使调节装置在较大的开度或全开情况下满足各部分管路流量分配要求。水力平衡调节是指在管路系统正式投入运行之前所进行的水力平衡调整实验,通过调整调节装置的开度,以保证在实际运行中满足各部分管路流量分配要求。为此,管路系统中应装设必要的调节装置,如调节阀门、调节挡板等,以提供调节的可能性。正确的水力平衡设计和必要的水力平衡调节两者是相辅相成的,缺一不可。没有正确的水力平衡设计作为基础,单凭水力平衡调节是不可能达到管路流量分配要求的;而任何正确的水力平衡设计,如果没有必要的水力平衡调节来辅助,同样达不到较为满意的流量分配结果。就总的指导思想而言,应以水力平衡设计为主,以水力平衡调节为辅,所以,在设计中应尽量力求使管路各部分的流量分配满足要求,使调节装置在较大的开启度下工作。

保证管路流量分配的水力平衡设计,实质上是并联回路或平行管路的第三类命题的管路计算问题,即在已知管路系统的总流量和允许的压力降的条件下确定管路各部分的流量。具体的计算过程是确定各回路或各支管的水力特性值以及整个管路系统的总水力特性值。前面已经讨论过,任何管路的水力特性值决定于管路本身的结构特性和介质的参数,同时还与管内流动所处的阻力区域有关。所以,必须预先假定所处的阻力区域,然后进行计算并进行校核。任何一部分管路校核结果与假定区域不符时,计算结果无效,应重新假设,重新计算,直到所有管路预先假定所处的阻力区域与校核结果相符时,计算结果才最终有效。这说明水力平衡设计是一个非常复杂的过程。

(2) 保证平行管路流量分配均匀的措施。平行管路是并联管路的一种,其特点是各平行管路的长度、形状和直径相同或基本相同,进出口分别连接于同一分流联箱和集流联箱,另外,一般在平行管上无调节装置。保证这类平行管路流量分配均匀的措施有:

1) 采用合理的联箱引进引出方式。最好采用多点引进引出的方式,如因条件限制不能采用多点方式,则应采用Π或H形连接方式,应尽量避免采用Z形连接方式。

2) 限制联箱的轴向速度。降低联箱的轴向速度可减小联箱沿程的摩擦阻力和动压头,以使联箱轴向的压力均匀分布,从而改善平行管内流量分配均匀性。但轴向速度越小,联箱的口径越大,造价增加,所以一般联箱内的轴向速度对空气而言,不宜超过10m/s。

3) 改进联箱结构。如图3-12所示,分流联箱采用渐缩型结构,这样,从左到右,随着介质流量减少,联箱的截面积也相应减小,使轴向速度保持不变。集流联箱则应采用渐扩型结构,从左到右,随着介质流量增加,联箱的截面积也相应增大,从而使轴向速度保持不变。这种渐缩型和渐扩型结构对于通风和防排烟工程中的风箱和烟箱来说是容易做到的。

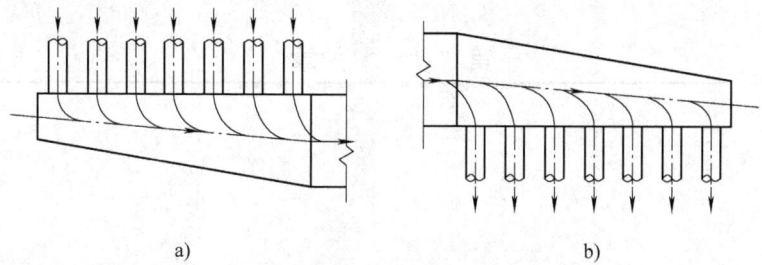

图 3-12 渐扩型与渐缩型联箱
a)渐扩集流联箱 b)渐缩分流联箱

复 习 题

1. 风道中摩擦阻力产生的原因是什么？
2. 减小风道局部阻力的措施有哪些？
3. 风道中风流的点压力有哪些？
4. 何为"最不利环路"？

第4章 建筑防排烟系统设计

【教学要求】	熟悉加压送风系统、自然排烟、机械排烟、地下车库通风排烟系统的设计要求和常见形式；熟悉防排烟系统的设计程序；掌握排烟系统和加压送风系统的设计计算
【重点与难点】	加压送风系统、自然排烟、机械排烟、地下车库排烟系统等的设计要求和常见形式 排烟系统和加压送风系统的设计计算

4.1 建筑防排烟系统概述

近年来，随着国民经济的快速发展，城市建设步伐的加快，建筑用地日益紧张，以商业、办公、居住为主要目的的建筑数量急剧增多。由于这些建筑层数多、人员集中、功能繁杂，疏散距离长、疏散人员多、火灾蔓延快，因此其火灾危险性比普通建筑大得多。另外，这些建筑大部分都位于繁华的城市中心，如果发生火灾必将造成较大社会影响。火灾烟气是建筑火灾中造成人员伤亡和财产损失的主要原因，因此建筑防排烟设计应引起各方面的重视。

4.1.1 相关概念

为了加强对本章内容的理解，以下对一些相关的术语作简要介绍。

(1) 高层民用建筑。高度大于27m的住宅建筑和2层及2层以上、建筑高度大于24m的其他民用建筑。

对于坡屋面，建筑高度为建筑物室外设计地面到其檐口的高度；对于平屋面（包括有女儿墙的平屋面），建筑高度为建筑物室外设计地面到其屋面面层的高度；同一座建筑物有多种屋面形式时，建筑高度应按上述方法分别计算后取其中最大值；局部突出屋顶的瞭望塔、冷却塔、水箱间、微波天线间或设施、电梯机房、排风和排烟机房以及楼梯出口小间等，不计入建筑高度内。

建筑的地下室、半地下室的顶板面高出室外设计地面的高度不大于1.5m者，不计入建筑层数内；建筑底部设置的高度不超过2.2m的自行车库、储藏室、敞开空间，不计入建筑层数内；建筑屋顶上突出的局部设备用房、突出屋面的楼梯间等，不计入建筑层数内。

（2）裙房。与高层民用建筑相连的、建筑高度不超过24m的附属建筑。

（3）综合建筑。具有2种及2种以上使用功能的建筑。

（4）重要公共建筑。发生火灾后伤亡大、损失大、影响大的公共建筑。

（5）商业服务网点。居住建筑的首层或首层及二层设置的百货店、副食店、粮店、邮政所、储蓄所、理发店等小型营业性用房。该用房建筑面积不超过300m²，采用耐火极限不低于1.5h的楼板和耐火极限不低于2h且无门窗洞口的隔墙，与居住部分及其他用房完全分隔，其安全出口、疏散楼梯与居住部分的安全出口、疏散楼梯分别独立设置。

（6）封闭楼梯间。在楼梯间入口处设有防火分隔设施，以防止烟和热气进入的楼梯间。

（7）防烟楼梯间。在楼梯间入口处采取设置防烟前室等防烟措施，以防止烟和热气进入的楼梯间。

（8）避难走道。走道两侧采用实体防火墙分隔，并设置有防烟设施等，用于人员安全通行的走道。

（9）挡烟垂壁。用不燃材料或难燃材料制成的，下垂高度不小于500mm的固定或活动的挡烟设施。

（10）储烟仓。在排烟空间的建筑顶部由挡烟垂壁、梁、隔墙等形成的用于积聚烟气的空间。

（11）排烟窗。在火灾发生后，能够通过手动打开或通过火灾自动报警系统联动控制自动打开，将建筑火灾中热烟气有效排出的装置。

（12）自动排烟窗。与火灾自动报警系统联动或可远距离控制的排烟窗。

（13）手动排烟窗。人员可以就地方便开启的排烟窗。

（14）防火风管。通过《通风管道的耐火试验方法》（GB/T 17428—2009）方法检测，能满足一定耐火极限，用于送风或排风的管道。常在穿越防火分区间使用。

（15）清晰高度。烟层底部至室内地平面的高度。

（16）羽流。火灾时烟气卷吸四周空气所产生的混合烟气流。羽流分为轴对称型羽流、阳台型羽流、窗口型羽流、墙型羽流、角型羽流。

（17）轴对称型羽流。不与四周墙壁或障碍物接触，并且不受气流干扰的羽流。

(18) 阳台型羽流。从着火房间的门梁处溢出，并沿着着火房间外的阳台或水平突出物流动，至阳台或水平突出物的边缘向上溢出至相邻的高大空间的羽流。

(19) 窗口型羽流。烟气从门、窗等墙壁开口处溢出的羽流。

(20) 墙型羽流。仅与单面墙壁或障碍物在烟层底以下接触，并且不受气流干扰的羽流。

(21) 角型羽流。仅与相邻的两面墙壁或障碍物在烟层底以下接触，并且不受气流干扰的羽流。

(22) 临界排烟量。每个排烟口允许排出的最大排烟量。

4.1.2 防烟分区

防烟分区是指在建筑内部屋顶或顶板、吊顶下采用具有挡烟功能的构、配件分隔成具有一定蓄烟能力的局部空间。防烟分区通过控制烟气蔓延，并通过所设置的排烟设施加以排除，从而达到控制烟气扩散和火灾蔓延的目的。因此，为保证火灾时人员的安全疏散，需要对建筑划分防烟分区，并且防烟分区不允许跨越防火分区。

1. 防烟分区的概念

为了防止火势蔓延和烟气传播，各国的法规中对建筑内部间隔作了明文规定，规定了建筑中必须划分防火分区和防烟分区。所谓防火分区是指采用具有一定耐火性能的防火墙或防火分隔物，将建筑物人为地划分为能在一定时间内防止火灾向同一建筑物的其他部分蔓延的局部空间或区域。而防烟分区是在设置排烟措施的过道、房间中，用隔墙或其他措施（可以阻挡和限制烟气的流动）分隔的区域。防火分区与防烟分区的不同之处在于：

(1) 防火分区与防烟分区的作用不完全相同。防火分区的作用是有效地阻止火灾在建筑物内沿水平和垂直方向蔓延，把火灾限制在一定的空间范围内，以减少火灾损失。防烟分区的作用是在一定时间内把建筑火灾的高温烟气控制在一定的区域范围内，为排烟设施排除火灾初期的高温烟气创造有利条件，而且也能阻止烟气蔓延。

(2) 防火分隔构件与防烟分隔构件的结构形式和耐火性能的要求不同。防火分区的防火分隔构件必须是不燃烧体，而且具有规定的耐火极限。在构造上是连续的，从内墙到外墙，从地板到楼板，从一个防火分隔构件到另一个防火分隔构件，或是它们的组合。防烟分区的防烟分隔构件也是不燃烧体，在构造上虽然也要求是连续设置，但在按面积划分防烟分区时，防烟分隔件可以是隔墙，也可以是挡烟垂壁或从顶棚下凸出的不小于50cm的梁，后两种构件在竖向上就不是从地板到楼板的连续隔断体，而以隔墙（包括防火墙）作为防烟分隔构件，仅是防烟分隔中的一部分。

（3）防火分区与防烟分区划分面积的不同。防火分区的划分是以建筑面积为基础的，根据其房间的使用功能和建筑类别的不同，划分防火分区的建筑面积的要求是不同的。民用建筑防火分区允许建筑面积见表4-1。而且当设有自动喷水灭火系统保护的区域，其防火分区面积可在规定的防火分区面积基础上增加1倍。防烟分区的划分虽然也是以建筑面积为依据，要求防烟分区的建筑面积不宜超过2000m^2，而且不能因为设有自动喷水灭火系统而予以扩大。划分防烟分区的建筑面积，也不会因为房间的使用功能或建筑类别的不同而改变，但另有规定的除外。由于热烟在流动过程中被冷却，所以在流动一定距离后热烟会成为冷烟而离开顶棚沉降下来，这时挡烟垂壁等挡烟设施就不再起控制烟气的作用，所以防烟分区面积不应过大，也不应因设自动喷水灭火系统而扩大1倍，它的面积确定只与一定热释放率的火灾所产生的热烟流动范围有关。

表4-1 民用建筑防火分区允许建筑面积

名　　称	耐火等级	建筑高度或允许层数	防火分区的允许建筑面积/m^2	备　注
高层民用建筑	一、二级		1500	1. 体育馆、剧院的观众厅，其防火分区允许建筑面积可适当放宽 2. 当高层建筑与其裙房之间未设置防火墙等防火分隔设施时，裙房的防火分区允许建筑面积不应大于1500m^2
裙房，单层或多层民用建筑	一、二级	1. 单层公共建筑的建筑高度不限 2. 住宅建筑的建筑高度不大于27m 3. 其他民用建筑的建筑高度不大于24m	2500	
	三级	5层	1200	—
	四级	2层	600	—
地下、半地下建筑(室)	一级	不宜超过3层	500	设备用房的防火分区允许建筑面积不应大于1000m^2

（4）防火分区与防烟分区的划分原则不完全相同。防火分区是利用防火分隔构件，把建筑内的空间划分为若干防火单元。建筑内的空间无一例外的都要被划分防火单元。防烟分区只在按规定需要设排烟设施的走道和房间划分防烟分区。当走道和房间不需要设排烟设施时，这些部位可不划分防烟分区。对于净高超过6m的房间，一般说来是适用面积较大的房间，例如会议室、展览厅、体育馆等，由于火灾烟气累积时间较长，不会在短时间内威胁到人员生命

健康，故可不划分防烟分区。防烟分区的划分是在防火单元内进行的，即一个防火分区内，再用防烟分隔构件划分为若干防烟分区，而且防烟分区不应跨越防火分区。

为了要控制建筑火灾烟气的流动，使其不肆意扩散，以便通过排烟装置和排烟设备将烟气迅速排除，需要用一些具有一定耐火强度的防火分隔物划分防烟分区。挡烟垂壁是较为常用的防烟分区划分构件。

需要注意的是《建筑防排烟系统技术规范》规定：防烟分区不宜大于$2000m^2$，长边不应大于60m。当室内高度超过6m，且具有对流条件时，长边不应大于75m。同时《建筑设计防火规范》规定：需设置机械排烟设施且室内净高不大于6.0m的场所应划分防烟分区；每个防烟分区的建筑面积不宜超过$500m^2$，防烟分区不应跨越防火分区。

2. 防烟分区划分

划分防烟分区时，防烟分区的面积必须合适，如果面积过大，会使烟气波及面积扩大，增加烟气的影响范围，不利于人员安全疏散和火灾扑救；如果面积过小，不仅影响使用，还会提高工程造价。防烟分区应根据建筑物的种类和要求不同，可按其功能、用途、面积、楼层等划分。防烟分区一般应遵守以下原则设置：

（1）不设排烟设施的房间（包括地下室）和走道，不划分防烟分区。

（2）走道和房间（包括地下室）按规定都设置排烟设施时，可根据具体情况分设或合设排烟设施，并按分设或合设的情况划分防烟分区。

（3）当走道按规定应设排烟设施而房间不设时，若房间与走道相通的门为防火门，可只按走道划分防烟分区；若房间与走道相通的门不是防火门，则防烟分区的划分还应包括房间面积。

（4）房间按规定应设排烟设施而走道不设时，若房间与走道相通的门为防火门，可只按房间划分防烟分区；若房间与走道相通的门不是防火门，则防烟分区的划分还应包括走道面积。

（5）一座建筑物的某几层需设排烟设施，且采用垂直排烟道（竖井）进行排烟时，其余各层（按规定不需要设排烟设施的楼层），如增加投资不多，可考虑扩大设置范围，各层也宜划分防烟分区，设置排烟设施。

（6）对有特殊用途的场所，如地下室、防烟楼梯间、消防电梯、避难层间等应单独划分防烟分区。

4.2 建筑防烟系统设计要点及要求

建筑物发生火灾时为保证人员的安全，需要为其提供不受烟气干扰的疏散路线和避难场所，以保证人员安全疏散与避难。因此，需要在建筑物的疏散通道和避难场所设置防烟系统。防烟系统是指采用机械加压送风方式或自然通风方式，防止烟气进入疏散通道等区域的系统。建筑物的防烟方式可采用自然通风方式或机械加压送风方式。机械加压送风是指对防烟楼梯间、合用前室、防烟楼梯间前室及其他需要被保护区域采用机械送风，使该区域形成正压，防止烟气进入。

根据现行的《建筑防排烟系统技术规范》的规定，采用机械加压送风系统时，前室、合用前室、消防电梯前室、封闭避难层（间）与走道之间的压差应为25~30Pa，防烟楼梯间与走道之间的压差应为40~50Pa。然而，走道一般采用机械排烟或自然排烟，这样就形成了楼梯间压力高于前室压力，前室压力高于走道压力的模式，人在疏散过程中，压力越来越高，烟气浓度越来越小，疏散越来越安全。

当楼梯间、前室等加压部位的门关闭时，楼梯间和前室与着火楼层相比，保持一定的正压。打开门时，在门洞断面处就会有气流从加压部位流向走道，并且有足够的气流速度，这样就可以防止烟气进入前室和楼梯间。

4.2.1 建筑防烟系统的设置部位

根据《建筑设计防火规范》的规定，建筑物需要设置防烟系统的部位主要有疏散楼梯间、前室、合用前室以及避难层（间）、避难走道。

根据《建筑设计防火规范》的规定，下列场所或部位在不具备自然通风条件时，应设置机械加压送风的防烟设施：

（1）当防烟楼梯间的前室或合用前室采用机械加压送风方式时，其楼梯间也应采用机械加压送风方式。

（2）建筑高度超过50m的公共建筑和工业建筑中的防烟楼梯间及前室、消防电梯前室、合用前室的防烟系统。

（3）建筑高度超过100m的住宅建筑，其防烟楼梯间及前室、消防电梯前室、合用前室的防烟系统。

（4）建筑的地下部分为3层或3层以上，或当地下最底层室内地坪与室外地坪高差大于10m时设置的防烟楼梯间。

（5）当封闭楼梯间不能采用自然通风方式时。

（6）封闭避难层（间）。

根据《建筑设计防火规范》的规定，下列楼梯间或前室、合用前室可以不设置防烟系统：

（1）利用敞开的阳台、凹廊作为防烟楼梯间的前室、合用前室，或前室、合用前室设有不同朝向可开启外窗的楼梯间，且可开启外窗开口面积符合自然排烟要求。

(2) 消防电梯井设有机械加压送风时的消防电梯前室。

(3) 建筑高度低于100m的住宅建筑，前室、合用前室设有可开启面积符合要求的可开启外窗时的楼梯间。

(4) 消防电梯井和防烟楼梯间均设有机械加压送风时的合用前室。

4.2.2 机械加压送风量的确定

机械加压送风量是影响防烟设施效果的重要因素之一，如果加压送风量太小就不能有效防烟，但若加压送风量太大，不但会增加风机的负荷，而且会使加压区域正压值太高，导致疏散时门难以开启。资料表明，对防烟楼梯间及其前室、消防电梯间前室和合用前室的加压送风量的计算方法统计起来有20多种，至今尚不统一，在加压送风量的设计计算中存在着一定的盲目性、可变性，设计计算结果也有一定差别。加压送风量的确定可采用计算法和查表法，当计算值和查表值不一致时，应按两者中较大值确定。

1. 计算法

机械加压送风量的计算法有风速法和压差法。风速法是基于门开启时门洞处要保持一定的风速而得出的，而压差法是基于门关闭时门两侧要保持一定的压差而得出的。在讨论防排烟设计时，将它们分别考虑是有好处的。当分隔物上存在一个或几个大的开口，则无论对设计还是测量来说都适宜采用空气流速法；但对于门缝、裂缝等小缝隙，按流速设计和测量空气流速都不现实，适宜使用压差法。另外，将两者分别考虑，强调了对于开门或关门的情况应采取不同的处理方法，即在防烟系统设计过程中加压送风机的送风量应按保持加压部位规定正压值所需的漏风量或门开启时保持门洞处规定风速所需的送风量计算。

(1) 压差法。当楼梯间和前室之间的门及前室和走廊之间的门关闭时，保持加压部位一定的正压值所需的加压送风量计算式为：

$$L_1 = 0.827 A \Delta p^{\frac{1}{n}} \times 1.25 N_1 \tag{4-1}$$

式中 L_1——保持加压部位一定的正压值所需的送风量（m^3/s）；

A——每个电梯门或疏散门的有效漏风面积（m^2）；

Δp——压力差（Pa）；

n——指数，一般取2；

1.25——不严密处附加系数；

N_1——漏风门的数量，当采用常开风口时，取实际楼层数；当采用常闭风口时，取1。

(2) 风速法。当楼梯间和前室之间的门或前室和走廊之间的门开启时，保持门洞处风速所需的加压送风量计算式为：

$$L_2 = A_k v N_2 \qquad (4\text{-}2)$$

式中　L_2——开启着火层疏散门时为保持门洞处风速所需的送风量（m³/s）；

　　　A_k——每层开启门的总断面面积（m²）；

　　　v——门洞断面风速（m/s），取 0.7~1.2m/s；

　　　N_2——开启楼层的数量。采用常开风口时，20层及以下取2，20层以上取3；采用常闭风口时取1。

（3）有效漏风面积的计算。在工程中经常会出现多个疏散门、电梯门从前室或楼梯间向外漏风，有时所漏出去的风没有直接进入常压区。因此在计算漏风量时，应先分析漏风途径，根据第2章有关算法计算有效的漏风面积，然后采用式（4-1）进行漏风量的计算。

门的有效漏风面积计算时，门缝的宽度：疏散门为 0.002~0.004m，电梯门为 0.005~0.006m。各种门的门缝长度见表4-2。

表4-2　标准门的尺寸

门 的 类 型	宽×高/m	缝隙长度/m
开向正压间的小型单扇门	2.0×0.8	5.6
从正压间向外开启的小型单扇门	2.0×0.8	5.6
双扇门	2.0×1.6	9.2
电梯	2.0×1.8	7.6

2. 查表法

《建筑设计防火规范》规定当楼梯间加压送风系统负担层数大于6层时可按表4-3、表4-4规定确定。

表4-3　封闭楼梯间、防烟楼梯间（前室不送风）的加压送风量

系统负担层数/层	加压送风量/(m³/h)
7~19	25000~30000
20~32	35000~40000

表4-4　防烟楼梯间（前室送风）的加压送风量

系统负担层数/层	送风部位	加压送风量/(m³/h)
7~19	防烟楼梯间	16000~20000
20~32	防烟楼梯间	20000~25000

注：1. 表4-3与表4-4的风量是按开启 2.0m×1.6m 的双扇门确定。当采用单扇门时，其风量可乘以 0.75 系数，非该尺寸的双扇门可按面积比例进行修正；当有两个或两个以上出入口时，其风量应乘以 1.50~1.75 系数。开启门时，通过门风速不宜小于 0.7m/s。

2. 风量上、下限选取应按层数、风道材料、防火门漏风量等因素综合比较确定。

封闭避难层（间）的机械加压送风量应按避难层（间）净面积每平方米不少于 30m³/h 计算。

3. 风速的校核计算

为了保证防烟的效果，在计算完加压送风系统的风量之后，需要对其在门开启时门洞处形成的风速进行校核，门洞断面风速的要求如下：

(1) 如果只对楼梯间设置加压送风系统，同层的楼梯间与前室之间的门和前室与走道之间的门同时开启时，要求其中有一个门洞断面流速不小于 0.75m/s；同层的楼梯间与前室之间的门关闭，而前室与走道之间的门开启时，对前室与走道之间的门洞断面流速无要求。

(2) 楼梯间和合用前室分别设置加压送风系统，合用前室与走道之间的门开启时，则要求该门洞断面流速不小于 0.75m/s；当楼梯间与前室之间的门关闭，而前室与走道之间门开启时，要求前室与走道之间的门洞断面流速不小于 0.5m/s。

(3) 如果只对消防电梯前室设置加压送风系统，前室与走道的门开启时，要求该门洞断面流速不小于 0.75m/s。

(4) 如果只对前室和合用前室设置加压送风系统，当同层的前室与楼梯间之间的门和前室与走道之间的门同时开启时，要求前室与走道之间的门洞断面流速不小于 0.75m/s，楼梯间与前室之间的门无要求；当楼梯间与前室之间的门关闭，而前室与走道之间门开启时，要求前室与走道之间的门洞断面流速不小于 0.5m/s。

门洞断面风速与加压风量和室内加压空气的渗出条件有关。门开启时，加压空气进入室内使室内气压上升，对加压空气起到背压作用。为此，假设不存在背压，计算所得的门洞风量或风速均应乘以背压系数。走道采用自然排烟时，背压系数取 0.6；走道采用机械排烟时，背压系数取 0.8。

4.2.3 建筑物防烟系统设计要求

1. 加压送风系统设计要求

《建筑设计防火规范》中对加压送风系统设计的要求有以下几点：

(1) 当防烟楼梯间及其合用前室需要加压送风时，由于两者要维持的正压值不同，宜分别独立设置送风系统，必须共用一个系统时，应在通向合用前室的支风管上设置压差自动调节装置，常用的压差自动调节装置是余压阀，如图 4-1 所示。当楼梯间的压力超过设定值时，余压阀自动打开，

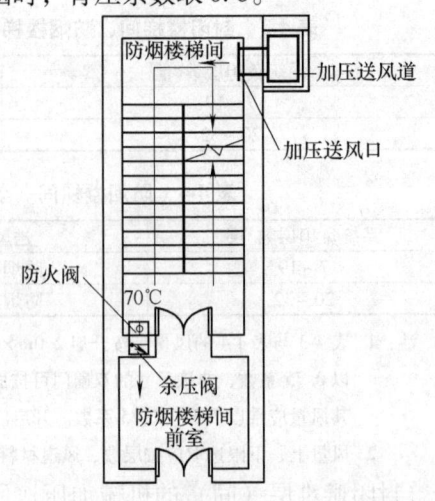

图 4-1 前室与楼梯间之间余压阀的设置

向前室泄压，以使前室形成正压，同时也不会因为楼梯间和前室压差太大而打不开疏散门。为防止烟气的蔓延，余压阀前需安装70℃自动关闭的防火阀。

当防烟楼梯间及其前室或合用前室分别设置加压送风时，为防止楼梯间压力过高，可以将楼梯间的超压风量排泄到前室以外的其他部位，如走廊、楼顶等。如果只能往前室泄压，则可通过设在通向前室墙上的余压阀泄往前室，此时前室也需设余压阀，其泄压风量不但应考虑楼梯间的泄压风量，还需考虑前室的泄压风量，如图4-2所示。

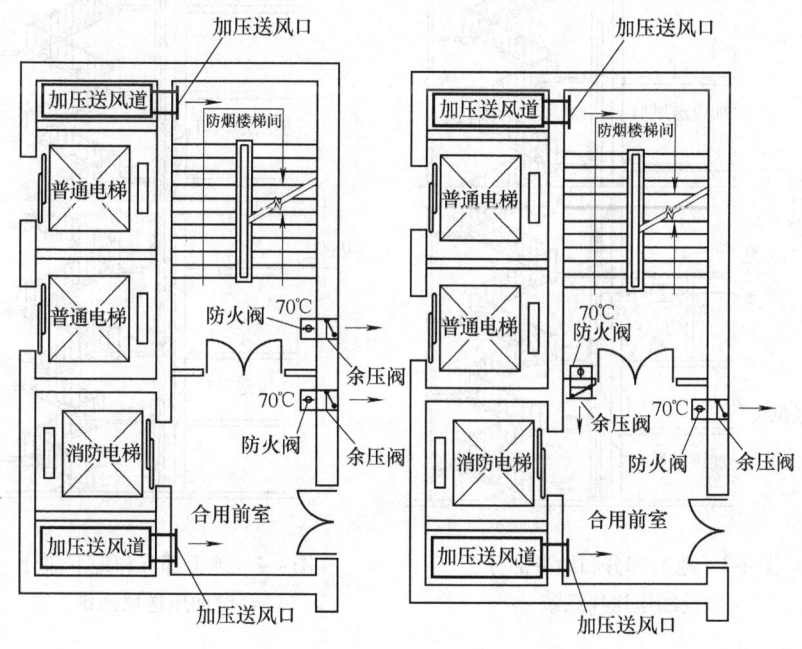

图4-2 前室余压阀的设置

（2）地下室、半地下室与地上共用楼梯间，且地下室、半地下室的楼梯间不具备自然通风方式防烟条件时，地下室、半地下室楼梯间宜设置独立加压送风系统，如图4-3所示。若受条件限制时，可与地上楼梯间共用加压送风系统如图4-4所示，但其送风量应按计算值增加30%。

（3）高层建筑中当不具备设置加压送风竖井的条件时，可采用电梯井直灌式加压送风系统（见图4-5），直灌式经济性较好。电梯井的加压送风可以通过渗漏使前室呈现正压，以保证人员的安全疏散，同时可以防止烟气通过电梯井向上层蔓延。但这种方式电梯井内压力上下不均匀，所以采用此方式时应经过当地消防部门的同意。

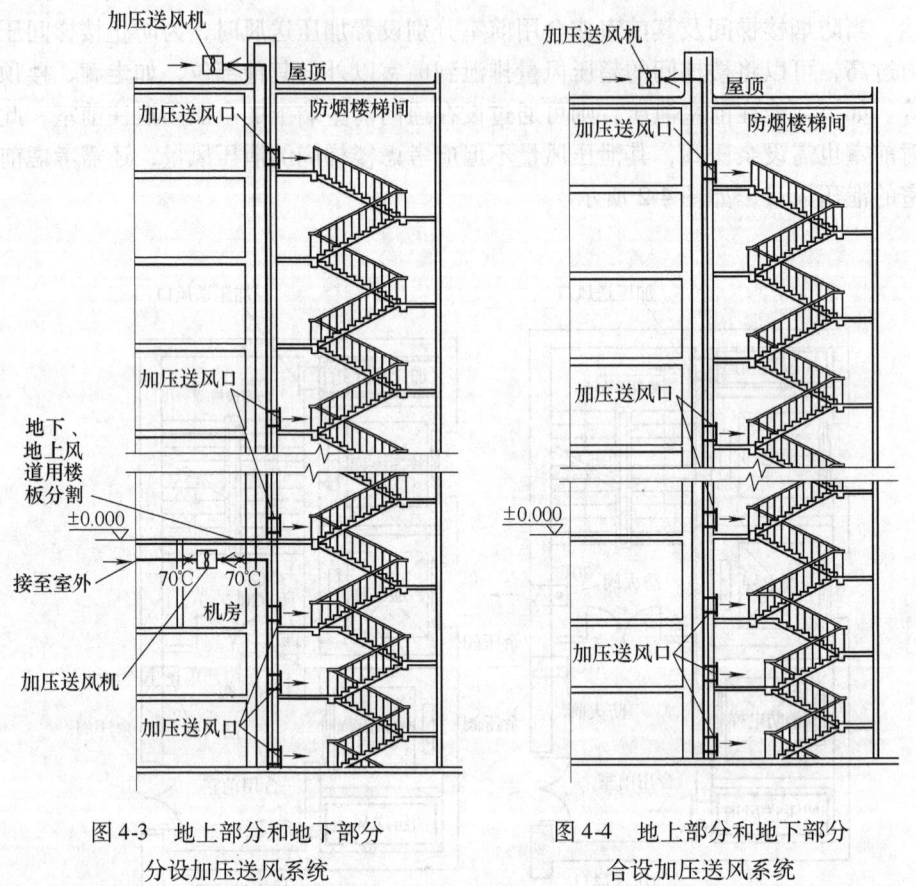

图4-3 地上部分和地下部分分设加压送风系统　　图4-4 地上部分和地下部分合设加压送风系统

直灌式加压送风系统的设置应符合以下规定：

1）超过15层的高层建筑，应采用楼梯间多点部位送风的方式，送风口的服务半径不宜大于10层。

2）直灌式加压送风系统的送风量应比计算值或查表中的送风量增加20%。

3）加压送风口不宜设在首层。

（4）为了减少加压送风区域的漏风量，保持其正压值，采用机械加压送风的场所不应设置百叶窗和可开启外窗。

（5）当超过32层或建筑高度超过100m的高层建筑，其送风系统及送风量应分段设计，如图4-6所示。

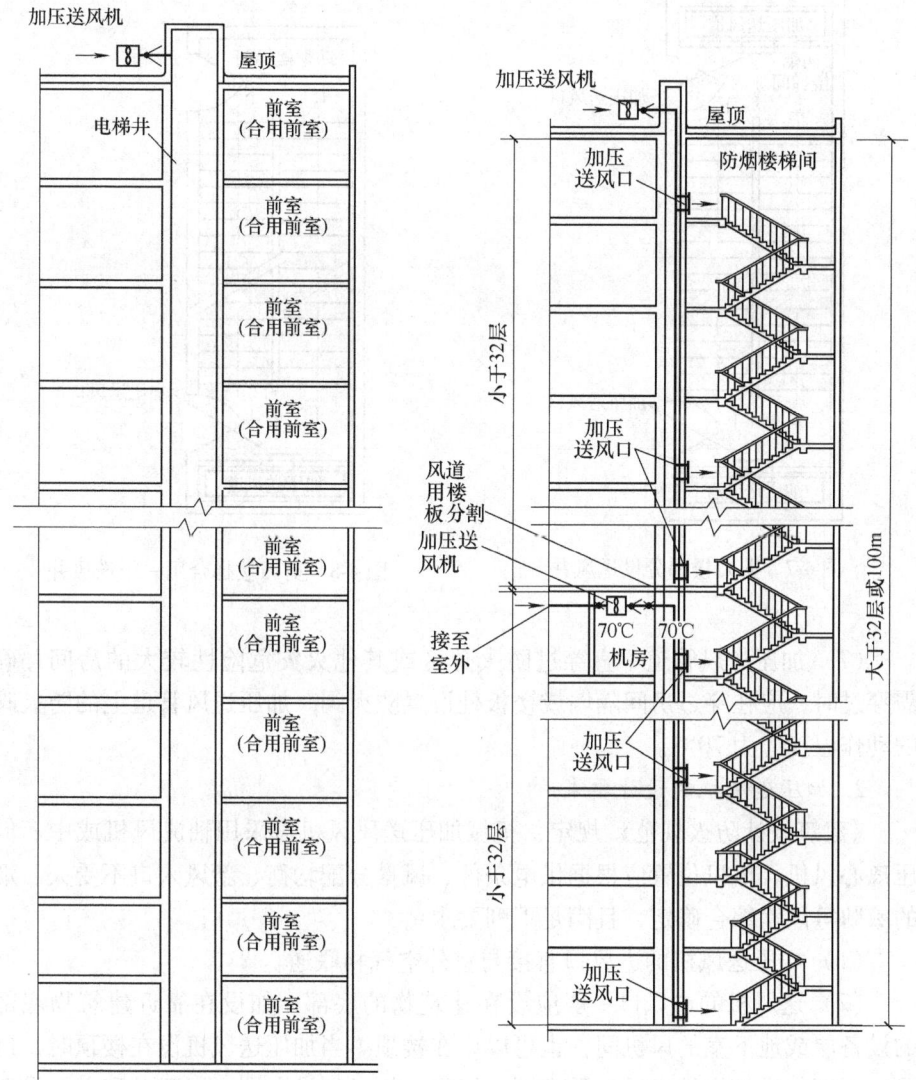

图 4-5 电梯井直灌式加压送风系统　　图 4-6 加压送风系统分段

剪刀楼梯间加压送风时，可以在楼梯两端各设一个加压送风井，分别计算各自的风量，如图 4-7 所示。有时为了便于建筑布局，也可合用一个机械加压送风井，其送风量应按两个楼梯间风量计算，如图 4-8 所示。

（6）机械加压送风应满足走廊—前室—楼梯间的压力呈递增分布的要求，余压值应符合下列要求：前室、合用前室、消防电梯前室、封闭避难层（间）与走道之间的压差应为 25~30Pa；防烟楼梯间与走道之间的压差应为 40~50Pa。

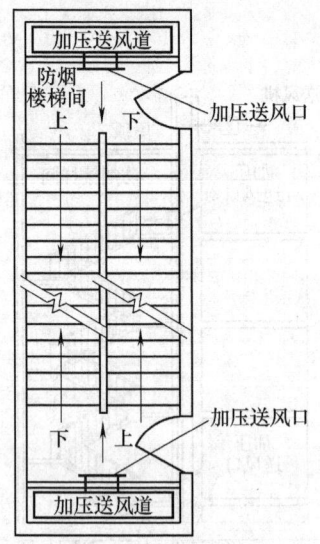
图4-7　剪刀楼梯分设送风井

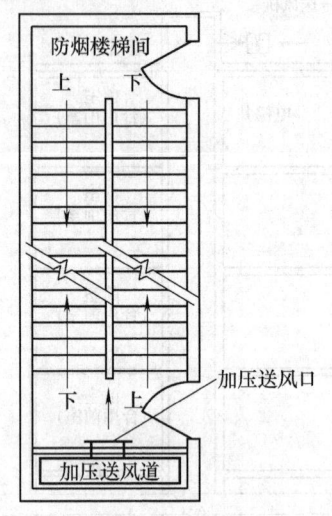
图4-8　剪刀楼梯合用一个送风井

（7）加压送风管道不宜穿过防火分区或其他火灾危险性较大的房间；确需穿过时，应在穿过房间隔墙或楼板处设置防火阀。加压送风管道上的防火阀的动作温度应为70℃。

2. 加压送风机的设计要求

《建筑设计防火规范》规定：机械加压送风风机可采用轴流风机或中、低压离心风机。风机位置应根据供电条件、风量分配均衡、新风入口不受火、烟的威胁等因素综合确定，且满足下列要求：

（1）加压送风机的进风口直接与室外空气相联通。

（2）送风机的进风口一般应设在建筑物的底部，如设在靠近建筑物底部的设备层或地下室的风机间，也可以设在楼顶。当加压送风机设在楼顶时，进风口不宜与排烟机的出风口设在同一层面，如必须设在同一层面，则上下设置时，进风口应在排烟机出风口的下方，两者边缘垂直距离不应小于3m；水平设置时，两者边缘水平距离不应小于10m。

（3）送风机应设置在风机房内（除排烟风机房外）或室外屋面上，风机房应采用耐火极限不低于2h的隔墙、1.5h的楼板以及甲级防火门，与其他部位隔开，当条件受到限制时，可设置在专用空间内，空间四周的围护结构应采用耐火极限不低于1h的不燃烧体，且围护结构底部应有喷淋保护。

（4）当送风机出风管或进风管上安装单向风阀或电动风阀时，应保证阀门在火灾时能开启。

加压送风机的风量，应在本节计算的基础上，根据加压风道的具体情况考虑其漏风系数，一般情况下金属风道漏风系数为 1.1~1.2，混凝土风道取 1.2~1.3，漏风系数还与加压风道的长短等因素有关。机械加压送风机的全压，除计算最不利管道压头损失外，还应考虑正压间的余压，其余压值应满足：防烟楼梯间为 40~50Pa，前室、合用前室、消防电梯间前室、封闭避难层（间）、避难走道内为 25~30Pa。

3. 加压送风口设计要求

《建筑设计防火规范》中对加压送风口设置有下列几点要求：

（1）为使楼梯间的送风均匀，除直灌式送风方式外，楼梯间每隔 2~3 层设一个常开式百叶送风口，当地下层数较少时，为了减小加压送风口的面积，可每层设置一个加压送风口；合用一个加压送风井道的剪刀楼梯应每层设一个常开式百叶送风口，分设加压送风井时，加压送风口分别设，每隔 2~3 层设一个常开式百叶送风口，如图 4-9 所示。采用常开百叶送风口时，为防止平时空气自然对流，应在加压送风机的压出管上设置止回阀，或在加压风机吸入管上设置与开启风机连锁的电动阀。

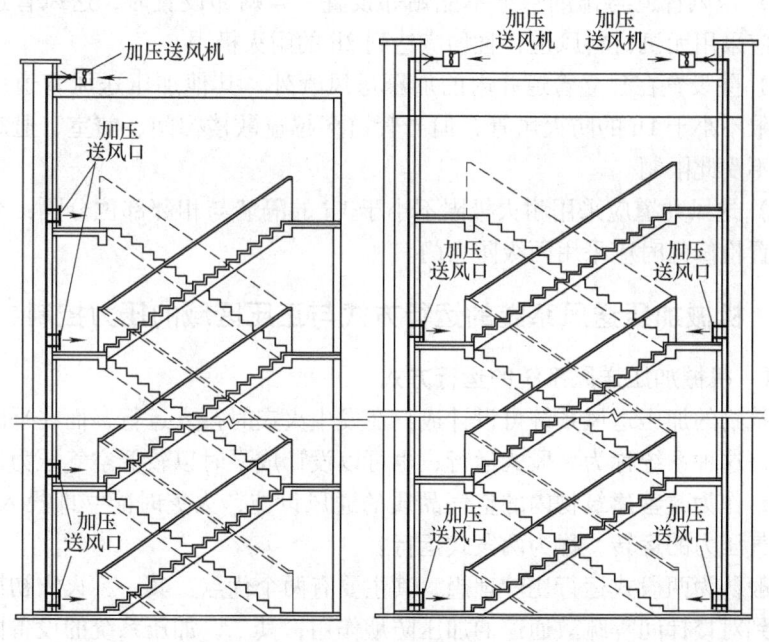

图 4-9　剪刀楼梯加压送风口的布置

（2）前室、合用前室每层设一个常闭式加压送风口，火灾时由消防控制中心联动开启火灾层的送风口。前室加压送风口采用常闭型电动式多叶阀加上百叶风口组成，常闭型加压风口应具有手动和自动开启功能，并与加压风机连锁，手动开启装置距地面0.8~1.5m。

（3）当前室采用带启闭信号的常闭防火门时，可设常开式加压送风口，但此时送风量大。

（4）送风口的风速不宜大于7m/s。

（5）送风口不能设置在被门挡住的部位。

（6）加压送风口的设置高度为底边离地面300~600mm。

防烟楼梯间每个加压送风口的风量为系统总送风量除以楼梯间内的风口总数，前室加压送风口的风量应为系统总风量除以火灾时开启的加压送风口数量。

4. 风道的设计要求

《建筑设计防火规范》中对加压送风道的要求主要有以下几点：

（1）加压送风管道应采用不燃烧材料制作，且应优先采用金属风道。

（2）当采用金属风道时，管道风速不应大于20m/s；当采用内表面光滑的混凝土等非金属材料风道时，风速不应大于15m/s。

（3）送风管道与排烟管道不能贴邻设置。当贴邻设置时，送风管道和排烟管道应采用无机材料风道，且均应达到2h的耐火极限。

（4）除设置在独立管道井内的加压送风管外，其他加压送风管道应采用耐火极限不小于1h的防火风管，但当管道穿越疏散楼梯间、前室、避难间区域时可不受此限制。

（5）送风井道应采用耐火极限不小于1h的隔墙与相邻部位分隔，当墙上必须设置检修门时应采用丙级防火门。

4.2.4 机械加压送风系统的运行方式与正压区域的压力控制

4.2.4.1 机械加压送风系统的运行方式

建筑物的加压送风系统可设计成只在发生火灾时投入运行，而在平时则停止运行，这种系统称为一段式运行；也可以设计成平时以较低空气压力连续送风换气，作为改善建筑物内的空气品质的通风设施，火灾时能立即投入使用，增加空气压力的运转，称为两段式运行。

一般认为两段式运行比较理想，其主要有两个优点：其一，火灾初期，就可以起到对楼梯间等疏散通道的加压防烟作用；其二，加压系统的设备由于经常使用，可使其保持良好的工作状态。但两段式运行设备的初期投资较多。

4.2.4.2 正压区域的压力控制

1. 防超压的控制

从理论上分析，加压送风量不但要满足当所有门都关闭时，由门缝向非加压部位渗透的空气量及加压空间应具有一定的正压值的要求，而且还要满足一定数量的门在间歇性开启时门洞断面风速的要求。一般来说，满足间歇性开门时门洞断面风速需要的风量比满足所有关闭门时由门缝向非加压部位渗透的空气量要大。所以，当所有疏散门都关闭时，系统很容易超压。另外，由于运行条件和设计工况之间的差异，有时也会造成正压区域的余压值过高，门两侧的压差过大。

为了不造成因不同压力区域间因压差过大而导致老弱病残和妇幼疏散时开门困难的情况，通常规定了最大允许正压值或压差值。当系统的余压超过最大压差时，应设置余压调节阀或采用变速风机等措施。

(1) 最大压力差计算。现结合图 4-10 对机械加压送风系统最大压力差进行讨论。

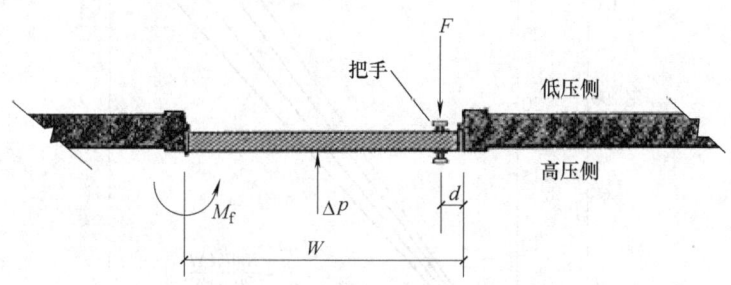

图 4-10　加压送风时门的受力示意图

门轴上的力矩平衡方程可表示为：

$$M_f + A\Delta p \times \frac{W}{2} - F(W - d) = 0 \tag{4-3}$$

式中　M_f——关门器和其他摩擦力的力矩（N·m）；

W——门的宽度（m）；

A——门的面积（m²）；

Δp——门两侧的压差（Pa）；

F——人的开门力（N）；

d——把手与门外边缘的距离（m）。

M_f 包括关门器力、门轴摩擦、门和门框的摩擦等所有对门轴的力矩，若门的装配质量低劣，可导致这种力矩很大。门拉手用来克服门轴摩擦的力，一般是 2.3~9N。将式 (4-3) 重新整理可得

$$F = \frac{M_f}{W - d} + \frac{WA\Delta p}{2(W - d)} = F_f + F_p \tag{4-4}$$

式中　F_f——克服关门器和其他摩擦力的分力（N）；

F_p——克服空气压差的分力（N）。

上式假设开门力全部作用在拉手上。通常克服关门器的力大于13N，有时甚至达到90N，面对关门器力的估算应当慎重，因为在门关闭时关门器产生的力与打开门所要克服的关门器的力不同。在开门的初期，克服关门器所需的力较小；而把门打到全开的位置时需要的力要大得多。这里讨论的是门初开阶段的开门力。由压差所产生的开门分力可由图4-11查出。该图中假定门高2.13m，拉手安装在距离门边0.076m的位置。

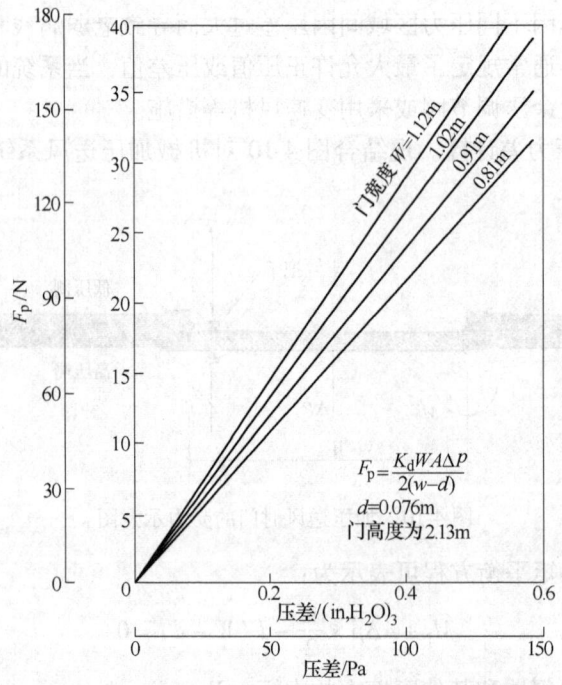

图4-11 作用于门上力的大小与压差的关系

若门的尺寸为2.13m×0.91m，其两侧压差为62Pa，克服关门器和摩擦力的分力为44N，拉手安装在离门边0.076m的地方，由式（4-4）可得，此门的开门力是110N。

在讨论挡烟门两侧压差时，适宜兼顾考虑最大与最小容许压差。最大容许压差应以不产生过大的开门力为原则。一个人开门所用的力，取决于此人的力量、拉手位置、地板与鞋之间的摩擦、开门方式（是拉还是推）等因素。瑞德（Read）等研究了不同人的开门力，表4-5列出了一些代表结果。可以看出，5~6岁的小女孩的最小推力为46N，老年妇女的最小推力只有83N，上述推力是按单身渐渐增大产生的，且身体不前倾。若身体前倾，并用双手推，力量能增加到652N，对门突然冲撞，推力可达到780N。

表 4-5　儿童与老年人的开门力测试数据　　　　　　（单位：N）

年龄	作用方式	性别	平均	最大	最小
5～6 岁	推	男	90	155	32
		女	73	126	46
	拉	男	120	184	82
		女	86	141	48
60～75 岁	推	男	237	540	92
		女	162	309	83
	拉	男	306	786	102
		女	201	407	100

根据美国消防协会《生命安全规范（Life Safety Code）》（NFPA101，2000）中对生命安全的规定，打开安全逃生设施任意门的力不应超过 133N。从瑞德（Read）的数据中可以看出，133N 的临界值对多数人是适当的，但的确还有一些人的推、拉力量不够大。

（2）泄压风量的计算。泄压风量可采用下式计算：

$$L = L_1 - 1.5 L_2 \tag{4-5}$$

式中　L——泄压风量（m³/h）；

L_1——满足开启一定数量疏散门时门洞断面风速要求的总送风量（m³/h）；

L_2——满足当所有门关闭，正压值为最大压差时，所有门缝向非加压部位的渗漏空气量（m³/h）；

1.5——疏散门的不严密处的附加系数。

（3）泄压措施：

1）余压阀泄压。如图 4-12 所示，当加压空间内的空气压力不超过最大压力差时，余压阀上由于可调节重物的作用，折页板呈关闭状态。当加压空间所有的门关闭，余压值超过最大压力差时，空气压力将折页板推开，把空气泄至非加压空间，当加压空间余压降至最大压力差时折页板又恢复到关闭状态。折页板面积（即排气面积）的计算见下式：

$$A = \frac{L}{3600 K P^{\frac{1}{2}}} \tag{4-6}$$

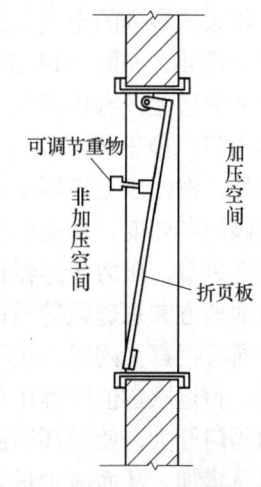

图 4-12　余压阀示意图

式中　A——折页板的面积（m²）；
　　　L——泄压风量（m³/h）；
　　　P——开启折页板的压力，一般取最大压差；
　　　K——泄漏系数，取 0.827。

2）变速风机运行方式。变速风机通过改变转速直接改变送风量的大小，以适应系统对不同情况的需要。通过在楼梯间 1/3 高度处设置压力传感器，测出其压力，然后根据压力的大小控制风机的转速，如图 4-13 所示。风机变速是通过改变送风机的电动机转速，如利用变频调节的电动机，来改变送风机的转速，从而改变整个系统送风量。变速风机系统不但可以消除因设计计算偏差或风机选取不当造成的不利影响，而且可以很好地适应各种不同的设计运行工况。但值得注意的是，当风机转速改变时，其全压也会相应的变化，应当防止降低风机转速时正压区域余压值不能满足要求的情况发生。

3）旁通系统运行方式。旁通系统是在送风机的出口管道上设一旁通管道，将系统多余的空气引到送风机入口进行再循环，如图 4-14 和图 4-15 所示。在旁通管道上设有由静压传感器控制的电动阀门，静压传感器设在建筑物 1/3 高度处，根据压力控制点正压值的变化改变阀门的开度，从而改变送往加压区域的送风量。压力传感器设在容易造成超压的地方和总送风管道内。当加压区域的所有门都关闭时，正压区间的正压增大，超过限定值时静压传感器就控制旁通阀门开大，使循环回到送风机入口的风量增加，从而减少送入正压系统的送风量，使系统不超压。

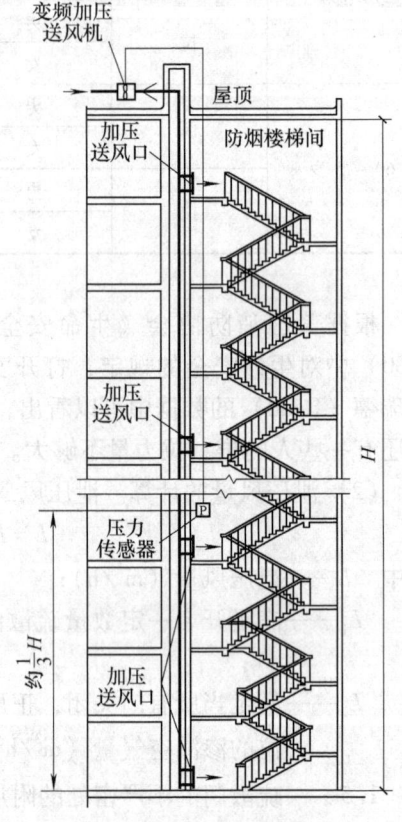

图 4-13　变速风机压力控制方式

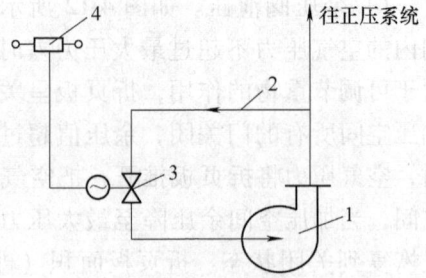

图 4-14　旁通系统示意图
1—风机　2—旁通管路　3—电动阀门
4—压力传感器

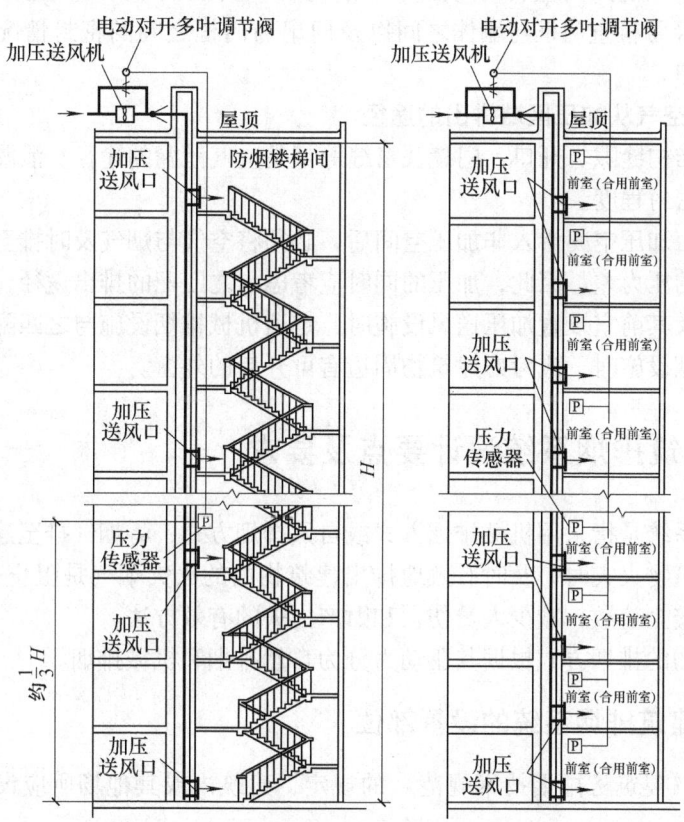

图 4-15 旁通压力控制方式

2. 正压值的控制

当向某正压部位加压送风的同时，又存在着该部位对非加压空间的泄漏，当这种送风与泄漏风量达到平衡时，呈现出该部位的宏观压力状态参数。送风量或泄漏风量的变化都能使系统达到新的平衡点，即风机运行找到新的工作点，而使正压值也相应的变化。

目前，我国虽然在《防火门》（GB 12955—2008）中规定了双扇防火门设盖缝板以及门扇与门框、门扇与门扇之间的缝隙宽度，但是实际工程中，由于加工和安装的问题，遇到实际门缝较大时，要维护一定的正压值比较困难。

正压值的维护应注意以下几点：

（1）对选用的防火门、窗的缝隙进行实际了解，防止设计计算的盲目性。

（2）加压部位不应穿越各种管道，如必须穿越时，应在管道与墙体之间的缝隙处采用非燃烧材料严密堵塞。

(3) 单扇防火门应装闭门器,双扇防火门应装顺序器和盖缝板。

(4) 经常检查门框与墙体之间以及门扇与门框之间的密封情况,发现问题及时处理。

4.2.4.3 空气从加压区域排出的途径

建筑结构缝隙、开口、门缝及窗缝等都是空气泄漏的途径。泄漏量取决于加压空间密封程度。

空气由加压空间渗入非加压空间后,必须将空气与烟气及时排至室外,以维持正常的压力差。因此,加压的同时应考虑与之匹配的排出途径,一般认为当楼梯间及其前室设置加压送风设施时,走道机械排烟设施与之匹配,走道没有机械排烟设施时,应考虑建筑物周边有可开启的外窗。

4.3 建筑排烟系统设计要点及要求

排烟系统是指采用机械排烟方式或自然排烟方式,将烟气排至建筑物外的系统。建筑物火灾时,及时有效地排出建筑物内的火灾烟气是阻止火灾蔓延、利于人员安全疏散,减少人员伤亡和财产损失的有效方法。

建筑物的排烟方式根据其驱动力分为自然排烟和机械排烟。

4.3.1 建筑排烟系统的设置部位

根据《建筑防排烟技术规范》的规定,建筑内或其他场所应设排烟系统的部位如下:

(1) 公共建筑内的中庭及长度大于20m的走道。

(2) 非高层建筑中经常有人停留或可燃物较多,且建筑面积大于300m^2的地上房间。

(3) 高层公共建筑中经常有人停留或可燃物较多,且建筑面积大于100m^2的地上房间。

(4) 设置在一、二、三层且房间建筑面积大于200m^2或设置在四层及四层以上或地下、半地下的歌舞娱乐放映游艺场所。

(5) 设有集中式空气调节系统的旅馆的走道。

(6) 房间建筑面积大于50m^2且经常有人停留或可燃物较多的地下、半地下建筑或地下室、半地下室。

(7) 建筑面积大于2000 m^2汽车库。

(8) 舞台、演播室。

(9) 火灾危险性为丙类厂房中建筑面积大于300m^2的地上房间;人员、可燃物较多的丙类厂房,或高度大于32m的高层厂房中长度大于20m的内走道；任一层建筑面积大于5000m²的丁类厂房。

（10）占地面积大于1000m²的丙类仓库。

下列场所可不设排烟系统：

（1）除旅馆外，走道的装修采用不燃材料，且室内设有符合要求的排烟设施，或房门至安全出口的距离小于20m的走道。

（2）当室内或走道设有符合要求的排烟设施时，无可燃物或可燃物容量小于1kg/m²的独立防烟分区的中庭。

（3）设有日常通风的机电用房。

（4）走道或回廊设有排烟设施，建筑面积小于100m²的地上房间。

4.3.2 排烟系统的设计要求

《建筑防排烟技术规范》规定建筑排烟系统要满足以下几点要求：

（1）多层民用建筑多采用自然排烟方式。

（2）厂房、仓库的自然排烟方式可采用设置固定的采光带、采光窗的方式。

（3）无回廊的中庭，其建筑的使用层面宜设置机械排烟系统；设有回廊的中庭，其建筑的使用层面无排烟系统时，其回廊应设机械排烟系统，回廊与中庭之间应设置挡烟垂壁或卷帘。

（4）设置排烟设施的建筑内，敞开楼梯和自动扶梯穿越楼板的口部应设置挡烟垂壁或卷帘等设施。

（5）防烟分区应采用挡烟垂壁、隔墙、梁等划分。挡烟设施其下垂高度应由计算确定，且应满足疏散所需的清晰高度，除走道外，最小清晰高度应按下式计算：

$$H_q = 1.6 + 0.1H \tag{4-7}$$

式中　H_q——最小清晰高度（m）；

　　　H——排烟空间的建筑净高度（m）。

（6）当羽流的质量流量大于150kg/s，或储烟仓的烟层温度与周围空气温差小于15℃时，应重新调整排烟措施。

（7）补风系统可采用机械送风方式或自然进风方式。

（8）室内或走道的任一点至防烟分区内最近的排烟口或排烟窗的水平距离不应大于30m，当室内高度超过6m，具有对流条件时，其水平距离可增加25%。

（9）同一个防烟分区应采用同一种排烟方式。

（10）超过32层或建筑高度超过100m的高层建筑，其排烟系统应分段设计。

4.3.3 建筑自然排烟设计

1. 自然排烟的常用方式

自然排烟经常利用建筑的阳台、凹廊,或在外墙上设置便于开启的外窗、排烟窗,进行无组织的自然排烟,如图4-16所示。

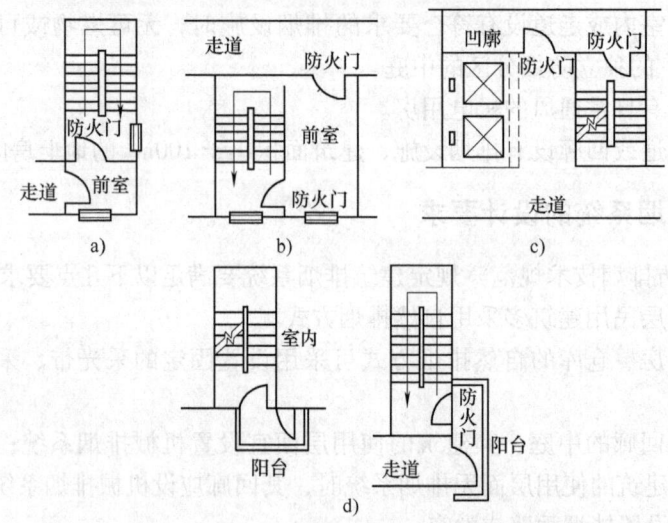

图 4-16 自然排烟的主要方式
a)、b) 靠外墙的防烟楼梯间及其前室　c) 带凹廊的防烟楼梯间
d) 带阳台的防烟楼梯间

2. 对外开口面积要求

《建筑防排烟技术规范》规定自然排烟对外开口要满足以下几点要求:

(1) 自然排烟排烟窗口的面积应由下式计算确定:

$$A_v C_v = \frac{M_\rho}{\rho_0} \left[\frac{T^2 + (A_v C_v / A_0 C_0)^2 T T_0}{2 g d_b \Delta T T_0} \right]^{\frac{1}{2}} \quad (4-8)$$

其中:

$$\Delta T = \frac{K Q_c}{M_\rho C_p} \quad (4-9)$$

式中　A_v——排烟口截面积（m^2）;

A_0——所有进气口总面积（m^2）;

C_v——排烟口流量系数（通常选定在0.5~0.7之间）;

C_0——进气口的流量系数（通常约为0.6）;

ρ_0——环境温度下气体的密度（kg/m^3）;

g——重力加速度（m/s^2）;

d_b——排烟窗（口）下烟气的厚度（m）;

T——烟气的热力学温度（K），$T = T_0 + \Delta T$；

T_0——环境的热力学温度（K）；

ΔT——烟层温度与环境温度之差（℃）；

K——烟气中对流放热量因子，一般取 0.5。

注意：

公式中 A_v、C_v 在计算时应采用试算法。

当开窗角大于 70°时，其面积应按窗的面积计算；当开窗角小于 70°时，其面积应按窗的水平投影面积计算；当采用侧拉窗时，其面积应按开启的最大窗口面积计算；当采用百叶窗时，其面积应按窗的有效开口面积计算。

（2）开口面积的选取，计算完成之后还应满足下列要求：

1）靠外墙的敞开楼梯、封闭楼梯间、防烟楼梯间每 5 层内自然通风有效面积不应小于 2.0m²，并应保证该楼梯间顶层设有不小于 0.80m² 的自然通风有效面积。

2）防烟楼梯间前室、消防电梯前室自然通风有效面积不应小于 2.0m²，合用前室不应小于 3.0m²。

3）采用自然通风方式的避难层（间）应设有不同朝向的可开启外窗或百叶窗，且每个朝向的自然通风面积不应小于 2.0m²。

4）中庭、剧场舞台，不应小于该中庭、剧场舞台楼地面面积的 5%。

5）其他场所，宜取该场所建筑面积的 2%~5%。

6）厂房、仓库的可开启外窗的面积应符合下列要求：

采用自动开启方式时，厂房的排烟面积应为排烟区域建筑面积的 2%，仓库的排烟面积应增加一倍；采用手动开启方式时，厂房的排烟面积应为排烟区域建筑面积的 3%，仓库的排烟面积应增加一倍；以上两种情况，当设有自动喷水灭火系统时，面积可减半。

7）当建筑室内净高度大于 6m，建筑室内净高度每增加 1m，排烟面积可减少 5%，但不小于排烟区域建筑面积的 1%。

3. 设计要求

《建筑防排烟技术规范》规定自然排烟对外开口要满足以下几点要求：

（1）排烟窗应设置在排烟区域的顶部或外墙，并应符合下列要求：

1）当设置在外墙上时，排烟窗应在储烟仓以内或室内净高度的 1/2 以上，并应沿火灾气流方向开启。

2）宜分散布置，除带型排烟窗外每组排烟窗的长度不宜大于 2.5m。

3）设置在防火墙两侧的排烟窗之间水平距离应不小于 2m。

4）自动排烟窗附近应同时设置便于操作的手动开启装置。

5）走道设有机械排烟系统的办公楼，当办公室的面积小于 300m² 时，排烟窗的设置高度及开启方向可不限制。

（2）设于高处的可开启外窗应配备方便开启的装置，开启装置距地面高度宜为1.6m。

（3）当火灾被确认后，除采光带外，排烟区域的自动排烟窗、补风设施、自动挡烟垂帘等所有自然排烟系统设备应能在60s内完全处于工作位置，并在75s内自动关闭与排烟无关的通风、空调系统。

（4）室内净空高度大于6m且面积大于500m²的中庭、营业厅、展览厅、观众厅、体育馆、客运站、航站楼及类似公共场所采用自然排烟时，应设置与火灾自动报警系统联动的自动排烟窗或常开排烟窗。除上述场所外，其他场所采用自然排烟时，可采用普通排烟窗。

（5）采用自然排烟的厂房、仓库的外窗设置应符合下列要求：

1）侧窗应沿建筑物的二条对边均匀设置。

2）顶窗应在屋面均匀设置，屋面斜度不大于12°，每200 m²的建筑面积应设置一组；屋面斜度大于12°，每400m²的建筑面积应设置一组；宜采用自动控制。

（6）固定采光带、采光窗应在屋面均匀设置，每400m²的建筑面积应设置一组，且每个需排烟的区域至少设置一组。严寒地区采光带应有防积雪措施。

（7）自然排烟口距该防烟分区最远点的水平距离不应超过30m，如图4-17所示。

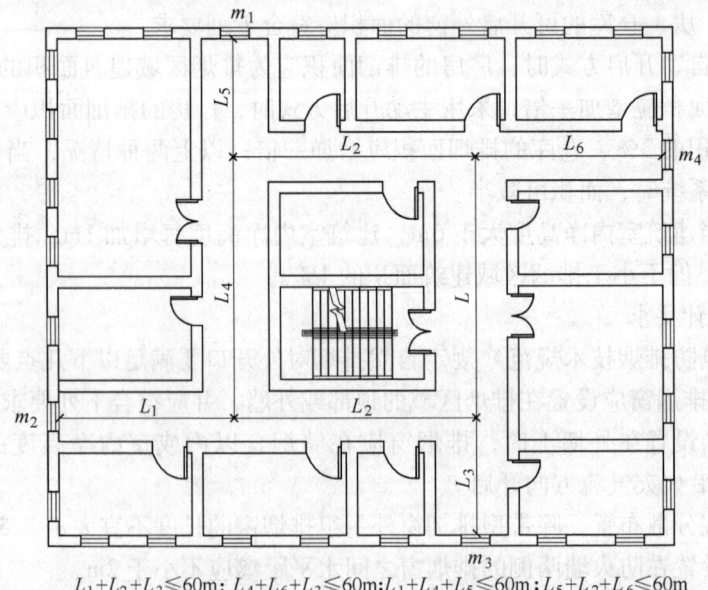

$L_1+L_2+L_3 \leqslant 60m$；$L_4+L_6+L_3 \leqslant 60m$；$L_1+L_4+L_5 \leqslant 60m$；$L_5+L_2+L_6 \leqslant 60m$

图4-17 环形内走道自然排烟

4.3.4 建筑机械排烟设计

1. 排烟量的确定

（1）《建筑防排烟系统技术规范》规定：一个防烟分区的排烟量应由下式计算确定，或按火灾烟气速查表（表4-7）选取。

$$V = \frac{mT_p}{\rho_0 T_0} \tag{4-10}$$

式中　V——排烟量（m^3/s）；

　　　ρ_0——环境温度下的气体密度（kg/m^3），通常 $t_0 = 20℃$，$\rho_0 = 1.2$（kg/m^3）；

　　　T_0——环境的热力学温度（K）；

　　　T_p——烟气的平均热力学温度（K），$T_p = T_0 + \Delta T_p$，ΔT_p 为烟气平均温度与环境温度的差；

　　　m——羽流质量流量（kg/s）。

《建筑设计防火规范》中有关机械排烟系统的最小排烟量的规定见表4-6。

表4-6　机械排烟系统的最小排烟量

条件和部位		单位排烟量 /[$m^3/(h \cdot m^2)$]	换气次数 /（次/h）	备　注
担负1个防烟分区		60	—	风机排烟量不应小于 7200m^3/h
室内净高大于6.0m且不划分防烟分区的空间				
担负2个及2个以上防烟分区		120	—	应按最大的防烟分区面积确定
中庭	体积不大于17000m^3	—	6	体积大于17000m^3时，排烟量不应小于102000m^3/h
	体积大于17000m^3	—	4	

羽流的质量流量按羽流类型不同选择下列公式进行计算。

1）轴对称型羽流。用以下公式进行计算：

$Z > Z_1$：　　　　　　$m = 0.071 Q_c^{\frac{1}{3}} Z^{\frac{5}{3}} + 0.0018 Q_c$　　　　（4-11）

$Z \leq Z_1$：　　　　　　$m = 0.032 Q_c^{\frac{3}{5}} Z$　　　　（4-12）

$$Z_1 = 0.166 Q_c^{\frac{2}{5}} \tag{4-13}$$

式中　m——羽流质量流量（kg/s）；

　　　Q_c——火灾释放热中的对流部分（kW），一般取值为 $0.7Q$，Q 为火灾热释放率；

Z——燃料面到烟层底部的高度（取值应大于等于最小清晰高度）（m）；

Z_1——火焰极限高度（m）。

2）阳台溢出型羽流。用以下公式进行计算：

$$m = 0.36(QW^2)^{\frac{1}{3}}(Z_b + 0.25H_1) \tag{4-14}$$

$$W = w + d \tag{4-15}$$

式中　H_1——燃料至阳台的高度（m）；

　　　Q——火灾热释放率（kW）；

　　　Z_b——从阳台下缘至烟层底部的高度（m）；

　　　W——羽流扩散宽度（m）；

　　　w——火源区域的开口宽度（m）；

　　　d——从开口至阳台边沿的距离（m），$d \neq 0$；

当 $Z_b \geq 13W$，阳台型羽流的质量流量的计算可使用式（4-11）计算。

3）窗口型羽流。用以下公式进行计算：

$$m = 0.68(A_w H_w^{\frac{1}{2}})^{\frac{1}{3}}(Z_w + \alpha_w)^{\frac{5}{3}} + 1.59 A_w H_w^{\frac{1}{2}} \tag{4-16}$$

$$\alpha_w = 2.4 A_w^{\frac{2}{5}} H_w^{\frac{1}{5}} - 2.1 H_w \tag{4-17}$$

式中　A_w——窗口开口的面积（m²）；

　　　H_w——窗口开口的高度（m）；

　　　Z_w——开口的顶部到烟层的高度（m）；

　　　α_w——窗口羽流型的修正系数。

4）墙型羽流。用以下公式进行计算：

$Z > Z_1$：
$$m = 0.0355(2Q_c)^{\frac{1}{3}} Z^{\frac{5}{3}} + 0.0018 Q_c \tag{4-18}$$

$Z = Z_1$：
$$m = 0.035 Q_c \tag{4-19}$$

$Z < Z_1$：
$$m = 0.016(2Q_c)^{\frac{3}{5}} Z \tag{4-20}$$

式中　Q_c——火灾释放热中的对流部分（kW），一般取值为 $0.7Q$，Q 为火灾热释放率；

　　　Z——燃料面到烟层底部的高度（m）；

　　　Z_1——火焰极限高度（m）；

　　　m——羽流质量流量（kg/s）。

5）角型羽流。用以下公式进行计算：

$Z > Z_1$：
$$m = 0.01775(4Q_c)^{\frac{1}{3}} Z^{\frac{5}{3}} + 0.0018 Q_c \tag{4-21}$$

$Z = Z_1$：
$$m = 0.035 Q_c \tag{4-22}$$

$Z < Z_1$: $$m = 0.008(4Q_c)^{\frac{3}{5}}Z \qquad (4-23)$$

式中 Q_c——火灾释放热中的对流部分（kW），一般取值为 $0.7Q$，Q 为火灾热释放率；

Z——燃料面到烟层底部的高度（m）；

Z_1——火焰极限高度（m）；

m——羽流质量流量（kg/s）。

烟气平均温度与环境温度的差应按以下式计算或查表 4-7：

$$\Delta t_p = Q_c / m_p c_p \qquad (4-24)$$

式中 Δt_p——烟气平均温度与环境温度的差（℃），$\Delta t_p = t_p - t_0$；

c_p——空气的比定压热容，一般取 $1.02\text{kJ}/(\text{kg}\cdot\text{K})$；

Q_c——热释放中的对流部分（kW），一般取值为 $0.7Q$，Q 为火灾热释放率。

上述式中，Q 为火灾热释放率，该量可以按下式进行计算，也可以查表 4-8 得出各类场所的参考值。

$$Q = \alpha t^2 \qquad (4-25)$$

式中 Q——火灾热释放率（kW，见表 4-8）；

t——自动灭火系统起动时间（s）；

α——火灾增长系数（kW/s^2，按表 4-9 取值）。

表 4-7 火灾烟气速查表

$Q=1\text{MW}$ 火灾烟气			$Q=1.5\text{MW}$ 火灾烟气			$Q=2.5\text{MW}$ 火灾烟气		
$m/(\text{kg/s})$	$\Delta t/℃$	$V/(\text{m}^3/\text{s})$	$m/(\text{kg/s})$	$\Delta t/℃$	$V/(\text{m}^3/\text{s})$	$m/(\text{kg/s})$	$\Delta t/℃$	$V/(\text{m}^3/\text{s})$
4	175	5.32	4	263	6.32	6	292	9.98
6	117	6.98	6	175	7.99	10	175	13.31
8	88	6.66	10	105	11.32	15	117	17.49
10	70	10.31	15	70	15.48	20	88	21.68
12	58	11.96	20	53	19.68	25	70	25.8
15	47	14.51	25	42	24.53	30	58	29.94
20	35	18.64	30	35	27.96	35	50	34.16
25	28	22.8	35	30	32.16	40	44	38.32
30	23	26.9	40	26	36.28	50	35	46.6
35	20	31.15	50	21	44.65	60	29	54.96
40	18	35.32	60	18	53.1	75	23	67.43
50	14	43.6	75	14	65.48	100	18	88.5
60	12	52	100	10.5	86	120	15	105.1

（续）

$Q=3$MW 火灾烟气			$Q=4$MW 火灾烟气			$Q=5$MW 火灾烟气		
m/(kg/s)	Δt/℃	V/(m³/s)	m/(kg/s)	Δt/℃	V/(m³/s)	m/(kg/s)	Δt/℃	V/(m³/s)
8	263	12.64	8	350	14.64	9	525	21.5
10	210	14.3	10	280	16.3	12	417	24
15	140	18.45	15	187	20.48	15	333	26
20	105	22.64	20	140	24.64	18	278	29
25	84	26.8	25	112	28.8	24	208	34
30	70	30.96	30	93	32.94	30	167	39
35	60	35.14	35	80	37.14	36	139	43
40	53	39.32	40	70	41.28	50	100	55
50	42	49.05	50	56	49.65	65	77	67
60	35	55.92	60	47	58.02	80	63	79
75	28	68.48	75	37	70.35	95	53	91.5
100	21	89.3	100	28	91.3	110	45	103.5
120	18	106.2	120	23	107.88	130	38	120
140	15	122.6	140	20	124.6	150	33	136
$Q=6$MW 火灾烟气			$Q=8$MW 火灾烟气			$Q=20$MW 火灾烟气		
m/(kg/s)	Δt/℃	V/(m³/s)	m/(kg/s)	Δt/℃	V/(m³/s)	m/(kg/s)	Δt/℃	V/(m³/s)
10	420	20.28	15	373	28.41	20	700	56.48
15	280	24.45	20	280	32.59	30	467	64.85
20	210	28.62	25	224	36.76	40	350	73.15
25	168	32.18	30	187	40.96	50	280	81.48
30	140	38.96	35	160	45.09	60	233	89.76
35	120	41.13	40	140	49.26	75	187	102.4
40	105	45.28	50	112	57.79	100	140	123.2
50	84	53.6	60	93	65.87	120	117	139.9
60	70	61.92	75	74	78.28	140	100	156.5
75	56	74.48	100	56	90.73			
100	42	98.1	120	46	115.7			
120	35	111.8	140	40	132.6			
140	30	126.7						

表 4-8 各类场所的热释放率

建筑类别	热释放率 Q/MW	建筑类别	热释放率 Q/MW
设有喷淋的商场	3.0	无喷淋的汽车库	3.0
设有喷淋的办公室、客房	1.5	无喷淋的中庭	4.0
设有喷淋的公共场所	2.5	无喷淋的公共场所	8.0
设有喷淋的汽车库	1.5	无喷淋的超市、仓库	20.0
设有喷淋的超市、仓库	4.0	设有喷淋的厂房	1.5
设有喷淋的中庭	1.0	无喷淋的厂房	8.0
无喷淋的办公室、客房	6.0		

注：1. 设有快速响应喷头的场所可按本表减少 40%。
　　2. 当喷淋设置高度大于 12m 时，应按无喷淋场所对待。

表 4-9 火灾增长系数

火情	典型材料	火灾增长系数
慢		0.0029
中等	棉花/聚酯海绵	0.012
快	满装邮袋/泡沫塑料/叠起的木箱	0.047
特快	含甲醇酒精的火/速燃的软包家具	0.188

（2）下列场所可按以下规定确定排烟量：

1）设有喷淋的客房、办公室，其走道或回廊的机械排烟量不应小于 9000m³/h；具备自然排烟条件的走道，当走道两侧自然排烟面积均不小于 1.2m² 时，可不设置机械排烟系统。

2）无喷淋的客房、办公室，或建筑面积小于 100m² 且设有喷淋的房间，其走道或回廊的机械排烟量不应小于 13000m³/h；走道两侧自然排烟面积均不小于 2m² 时，可不设置机械排烟系统。

3）隔间面积小于 500m² 的区域，其排烟量可按 60m³/(h·m²) 计算，或设置不小于室内面积 2% 的排烟窗。

4）设有喷淋的大空间办公室，其排烟量可按 6 次/h 换气计算，且不应小于 30000m³/h，或设置不小于室内面积 2% 的排烟窗。

2. 设计要求

《建筑防排烟技术规范》对机械排烟的设计有以下几点要求：

（1）排烟风机

1）排烟风机可采用离心式或排烟专用的轴流风机。

2）排烟风机应能在280℃的环境条件下连续工作不少于30min。

3）在排烟风机入口或出口处的总管上应设置当烟气温度超过280℃时能自行关闭的排烟防火阀，该阀应与排烟风机连锁，当该阀关闭时，排烟风机应能停止运转。

4）排烟风机宜设置在排烟系统的顶部，烟气出口宜朝上，并应高于加压送风机和补风机的进风口，两者边缘垂直距离不应小于3m，必须水平设置时，两者边缘水平距离不应小于10m。

5）排烟风机应与排烟口或排烟阀连锁，当系统中任一排烟口或排烟阀开启时，排烟风机应能联动启动。

6）排烟风机应设置在专用的风机房内或室外屋面上，风机房应采用耐火极限不低于2h的隔墙和1.5h的楼板及甲级防火门与其他部位隔开。当条件受到限制时，可设置在专用空间内，空间四周的围护结构应采用耐火极限不低于1h的不燃烧体，且围护结构底部应有喷淋保护，风机两侧应有600mm以上的空间，如图4-18所示。当必须与其他风机合用机房时，应符合下列条件：机房内应设有自动喷水灭火系统；机房内不得设有用于机械加压送风的风机与管道；排烟风机与排烟管道上不宜设有软接管。当排烟风机及系统中设置有软接头时，该软接头应能在280℃的环境条件下连续工作不少于30min。

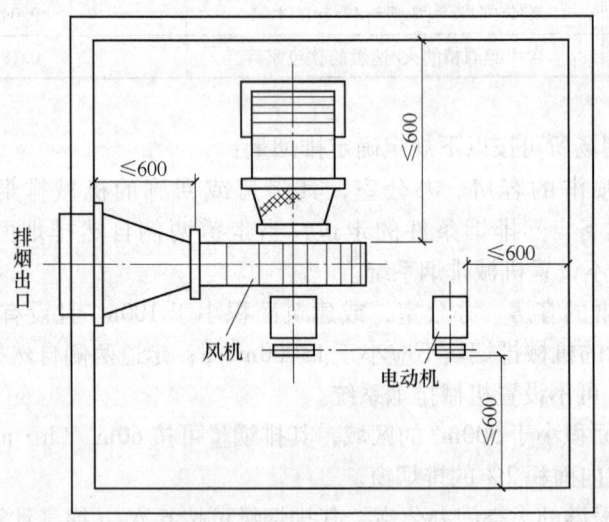

图4-18　风机房空间示意图

7）排烟风机的全压应满足排烟系统最不利环路损失的要求。排烟风机的风量应按担负各防烟分区中最大一个分区的排烟量、风管（风道）的漏风量及其他防烟分区未开启排烟阀（口）的漏风量之和计算。风管和排烟阀（口）

的漏风量按排烟量的 15%～20% 计算。

8）为了使排烟风机在设计工况下运行，减小系统的阻力，风机与排烟管道的连接方式应合理。离心风机的连接方式比较如图 4-19 所示。

9）排烟风机应设在混凝土或钢架基础上，或吊装式安装，可以不设减振装置。

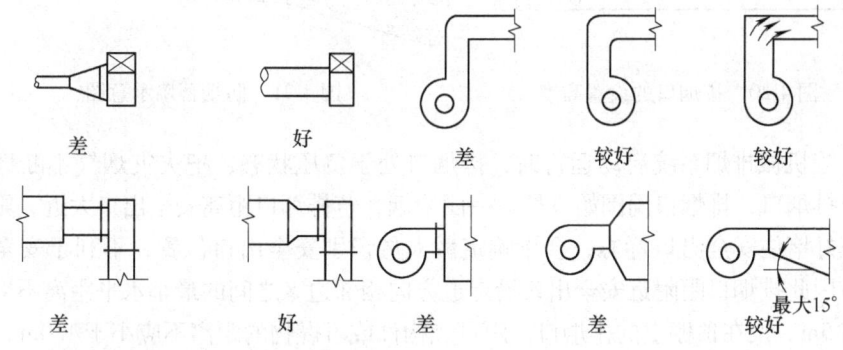

图 4-19　离心风机的连接方式比较

（2）排烟道。排烟管道必须采用不燃材料制作，当采用金属管道时，管道内风速不宜大于 20m/s；当采用内表面光滑的混凝土等非金属材料管道时，不宜大于 15m/s。

当吊顶内有可燃物时，吊顶内的排烟管道应采用不燃烧材料进行隔热，并应与可燃物保持不小于 150mm 的距离。

排烟井道应采用耐火极限不小于 1h 的隔墙与相邻区域分隔；当墙上必须设置检修门时，应采用不低于丙级的防火门。

水平排烟管道穿越防火墙时，应设排烟防火阀；当穿越两个及两个以上防火分区或排烟管道在走道的吊顶内时，其管道的耐火极限不应小于 1h；排烟管道不应穿越前室或楼梯间，如果确有困难必须穿越时，其耐火极限不应小于 2h，且不得影响人员疏散。

（3）排烟口、排烟阀和排烟防火阀。排烟口或排烟阀应按防烟分区设置，同一个防烟分区设多个排烟口时，火灾时能同时打开。

排烟口和排烟阀平时关闭，火灾时由火灾自动报警装置联动开启排烟区域的排烟阀（口），其他防烟分区的排烟阀（口）应呈关闭状态。排烟口和排烟阀应设置手动和自动开启装置。

烟气因受热而膨胀，其密度较小，向上运动并贴附在顶棚上再向水平方向流动，因此排烟口应设置在顶棚或靠近顶棚的墙面上，当层高低于 3.6m 时，可设置在 1/2 高度以上，如图 4-20 所示。为防止顶部排烟口处的烟气外溢，可在排烟口一侧的上部装设防烟幕墙，如图 4-21 所示。

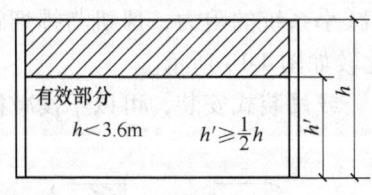
图4-20 排烟口的设置高度

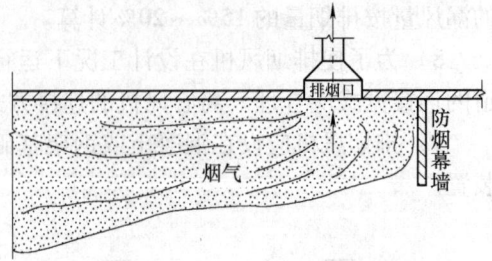
图4-21 防烟幕墙示意图

当机械排烟系统启动运行时，排烟口处于负压状态，把火灾烟气不断地吸引至排烟口，排烟口周围始终聚集一团浓烟，若排烟口距离安全出口太近，则浓烟正好堵住安全出口标志，会影响疏散人员识别安全出口位置，不利于安全疏散，因此排烟口距附近安全出口沿走道方向相邻边缘之间的最小水平距离不应小于1.5m。设在顶棚上的排烟口，距可燃构件或可燃物的距离不应小于1.0m。

设置机械排烟系统的地下、半地下场所，除歌舞娱乐放映游艺场所和建筑面积大于$50m^2$的房间外，排烟口可设置在疏散走道中。

排烟口距防烟分区内最远点的水平距离不应超过30m，这里的距离指的是烟气流动过程中经过的水平距离，不一定是防烟分区最远点到排烟口的直线距离，如图4-22、图4-23所示。

排烟支管上应设置当烟气温度超过280℃时能自行关闭的排烟防火阀。

排烟气流应与机械加压送风的气流合理组织，并为了保证人员疏散的安全，排烟口设置应尽量考虑使烟气的流向与疏散人流方向相反，如图4-24所示。

排烟口的风速不宜大于10m/s，排烟口有效断面积不小于$0.04m^2$。

排烟通道中，条缝形排烟口对于整个通道都是有效的，而方形排烟口则不容易排掉通道两侧的烟气，如图4-25所示。

利用吊顶空间进行间接排烟时，封闭式吊顶的平顶上设置的烟气流入口的颈部烟气速度不大于2.7m/s，且吊顶应采用不燃烧材料；房间的排烟阀（口）设在非封闭吊顶内时，吊顶的开孔率不应小于吊顶净面积的25%，且应均匀布置。

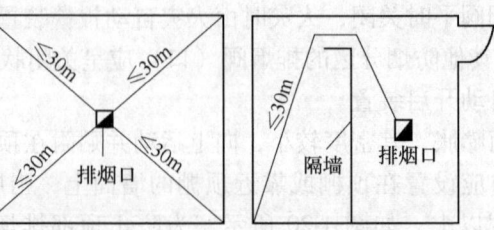
图4-22 排烟口在平面的布置

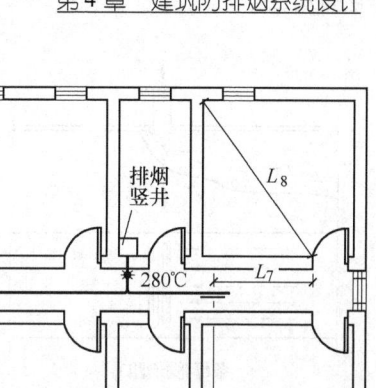

$L_1 \leqslant 30\text{m}; L_2 \leqslant 60\text{m}; L_3 \leqslant 30\text{m}$
$L_4+L_5+L_6 \leqslant 30\text{m}; L>60\text{m}$
$L_7+L_8 \leqslant 30\text{m}; L_9 \geqslant 1.5\text{m};$

图 4-23 长直型或袋型内走道带排烟口设置

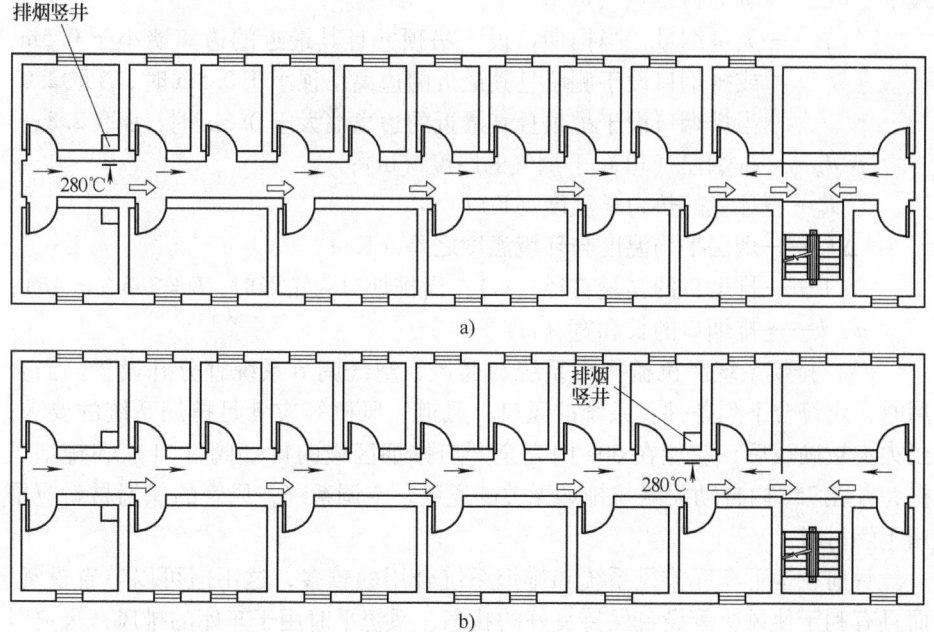

图 4-24 走道排烟口与疏散口的位置
a) 较好,人流与烟气流大部分为逆向流动 b) 不好,人流与烟气流大部分为同向流动

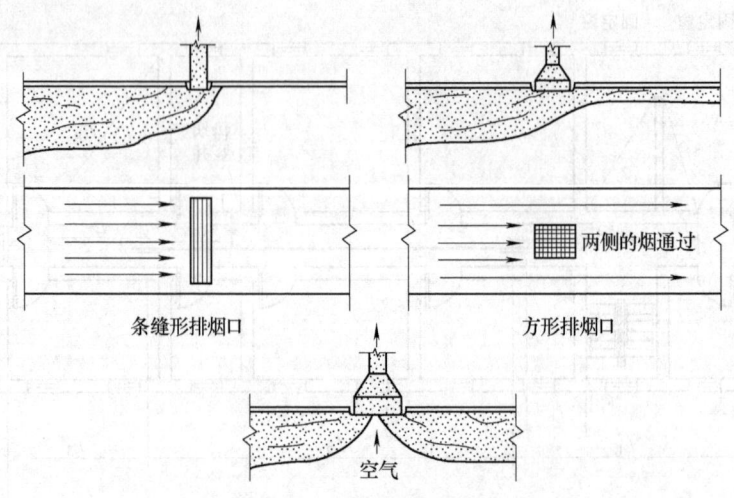

图 4-25 条缝形排烟口和方形排烟口

机械排烟系统中,每个排烟口的排烟量不应大于临界排烟量 V_{crit},且 d_b/D 不宜小于2,V_{crit} 按下式计算:

$$V_{crit} = 0.00887 \beta d_b^{5/2} (\Delta T_p T_0)^{1/2} \tag{4-26}$$

式中　V_{crti}——临界排烟量（m³/s）;

　　　β——无量纲量,当排烟口设于吊顶并且其最近的边离墙小于0.5m, 或排烟口设于侧墙且其最近的边离吊顶小于0.5m时,β 取2.0; 当排烟口设于吊顶且其最近的边离墙大于0.5m时,β 取2.8;

　　　d_b——排烟窗（口）下烟气的厚度（m）;

　　　T_0——环境的热力学温度（K）;

　　　ΔT_p——烟层平均温度与环境温度之差（K）;

　　　D——排烟口的当量直径（m）;当排烟口为矩形时,$D = 2ab/(a+b)$;

　　　a,b——排烟口的长和宽（m）。

(4) 排烟系统。机械排烟系统与通风、空气调节系统宜分开设置。当合用时,应符合下列条件:系统的风口、风道、风机等应满足排烟系统的要求;当火灾被确认后,应能在60s内完全开启排烟区域的排烟阀（口）和排烟风机,并在75s内自动关闭与排烟无关的通风、空调系统;风管的保温材料应采用不燃材料。

目前在地下车库排风系统和排烟系统合用的较多,这不但可以节省投资,而且有利于使风机等设备保持良好的状态,系统平时用于车库的排风,火灾时用于排烟。排烟系统和建筑物空调系统合用虽然在国内新疆等地曾经出现过,但由于系统比较复杂,联动控制要求比较高,控制阀应用较多,所以在国内应用很少。

排烟系统中的管道、风口及阀门等必须采用不燃材料制作，且排烟管道的耐火极限不应低于0.50h。

排烟管道的厚度应执行现行国家标准《通风与空调工程施工质量验收规范》（GB 50243）的有关规定。

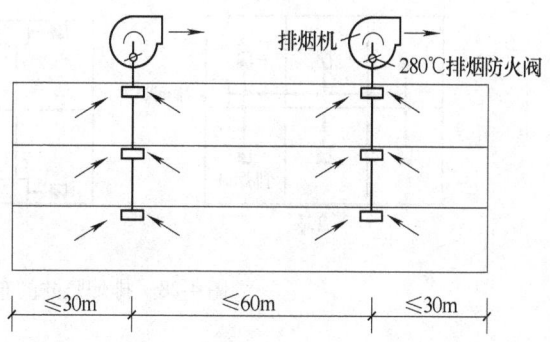

图4-26 走道排烟系统布置示意图

机械排烟系统横向应按防火分区设置；竖向穿越防火分区时，垂直排烟管道宜设置在管井内；穿越防火分区的排烟管道应在穿越处设置排烟防火阀。排烟防火阀应符合现行国家标准《建筑通风和排烟系统用防火阀门》（GB 15930—2007）的有关规定。

走道的机械排烟系统宜竖向设置，如图4-26、图4-27所示；房间的机械排烟系统宜按防烟分区设置。

考虑到系统在火灾时运行的影响范围和管道、风口等设备的漏风情况，机械排烟系统所负担的建筑面积不能过大，每个系统的排烟口数量不宜超过30个，否则要将其分成几个系统。另外，要尽量缩短水平烟道，如有可能应将排烟竖井分散布置，如图4-28所示。

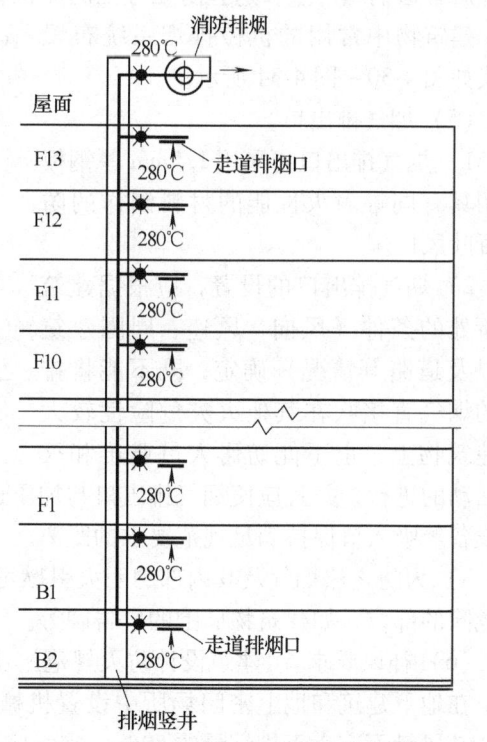

图4-27 内走道排烟系统图

为防止风机超负荷运转，超过32层或建筑高度超过100m的高层建筑，其机械排烟系统应分段设计，如图4-29所示。

净空高度超过12m的室内中庭，竖向排烟口应按2~3层设一排烟口或者分段设置。

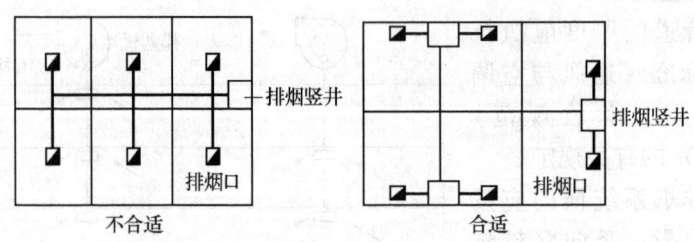

图 4-28 排烟竖井的布置

当风机负担多个防烟分区时，为了防止不同防烟分区排烟量差别太大，造成排烟管道漏风严重，这些防烟分区的面积尽可能相等。

建筑物中常用的机械排烟系统布置形式如图 4-30～图 4-34 所示。

(5) 烟气排出口。

1) 烟气排出口可采用 1.5mm 厚钢板或用具有同等耐火性能的材料制作的防雨百叶风口。

2) 烟气排出口的设置，应根据建筑物所处的条件（风向、风速、周围建筑物以及道路等情况）确定，既不能将排出的烟气直接吹在其他火灾危险性较大的建筑物上，也不能妨碍人员避难和灭

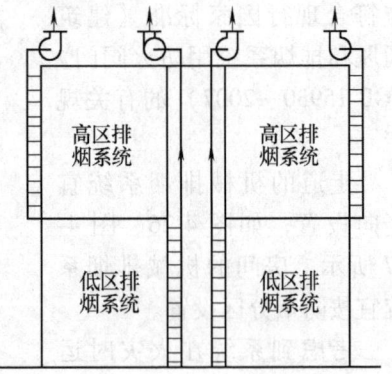

图 4-29 机械排烟系统的竖向分区

火活动的进行，并且应使烟气排出口与加压送风系统的空气吸入口、通风或空调设备等吸入口保持满足规范要求的距离。

3) 为防止热烟气及其内部的明火引燃可燃物，烟气排出口必须避开有燃烧危险的部位，如建筑物周围的广告牌等。

(6) 补风要求。《建筑设计防火规范》中对补风有下列几点要求：

在地下建筑和地上密闭场所中设置机械排烟系统时，应同时设置补风系统。补风量不应小于排烟量的 50%，空气应直接从室外引入。

补风系统可采用疏散外门、手动或自动可开启外窗以及机械补风等方式。机械送风口或自然补风口应设在储烟仓以下。机械送风口的风速不宜大于 10m/s，公共聚集场所或面积小于 500m^2 的区域，送风口的风速不大于 5m/s；自然补风口的风速不大于 3m/s。设有机械排烟的走道或小于 500m^2 的房间，可不设补风系统。排烟区域所需的补风系统应与排烟系统联动开启。

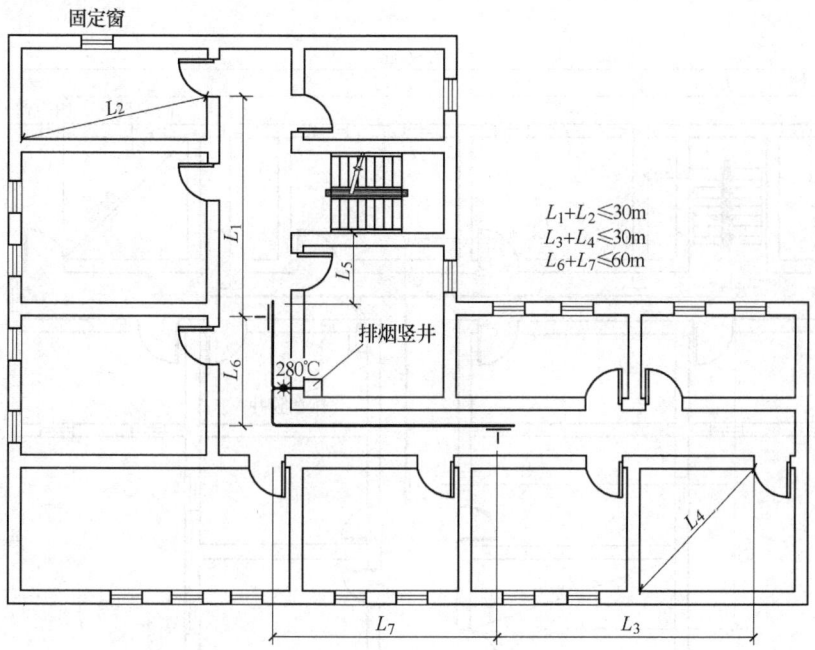

图 4-30　L 形内走道排烟示意图

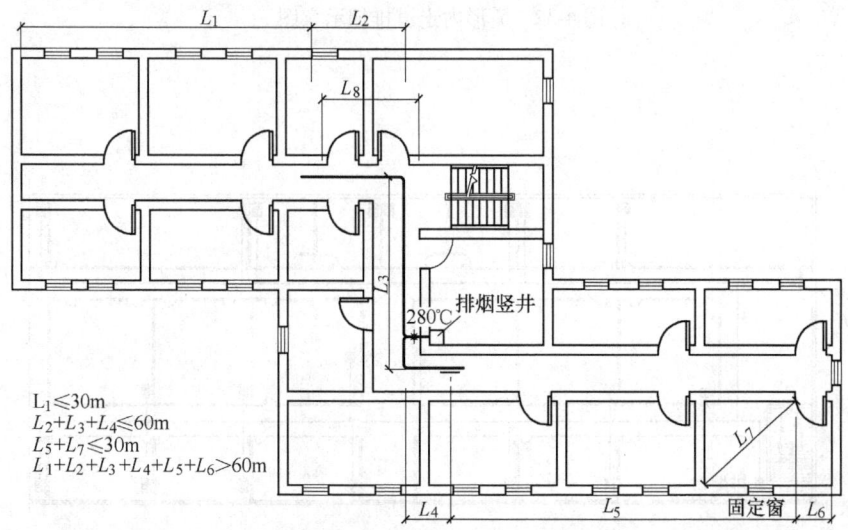

图 4-31　Z 形内走道排烟示意图

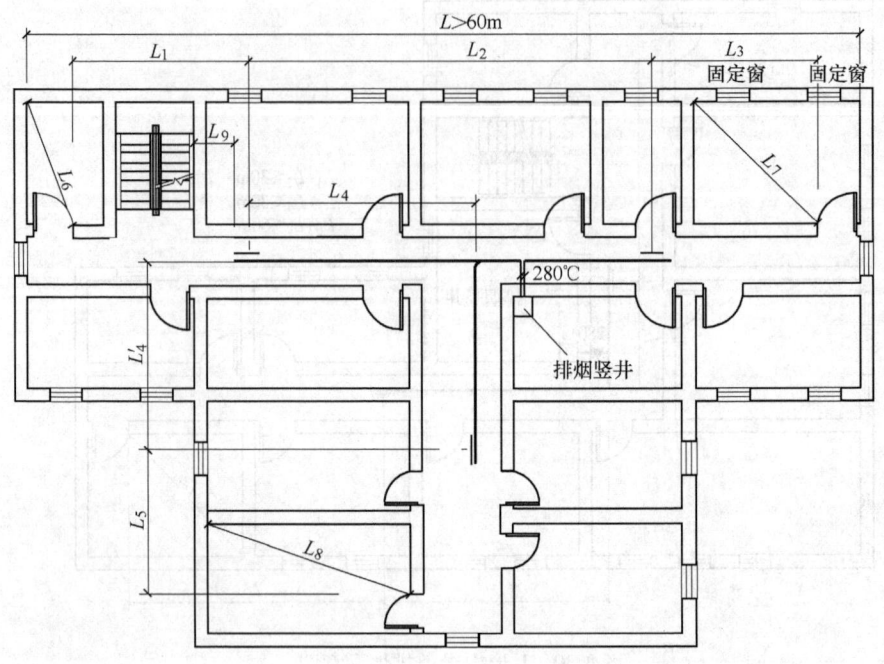

图 4-32　Y 形内走道排烟示意图

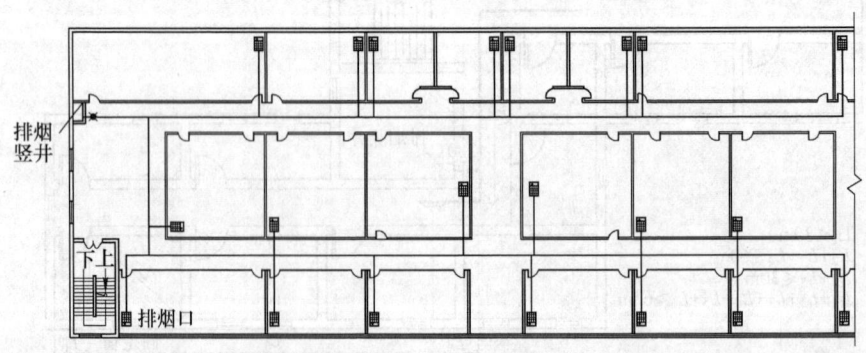

图 4-33　多层地上建筑排烟示意图

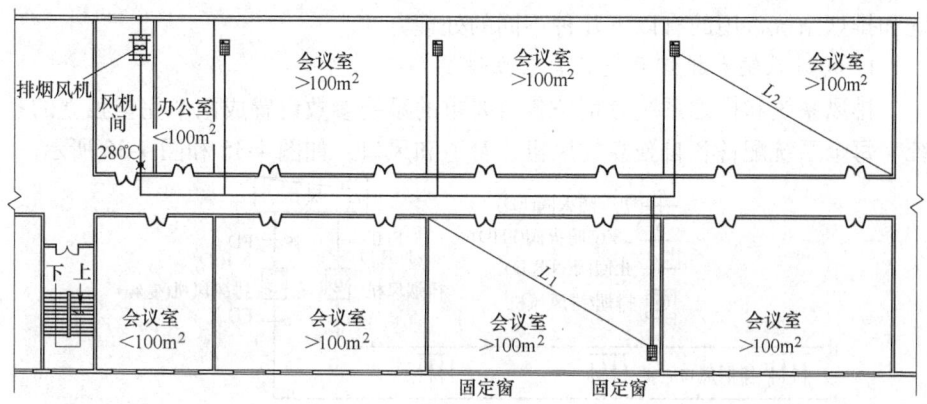

图 4-34 高层地上建筑的排烟示意图

补风口与排烟口设置在同一空间内相邻的防烟分区时,补风口位置不限;当补风口与排烟口设置在同一防烟分区时,补风口应设在储烟仓下沿以下;补风口与排烟口水平距离不应少于 5m。

补风管道不穿过防火分区或其他火灾危险性较大的房间;确需穿过时,应在穿过房间隔墙或楼板处设置防火阀。补风管道上的防火阀的动作温度可为 280℃。补风管道的耐火极限不应低于 0.5h。采用金属管道时,不宜大于 20m/s;采用非金属管道时,补风管道内的风速不宜大于 15m/s。

补风系统的室外进风口宜布置在室外排烟口的下方,且高差不宜小于 3.0m;当水平布置时,水平距离不宜小于 10.0m。

4.4 地下车库防排烟系统设计要点及要求

地下汽车库一般位于高层建筑或多层建筑的下部,与地面相通的汽车出入口很少,因此处于半封闭状态。运行或停泊的汽车排出的汽车尾气,很难通过自然通风的方式散发出去,必须设置机械通风系统进行日常通风换气。另外,当地下汽车库发生火灾时,高温烟气会因无处排放而迅速在地下车库中蔓延,为保证人员和财产的安全必须设置排烟系统。

4.4.1 地下车库通风和防排烟系统设置方式

目前国内的地下汽车库排烟系统与排风系统兼用,这样做不但可以节约空间、节省建设费用,而且可以使风机等设备保持良好的状态,提高排烟系统运行的可靠性。地下车库中平时的送风系统和火灾时的补风系统共用,而排风系统和排烟系统常用的有以下几种不同的处理方式。

1. 排风系统和排烟系统各自独立设置

排风系统和排烟系统分别按各自要求的系统参数设置成两个完全独立的系统，每个系统配备各自独立的风机、管道和风口，如图4-35和图4-36所示。

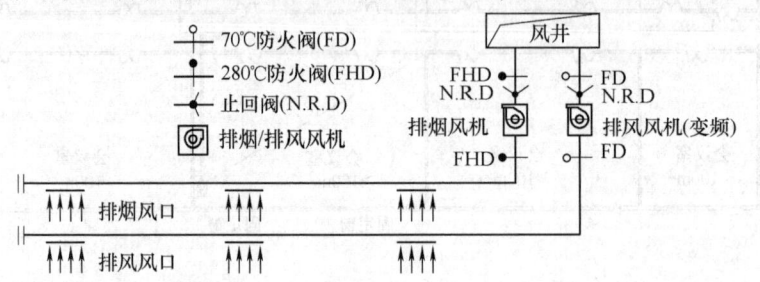

图4-35 排风和排烟系统独立设置原理图

排风风机入口和排风管上设常开型排烟防火阀（电信号关闭，70℃关闭），排烟风机入口和排烟管上设常闭型排烟防火阀（电信号开启，280℃关闭）。平时根据车库内汽车尾气的浓度控制排风机变频运行，对车库进行通风换气，排烟风机关闭。火灾时通过联动控制关闭排风系统，联动开启排烟防火阀和排烟风机，当烟气温度达到280℃时排烟阀熔断，连锁关闭排烟风机。

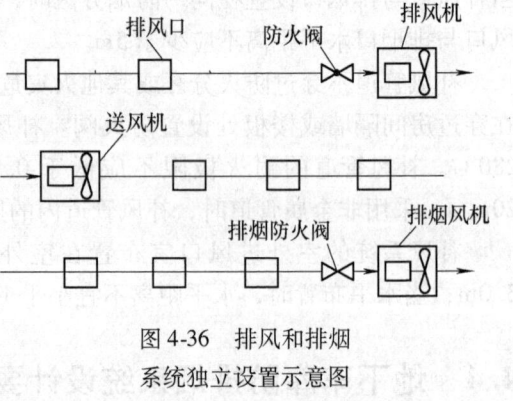

图4-36 排风和排烟系统独立设置示意图

排风和排烟系统各自独立，控制简单易行，效果也好，但风管耗量大，投资也大，有时风管难以布置，这种方式适用于层高比较大的车库。

2. 排风系统和排烟系统合用风管，风机分别设置

排风风机和排烟风机按各自系统要分别计算风量、选择风机。如图4-37和图4-38所示。排风风机入口设常开的70℃防火阀，排烟风机入口设常闭的280℃排烟防火阀。平时根据车库内汽车尾气的浓度控制排风机变频运行，排烟风机关闭。火灾时，联动开启排烟防火阀和排烟风机，关闭排风风机。当烟气温度达280℃时，排烟防火阀熔断，连锁关闭排烟机。烟气从排气/排烟风口进入共用的管道。这种方式的优点在于系统独立性强，控制简单，运行管理方便，系统运行经济合理，排烟和排风互不影响，风管占用空间少，布置较易。缺点是设备投资高，设备机房面积大。

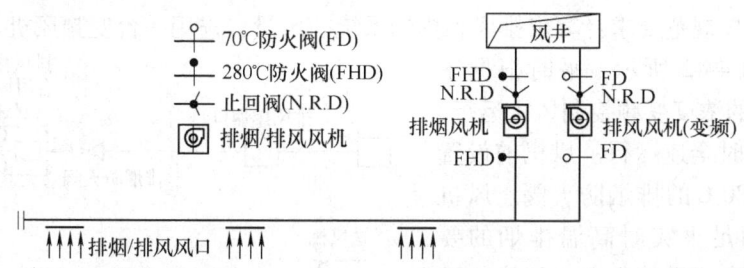

图 4-37　风机分别设置原理图（排风和排烟系统合用管道）

3. 排风系统和排烟系统合用风机（双速）和风管

按规范要求计算出汽车进出车库高峰时段和平时的排风量，另计算出排烟的风量，根据计算结果选用一台双速风机。如图 4-39 和图 4-40 所示，火灾排烟时风机高速运行，平时汽车进出车库高峰时段风机高速运行，其余时间排风风机自动切换到低速运行。风机前设置常开的 280℃ 烟防火阀，烟气温度达 280℃ 时排烟防火阀熔断，连锁关闭排烟机。这种方式系统简单，初投资少，风机常年运行，有利于保持其良好的运行状态。风机宜优先选用离心式风机。若采用轴流风机，应选用专用的高温消防排烟风机。

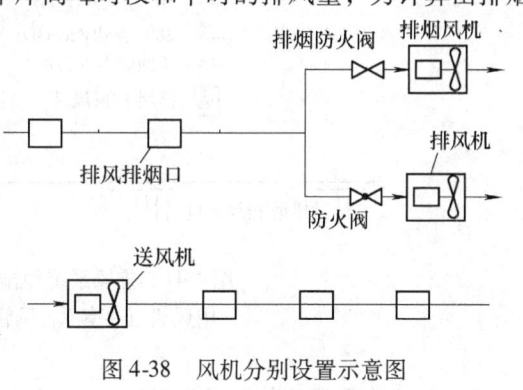

图 4-38　风机分别设置示意图
（排风和排烟系统合用管道）

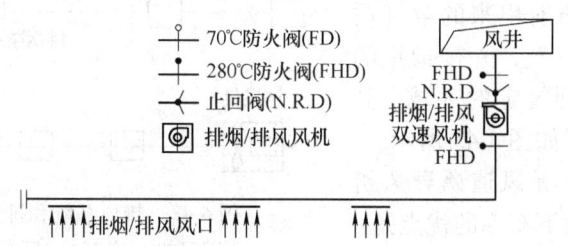

图 4-39　排风系统和排烟系统合用风机（双速）、风管原理图

4. 排风系统和排烟系统合用风机（变频）和风管

分别按规范要求计算出排风和排烟系统的风量，选用一台变频风机。如图 4-41 和图 4-42 所示，平时根据车库内 CO 的浓度变频控制风机运行，火灾排烟时全速运行。风机前设置常开的 280℃ 的排烟防火阀。风机的选用满足火灾时高温排烟的要求。这种方式系统简单，污染物浓度始终被控制在卫生标准范围内，运行最经济，节能效果最好。风机常年运行状态良好。但是初投资较大，运行管理较复杂，对电气控制要求高，高温风机动力性能差，噪声大。

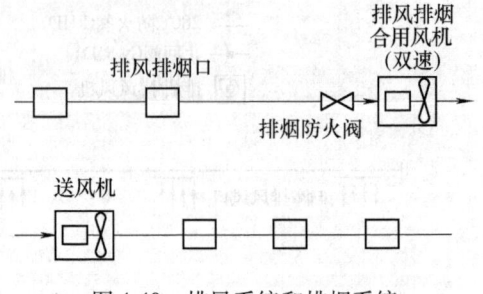

图 4-40　排风系统和排烟系统合用风机（双速）、风管示意图

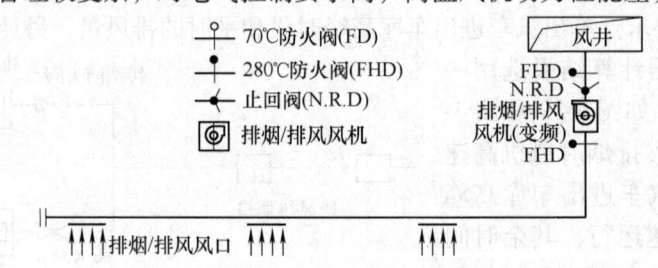

图 4-41　排风系统和排烟系统合用风机（变频）、风管原理图

5. 无风道诱导风机通风系统

无风道诱导风机通风系统是瑞典 ABB 公司在 1974 年发明的一项专利。其原理是：采用小直径高速风管，通过安装在风管上的特别设计的喷嘴，以高速喷射出来的空气诱导周围大量的空气，并按指定的方向将空气送到规定的区域。其常用的系统布置如图 4-43 所示。

实践表明，无风道诱导风机通风系统用于地下车库的优点是：

（1）可减少风道占据车库的空间，易与其他专业的管道和桥架配合，施工简单，无需风量平衡，系统美观大方。

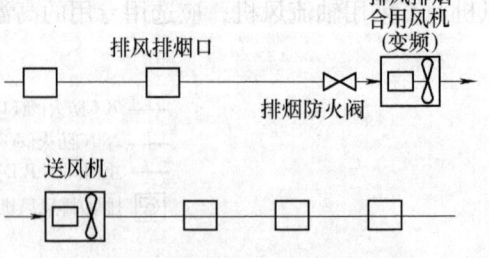

图 4-42　排风系统和排烟系统合用风机（变频）、风管示意图

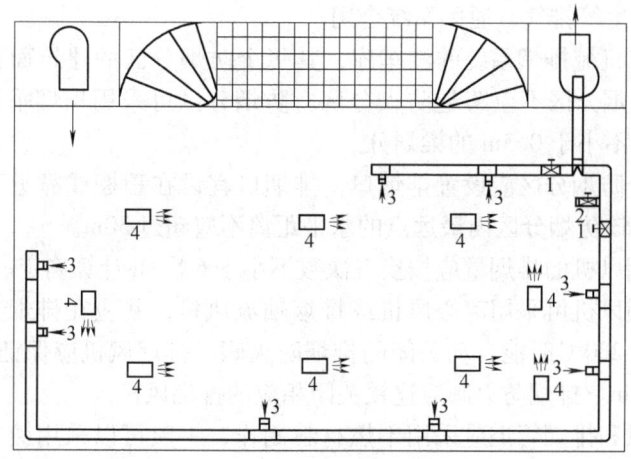

图 4-43 无风道诱导风机通风系统工作原理图
1—安装在排烟管道上的电动阀,平时关闭,火灾时打开
2—排烟口控制阀,平时开启,火灾时关闭
3—排烟口 4—诱导风机

(2) 气流组织好,喷嘴可以灵活布置和调整,增加了室内的空气扰动。由于高速带入的新鲜空气,并充分与室内空气混合,废气难以停滞,更有利于消除室内污染。实测表明,采用这种通风系统的地下车库,其有害气体浓度,远低于允许设计值。

(3) 可有效降低建筑层高,降低土建成本。

(4) 有资料显示,这种系统的一次性投资可能降低5%~15%,运行费用可降低20%~40%。

考虑到经济性和车库实际情况,采用排风、排烟系统合二为一的方式。这样既节省了投资,又保证了排风、排烟的可靠性。

4.4.2 地下车库防排烟系统设计要求

现行《汽车库、修车库、停车场设计防火规范》(GB 50067—1997)规定,建筑面积大于2000 m^2 的汽车库应设排烟系统,由于地下车库周围通常是岩层或土壤层,自然排烟很难实现,因此一般采用机械排烟,即建筑面积超过2000 m^2 的地下车库设置机械排烟系统。设有喷淋的汽车库,其排烟量可按6次/h换气计算,且不应小于30000m^3/h。

《汽车库、修车库、停车场设计防火规范》(GB 50067—1997)对地下车库的排烟设计有以下几点要求：

（1）面积超过 2000m² 的地下汽车库应设置机械排烟系统。机械排烟系统可与人防、卫生等排气、通风系统合用。

（2）设有机械排烟系统的汽车库，其每个防烟分区的建筑面积不宜超过 2000m²，且防烟分区不应跨越防火分区。防烟分区可采用挡烟垂壁、隔墙或从顶棚下突出不小于 0.5m 的梁划分。

（3）每个防烟分区应设置排烟口，排烟口宜设在顶棚或靠近顶棚的墙面上；排烟口距该防烟分区内最远点的水平距离不应超过 30m。

（4）排烟风机的排烟量应按换气次数不小于 6 次/h 计算确定。

（5）排烟风机可采用离心风机或排烟轴流风机，并应在排烟支管上设有烟气温度超过 280℃时能自动关闭的排烟防火阀。排烟风机应保证 280℃时能连续工作 30min。排烟防火阀应连锁关闭相应的排烟风机。

（6）通风和排烟管道应采用不燃材料制作，一般可以采用镀锌钢板或无机玻璃钢。

（7）管道上的消声器、软接头要采用不燃材料制作。

（8）地下车库由于防火分区的防火墙、防火卷帘分隔和楼层的楼板的分隔，使有的防火分区内无直接通向室外的汽车疏散出口，也就无自然进风条件，所以应在这些区域内的防烟分区增设补风系统。补风量不小于排烟量的 50%。为了不使补风和排烟出现短路现象，应尽量使补风口远离排烟口。

由于汽车尾气的存在，为保持车库内空气的品质，必须设置机械通风系统进行日常通风换气，即将汽车产生的尾气通过全面通风的方式排到室外，同时将室外新鲜的空气送入车库内。地下车库的排风量的确定通常有全面通风换气量法和换气次数法，在无资料可参考时，一般排风量按 6 次/h 换气计算，送风量按不小于 5 次/h 换气计算。以前在工程设计中认为汽车尾气的密度大于空气的密度，因此排风系统排风口的设置按室内空间分上、下两排，上部排风口排出 1/3 的风量，下部排风口排出 2/3 的风量。但近年的研究表明这种设置方式是不合理的，因为汽车尾气很难降到地面附近，主要原因有以下几方面：

1）急速工况下的汽车尾气密度稍小于空气密度。

2）汽车排出的尾气温度为 500~550℃，能形成稳定的上升气流。

3）由于汽车的扰动，废气难于沉积在车库下方。

另外，为了节省投资和便于管理，地下车库通常采用排风和排烟共用系统。若采用上、下两排排风口，在火灾时需要关闭下部排风口，完全利用上部风口排烟，这时会出现上部排风（烟）口的流量是排风时的 3 倍，在这种情况下很难保证排烟的效果，同时系统的联动控制点也很多。

因此，在近年的设计中，一般不再设计下部排风口，只设计上部的排风（烟）口。排风可全部从车库上部排风（烟）口排出，排烟也是全部从上部排走，从而地下汽车库的通风与排烟系统可实现合二为一。这样将大大简化汽车库通风与排烟系统的设计、施工及运行管理，投资费用也低于其他系统。

4.5 建筑防排烟系统设计程序及制图要求

4.5.1 建筑防排烟系统设计程序

在进行防排烟系统设计时，应首先分析建筑物的类型、功能特性和防火要求，了解清楚建筑物的防火分区，并会同建筑设计专业共同研究合理的防排烟方案，确定防排烟的部位和防烟分区。然后根据建筑物的特点和其他要求，根据规范确定防排烟的方式，对于自然排烟方式，需要校核有效排烟孔口面积，对于机械排烟，还需完成以下工作：

（1）划分防烟分区，计算防烟区面积。
（2）计算排烟量。
（3）布置管道、排烟口。
（4）选定管道、排烟口尺寸。
（5）绘制管道系统布置图。
（6）绘制草图计算管路阻力，选择排烟风机。
（7）确定补风方式，计算补风量。

如果采用机械加压送风系统，需要完成以下工作：

（1）根据规范确定加压送风量。
（2）布置加压送风管道和加压送风口。
（3）选定管道和风口尺寸。
（4）绘制管道系统布置图。
（5）计算管路阻力，选择加压风机。

建筑的防排工程系统设计程序如图4-44所示。

4.5.2 建筑防排烟系统设计施工图的制图要求

防排烟系统的设计施工图应满足《暖通空调制图标准》（GB/T 50114—2001）的要求。

1. 线宽和线型

制图时，基本宽度 b 宜选用 0.18、0.35、0.5、0.7、1.0mm，其他线宽参照表4-10选取，线型参照表4-11选取。

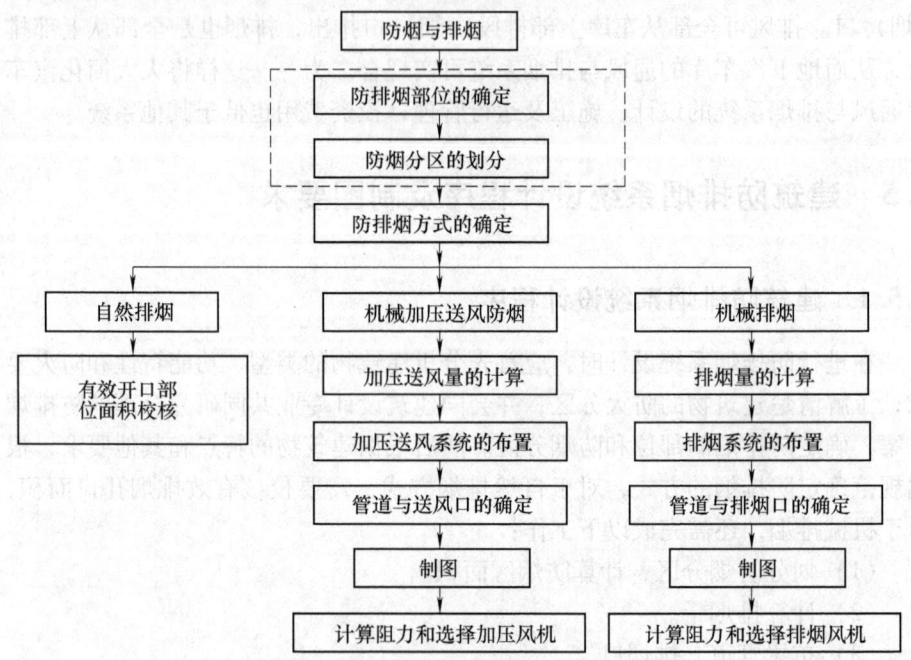

图 4-44 建筑物防排烟系统设计程序
注：虚线内的内容须与建筑专业协同解决。

表 4-10 线 宽

线宽组	线宽/mm			
b	1.0	0.7	0.5	0.35
$0.5b$	0.5	0.35	0.25	0.18
$0.25b$	0.25	0.18	(0.13)	—

表 4-11 线 型

名 称		线 型	线 宽	一般用途
实线	粗	——	b	单线表示管道
	中	——	$0.5b$	本专业设备轮廓，双线表示管道轮廓
	细	——	$0.25b$	建筑轮廓线；尺寸、标高、角度等标注线及引出线；非本专业设备轮廓

2. 制图的比例

防排烟工程施工图制图的比例参照表 4-12。

表 4-12 比 例

图 名	常用比例	可用比例
剖面图	1∶50、1∶100、1∶150、1∶200	1∶300
局部放大图、管沟断面图	1∶20、1∶50、1∶100	1∶30、1∶40、1∶50、1∶200
索引图、详图	1∶1、1∶2、1∶5、1∶10、1∶20	1∶3、1∶4、1∶5

3. 施工图文件资料的内容

初步设计和施工图设计的设备表至少应包括序号（或编号）、设备名称、技术要求、数量、备注栏；材料表至少应包括序号（或编号）、材料名称、规格或物理性能、数量、单位、备注栏。

复 习 题

1. 简述目前国内外防排烟设计的方法。
2. 简述加压送风的设计要求。
3. 如何计算正压漏风的有效面积？
4. 机械排烟量如何计算？
5. 简述机械排烟的设计要求。
6. 简述地下车库通风排烟系统的常用形式。
7. 简述防排烟工程的设计程序。

第5章 公路隧道防排烟系统设计

【教学要求】	了解隧道火灾的原因特点及危害；掌握公路隧道通风排烟方式；掌握公路隧道正常运营通风的计算；掌握公路隧道防排烟系统设计要点及要求
【重点与难点】	公路隧道通风排烟方式及其特点 公路隧道正常运营通风的计算 公路隧道火灾通风排烟设计要点及要求

　　众所周知，公路隧道系一密闭空间，当隧道内突然发生火灾时，会立即产生大量浓烟与热量，将导致内部人员无法实时顺利逃生以及消防队员无法进入其中有效灭火。如何在逃生、紧急救援及消防人员进入的路径上，提供一个安全可靠的环境，隧道通风排烟系统的设计及其紧急运转模式，将对人员伤亡数量以及隧道损坏程度具有关键性的影响。

5.1 公路隧道火灾的原因、特点及危害

5.1.1 隧道火灾原因

　　对于公路隧道，根据其结构、设备安装情况以及隧道内交通状况，引发火灾的原因一般有以下几种：

　　(1) 在隧道内行驶的车辆，由于其本身的故障而引发火灾。公路隧道的功能是供车辆行车，因此，隧道中的车辆是隧道内火灾最主要的火源，绝大部分隧道火灾都是由车辆着火引起的。据消防部门统计，机动车火灾中，90%以上是自燃。车辆的自身故障，如紧急刹车时制动器起火、汽车化油器起火或自身的机电设备着火往往能引燃车体，从而导致火灾。

(2) 交通事故引发火灾。车辆在隧道内行驶时由于视线不好、地面湿滑等原因，容易发生与隧道壁或隧道内设施相撞，事故或车辆连续相撞事故，撞击引燃燃料和车体，从而引发火灾。

(3) 运输易燃易爆、化学危险物品的车辆在隧道内行驶时，因各种原因引发火灾。

(4) 隧道内的设施、设备在运行过程中发生火灾。隧道内往往安装了很多的电气线路和电气设备（照明灯、风机等），这些线路和设备在工作运行过程中有可能短路，从而造成隧道火灾。

(5) 人为因素引起火灾。隧道在施工过程中由于工人操作不善或违禁用火等引燃隧道内可燃物，可能导致火灾。恐怖活动也可能造成隧道的火灾。

(6) 其他原因引起火灾。

以上几种原因之外的火灾，如隧道外部发生火灾，快速行驶的车辆可能将隧道外正在燃烧的物体带入隧道，引燃隧道内的可燃物从而造成火灾。

5.1.2 隧道火灾特点及危害

隧道结构和设施复杂、出入口少、疏散路线长、通风照明条件差，在通风的隧道内一旦发生火灾，其危害性极为严重。

(1) 烟气产生量大，温度高，能见度低，蔓延速度快。隧道是近乎封闭的空间，在其中发生的火灾多为不完全燃烧，燃烧产生大量的烟气和有毒气体CO等。同时由于很难进行自然排烟，热量不容易散发，烟气在高温产生的浮力和机械通风的作用下，会沿隧道纵向迅速蔓延。

(2) 车辆多，通道容易堵塞。发生火灾时，如果交通控制不及时，大量车辆鱼贯而入，难以疏散，易造成严重堵塞。加之隧道内高温烟气蔓延速度快，极易造成火势顺车辆蔓延，事故损失扩大。

(3) 人员疏散困难。当火灾发生时，由于隧道内径较小，加之障碍物（车辆、隧道壁上分布的电缆架、消防箱等）多，能见度小，惊慌失措的逃难者从车辆中逃出后，因无法辨别方向而乱冲乱撞，严重影响疏散速度，甚至造成跌倒踏伤的后果。

(4) 扑救难度大。由于隧道出入口少，内部能见度低、障碍物多，能深入火场内部的消防人员有限；另一方面，隧道内壁经长时间的烘烤，辐射出大量热量，消防人员将面临高温考验；加之隧道发生火灾后，当隧道控制中心因断电不能正常运行时，消防队员不能从外部直接观察起火点的燃烧情况，这些都大大增加了扑救难度。

(5) 通信困难，指挥不畅。隧道内一旦断电，有线应急电话和无线电话的使用有可能受到影响，同时消防通信头盔等装备的缺乏，也造成了隧道内外通信联系的困难。

5.2 公路隧道的通风要求

隧道事故中，火灾事故毕竟只占很小一部分，因此，消防设施应严格按隧道的类别（分级）执行，诸如火灾时的排烟、控烟设施，应尽可能与平时的通风设施一并考虑。

5.2.1 隧道通风要求

1. 隧道的类别（分级）

《公路隧道设计规范》（JTGD 70—2004）按长度将隧道分为四类（见表5-1）；《道路隧道设计规范》（DGTJ 08—2033—2008）则按封闭段长度将其分为五类（见表5-2）。

表5-1 隧道分类（一）

分类	特长隧道	长隧道	中隧道	短隧道
长度/m	L>3000	3000≥L>1000	1000≥L>500	L≤500

注：隧道长度系指两端洞门墙面与路面的交线同路线中线交点间的距离。

表5-2 隧道分类（二）

分类	超长隧道	特长隧道	长隧道	中隧道	短隧道
长度/m	L>5000	5000≥L>3000	3000≥L>1000	1000≥L>500	L≤500

注：封闭段长度指两端洞口之间暗埋段的长度。

《公路隧道交通工程设计规范》（JTG/T 071—2004）根据隧道长度 L 及设计年度隧道单洞平均日交通量 q 两个因素，将公路隧道交通工程划分为A、B、C、D四级，如图5-1所示。而《道路隧道设计规范》（DGTJ 08—2033—2008）则根据隧道封闭端长度 L 和预测最大单洞平均日交通量 q，将隧道分为一、二、三、四、五共五个等级，如图5-2所示。

隧道内的年事故数 P（事故数/年）也是隧道分级的划分标准之一，P 可按下式计算：

$$P = 365 \times 10^{-9} aLq \tag{5-1}$$

式中 P——隧道内年事故数（当 P 的计算值>1时，取值1）；

L——隧道长度（m）；

a——事故率（事故数/百万车公里）；隧道百万车公里事故率 a 的取值：资料表明日本隧道事故率取值为百万车公里0.045，而欧美多以火灾事故率为主，取值为0.01、0.02、0.05、0.09、0.014、0.059不等；我国部分高速公路近期统计的百万车公里事故率为

3.52、2.1、3.85、2.47、2.58、1.85、2.21、2.97、2.17、4.64等；火灾事故率为0.04，则隧道内火灾发生的概率更低；《公路隧道交通工程设计规范》(JTG/T 071—2004)中火灾事故率 a 取值0.04，而《道路隧道设计规范》(DGTJ 08—2033—2008)中 a 取值0.025；各级隧道对应的年事故数 P 见表5-3。

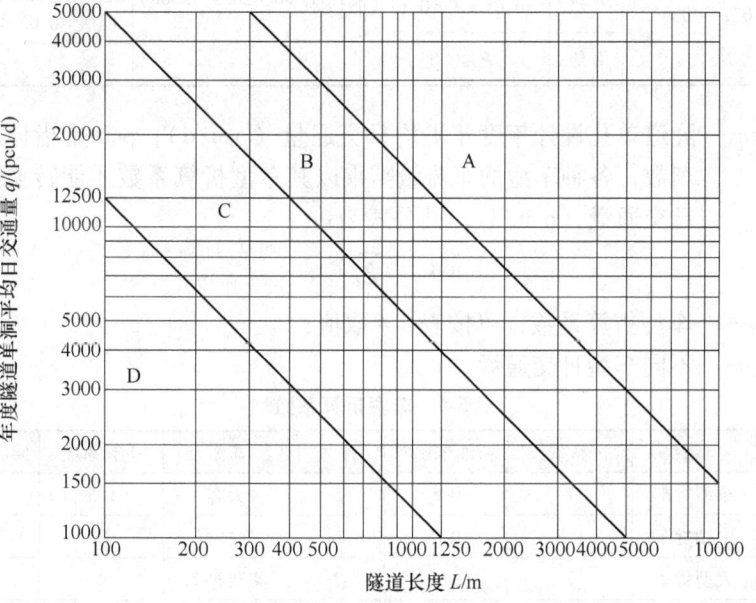

图5-1 隧道交通工程分级示意图

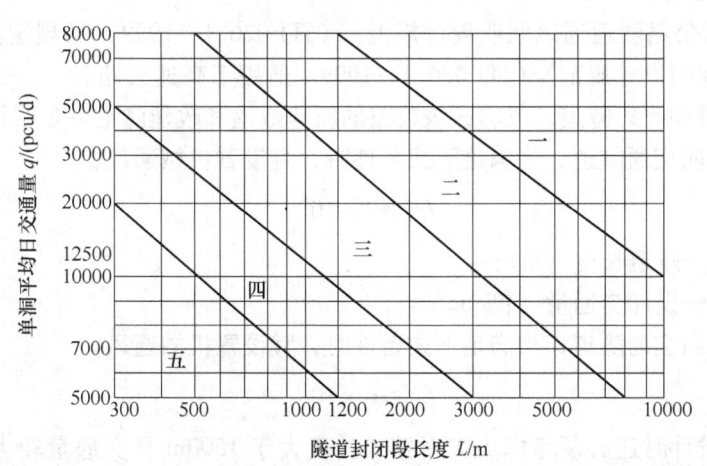

图5-2 道路隧道分级示意图

表5-3 各级隧道对应的年事故数

规范	等级	P	规范	等级	P
公路隧道交通工程设计规范（JTG/T 071—2004）	A级	$P>0.55$	道路隧道设计规范（DGTJ 08—2033—2008）	一级	$P \geqslant 0.91$
	B级	$0.18 \leqslant P \leqslant 0.55$		二级	$0.37 \leqslant P<0.91$
	C级	$0.05<P<0.18$		三级	$0.14 \leqslant P<0.37$
	D级	$P \leqslant 0.05$		四级	$0.05 \leqslant P<0.14$
				五级	$P<0.05$

q——隧道单孔设计年度年平均日交通量（pcu/d）；pcu是指标准小客车数，各种车型的车流量需乘以其车型折算系数才能转换成平均日交通量（pcu/d），其公式为：

$$\text{pcu} = \sum_i k_i x_i \qquad (5-2)$$

式中 k_i——车型折算系数，可按表5-4取值；

x_i——不同车型日交通量。

表5-4 车辆折算系数

序号	车型	折算系数	柴油车比例	序号	车型	折算系数	柴油车比例
1	小型货车	1	0.5	5	大客	1.5	0.7
2	中型货车	1.5	0.7	6	拖挂车	3	1
3	大型货车	2	1	7	集装箱车	3	1
4	小客	1	0				

2. 隧道通风要求

（1）《公路隧道通风照明设计规范》（JTJ 026.1—1999）的规定。《公路隧道通风照明设计规范》（JTJ 026.1—1999）适用于高速公路、一、二级公路的新建隧道和改建隧道，三、四级公路的新建隧道和改建隧道可参照执行。

1）单向交通隧道，当满足下式条件时，宜设置机械通风：

$$LN \geqslant 2 \times 10^6 \qquad (5-3)$$

式中 L——隧道长度（m）；

N——设计交通量（辆/h）。

2）双向交通隧道，当满足下式条件时，宜设置机械通风。

$$LN \geqslant 6 \times 10^5 \qquad (5-4)$$

通风设计时还必须考虑火灾对策，长度大于1500m且交通量较大的隧道应考虑排烟设施。

（2）《道路隧道设计规范》（DGTJ 08—2033—2008）的规定。《道路隧道设计规范》（DGTJ 08—2033—2008）适用于上海地区采用盾构法和沉管法建造的城市道路隧道和公路隧道设计。其他软土地区的同类工程也可参照执行。

通风设施，一、二、三、四级隧道应设置，五级隧道可不设；专用排烟设施，一、二、三级隧道应设置，四级隧道可不设。

5.2.2 提供正常及阻滞工况下的良好空气环境

公路隧道中汽车行驶排出的废气中 CO、烟气和异味是对隧道空气的污染影响最大的三项指标。正常及阻滞交通时，应对 CO、烟气和异味等进行稀释，使隧道内部空气环境符合人的安全需要。

1. 稀释 CO

为了保证人体健康，对隧道内的 CO 进行稀释，保证达到卫生条件的要求。

（1）CO 设计浓度。以下介绍规范对 CO 浓度的规定。

1)《公路隧道通风照明设计规范》（JTJ 026.1—1999）的规定。隧道内 CO 浓度的控制值见表 5-5，表中数值是按标准工况下确定的。当隧道处于交通阻滞时，各车道汽车均以怠速行驶，平均车速仅为 10km/h，隧道内 CO 浓度增高，车辆在隧道经过的时间增长，所以不仅要控制 CO 浓度，还要控制汽车经过交通阻滞段的时间。为合理地确定稀释送风量，避免通风设施的长期闲置，考虑到长度在 1km 以上的隧道均设置有交通监控设施，且在山岭隧道中发生 1km 以上的交通阻滞概率较低（这与城市隧道不同），所以规定：汽车阻滞段长度不宜超过 1km，通过阻滞段的经历时间不超过 20min，阻滞段的平均 CO 设计浓度可取 300ppm（$1ppm = 10^{-6}$），以此作为计算稀释 CO 浓度的送风量。

表 5-5 公路隧道中 CO 浓度设计值

隧道通风方式	CO 浓度值（$\times 10^{-6}$）	
	$L \leqslant 1000m$	$L \geqslant 3000m$
纵向通风	300	250
全横向、半横向通风	250	200

注：L 为隧道长度；L 在 1000~3000m 之间时，可按插入法取值。

2)《道路隧道设计规范》（DGTJ 08—2033—2008）的规定。《道路隧道设计规范》规定道路隧道内 CO 浓度的控制值见表 5-6。在汽车尾气排放标准日渐严格、城市大气环境不断改善的前提下，提高隧道污染物卫生标准，使隧道内环境也能从中受益，同时也适当避免了隧道通风量过低的风险。

表5-6 道路隧道中 CO 浓度设计值 δ

隧道通风方式	CO 浓度值（×10⁻⁶）	
	正常交通	阻滞交通
纵向通风	150	200
全横向、半横向通风	100	150

隧道内交通阻滞情况计算有别于《公路隧道通风照明设计规范》（JTJ 026.1—1999）制定的标准，主要是考虑目前城市交通日益拥堵，道路负荷越来越大，阻滞发生的频率更高。依照《公路隧道通风照明设计规范》（JTJ 026.1—1999）要求的隧道按 1km 阻滞长度设计较难与实际情况相符，虽然隧道配置有先进的交通监控设施，一旦阻滞长度超过 1km，采用限制车辆驶入的措施很不现实，可实施性不强，这是与城市直接相连的隧道显著区别于一般高速公路或山岭隧道的特征之一。所以规定：发生交通阻滞时，平均车速 10km/h 的计算长度可按不小于 2km、其余路段车速适当加大考虑。

（2）稀释 CO 所需风量。稀释 CO 所需风量 $Q_{req(CO)}$ 可按下式计算：

$$Q_{req(CO)} = \frac{Q_{CO}}{\delta} \frac{p_0}{p} \frac{T}{T_0} \times 10^6 \tag{5-5}$$

式中 $Q_{req(CO)}$——隧道全长稀释 CO 的需风量（m³/s）；
  Q_{CO}——隧道全长 CO 排放量（m³/s）；
  δ——CO 设计浓度（ppm）；
  p_0——标准大气压（kN/m²），取 101.325kN/m²；
  p——隧址设计大气压（kN/m²）；
  T_0——标准气温（K），取值 273K；
  T——隧道洞内夏季的设计气温（K）。

隧道全长 CO 排放量 Q_{CO} 按下式计算：

$$Q_{CO} = \frac{1}{3.6 \times 10^6} q_{CO} f_{a(CO)} f_d f_{h(CO)} f_{iv(CO)} L \sum_{m=1}^{n} (N_m f_{m(CO)}) \tag{5-6}$$

式中 Q_{CO}——隧道全长 CO 排放量（m³/s）；
  3.6×10^6——每小时为 3600s，每公里为 1000m [s·m/(h·km)]。
  q_{CO}——CO 基准排放量 [m³/(辆·km)]，可取 0.01m³/(辆·km)；
  $f_{a(CO)}$——考虑 CO 的车况系数，按表 5-7 取值；
  f_d——车密度系数，按表 5-8 取值；
  $f_{h(CO)}$——考虑 CO 的海拔高度系数，按图 5-3 取值；
  $f_{m(CO)}$——考虑 CO 的车型系数，按表 5-9 取值；

$f_{iv(CO)}$——考虑 CO 的纵坡-车速系数，按表 5-10 取值；

L——隧道全长（m）；

n——车型类别数；

N_m——相应车型的设计交通量（辆/h）。

表 5-7　考虑 CO 的车况系数 $f_{a(CO)}$

适应道路等级	高速公路、一级公路	二、三、四级公路
f_a	1.0	1.1~1.2

表 5-8　车密度系数 f_d

工况车速/(km/h)	100	80	70	60	50	40	30	20	10
f_d	0.6	0.75	0.85	1.0	1.2	1.5	2.0	3.0	6.0

表 5-9　考虑 CO 的车型系数 $f_{m(CO)}$

车型	各种柴油车	汽油车			
		小客车	旅行车、轻型货车	中型货车	大型货车、拖挂车
f_m	1.0	1.0	2.5	5.0	7.0

表 5-10　考虑 CO 的纵坡-车速系数 $f_{iv(CO)}$

v/(km/h) \ i (%)	-4	-3	-2	-1	0	1	2	3	4
100	1.2	1.2	1.2	1.2	1.2	1.4	1.4	1.4	1.4
80	1.0	1.0	1.0	1.0	1.0	1.0	1.2	1.2	1.2
70	1.0	1.0	1.0	1.0	1.0	1.0	1.0	1.0	1.2
60	1.0	1.0	1.0	1.0	1.0	1.0	1.0	1.0	1.2
50	1.0	1.0	1.0	1.0	1.0	1.0	1.0	1.0	1.0
40	1.0	1.0	1.0	1.0	1.0	1.0	1.0	1.0	1.0
30	0.8	0.8	0.8	0.8	0.8	1.0	1.0	1.0	1.0
20	0.8	0.8	0.8	0.8	0.8	1.0	1.0	1.0	1.0
10	0.8	0.8	0.8	0.8	0.8	0.8	0.8	0.8	0.8

2. 稀释烟气

（1）烟气设计浓度。规范中对烟气浓度的控制是以保证行车安全为目的而提出的，因为烟气的存在使驾驶员的视距受到影响，所以车速高时，烟气浓度必须要低。隧道内烟气设计浓度值见表5-11。

（2）稀释烟气的需风量。稀释烟气的需风量 $Q_{req(VI)}$ 按下式计算：

$$Q_{req(VI)} = \frac{Q_{VI}}{K} \quad (5-7)$$

式中　$Q_{req(VI)}$——稀释隧道全长烟气的需风量（m^3/s）；

　　　K——烟气设计浓度（m^{-1}），按表5-11取值。

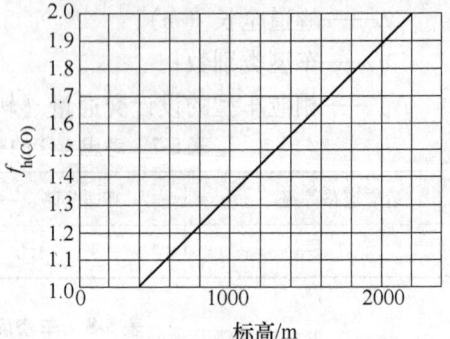

图5-3　考虑CO的海拔高度系数 $f_{h(CO)}$
（注：当取值超出图示范围时，可作直线延伸）

隧道全长烟气排放量 Q_{VI} 按下式计算：

$$Q_{VI} = \frac{1}{3.6 \times 10^6} \times q_{VI} f_{a(VI)} f_d f_{h(VI)} f_{iv(VI)} L \sum_{m=1}^{n_D} (N_m f_{m(VI)}) \quad (5-8)$$

表5-11　烟气设计浓度[注] K

计算车速/(km/h)	100	80	60	40
烟气设计浓度 K/m^{-1}	0.0065	0.0070	0.0075	0.0090

注：本表取值采用钠灯光源，当采用荧光灯光源时，烟气设计浓度应提高一级。

式中　Q_{VI}——隧道全长烟气排放量（m^2/s）；

　　　q_{VI}——烟气基准排放量 [$m^2/$（辆·km）]，可取2.5 $m^2/$（辆·km）；

　　　$f_{a(VI)}$——考虑烟气的车况系数，按表5-12取值；

　　　$f_{h(VI)}$——考虑烟气的海拔高度系数，按图5-4取值；

　　　$f_{iv(VI)}$——考虑烟气的纵坡-车速系数，按表5-13取值；

　　　$f_{m(VI)}$——考虑烟气的车型系数，按表5-14取值；

　　　n_D——柴油车车型类别数。

3. 稀释空气异味

稀释空气中的异味，是以保证行车舒适性为目的。隧道中稀释空气中异味的需风量按隧道内空间不间断换气次数计算，不宜低于5次/h；交通量较小或特长隧道可采用3～4次/h；采用纵向通风的隧道，隧道内换气风速不应低于2.5m/s。

[注]　摘自《公路隧道通风照明设计规范》（JTJ 026.1—1999）。

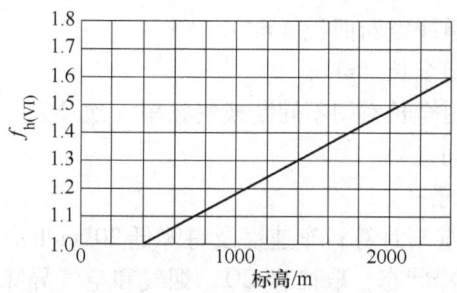

图 5-4 考虑烟气的海拔高度系数 $f_{h(VI)}$

（注：当取值超出图示范围时，可作直线延伸）

表 5-12 考虑烟气的车况系数 $f_{a(VI)}$

适应道路等级	高速公路、一级公路	二、三、四级公路
f_a	1.0	1.2~1.5

表 5-13 考虑烟气的纵坡-车速系数 $f_{iv(VI)}$

$v/(km/h)$ \ $i(\%)$	-4	-3	-2	-1	0	1	2	3	4
80	0.3	0.4	0.55	0.8	1.3	2.6	—		
70	0.3	0.4	0.55	0.8	1.1	1.8	3.1		
60	0.3	0.4	0.55	0.75	1.0	1.45	2.2		
50	0.3	0.4	0.55	0.75	1.0	1.45	2.2		
40	0.3	0.4	0.55	0.7	0.85	1.1	1.45	2.2	
30	0.3	0.4	0.5	0.6	0.72	0.9	1.1	1.45	2.0
10~20	0.3	0.36	0.4	0.5	0.6	0.72	0.85	1.03	1.25

表 5-14 考虑烟气的车型系数 $f_{m(VI)}$

车型	轻型货车	中型货车	重型货车、大型货车、拖挂车	集装箱车
$f_{m(VI)}$	0.4	1.0	1.5	3.0~4.0

稀释异味需风量按下式计算：

$$Q_{req(异)} = \frac{A_r L n}{t} \tag{5-9}$$

式中 $Q_{req(异)}$——隧道全长稀释空气异味需风量（m^3/s）；
　　　A_r——隧道净空断面积（m^2）；
　　　L——隧道全长（m）；
　　　n——隧道全长空间不间断换气频率（次/h）；
　　　t——时间（s）。

4. 正常运营通风量

确定需风量时，应对计算行车速度及每降低20km/h一挡的工况分别进行计算，并考虑交通阻滞状态，取稀释CO、烟气和空气异味所需风量中的最大值作为设计需风量。设计需风量确定后，可按隧道断面积求得隧道设计风速，然后考虑隧道内的自然风阻力、交通通风力、通风阻抗力以及通风模式、隧道的通风物理特性等因素进行通风系统设计计算。

按《公路隧道通风照明设计规范》（JTJ 026.1—1999）规定：单向交通的隧道设计风速不宜大于10m/s，特殊情况可取12m/s；双向交通的隧道设计风速不应大于8m/s；人车混合通行的隧道设计风速不应大于7m/s。这些规定主要从保证行人及行车安全出发，并考虑经济技术的合理性。

5.2.3　保障火灾时人员疏散安全

在狭长的地下公路隧道内，不能像地面建筑那样按需要实施排烟或控烟，多数情况下必须采用机械送风方式，把烟气挤压到洞口附近或竖井底部，再依靠自然排烟或机械排烟，将烟气排到大气中。而且隧道排烟、控烟还只能与营运通风设施兼用。

1. 《公路隧道通风照明设计规范》（JTJ 026.1—1999）的规定

（1）长度大于1500m且交通量较大的隧道应考虑排烟设施。

（2）火灾时排烟风速可按2~3m/s取值。这是按一般隧道火灾产生20MW的热量控制的排烟风速取值；对汽油车相撞产生300MW以上的热量，排烟风速要求5m/s以上，如以此设计很不经济，故建议特殊车辆通过隧道可定时并由引导车开道。

（3）火灾时排烟应按长度分区，分区长度可取1000m，各分区应有相应的火灾排烟要求及人车逃离方案。

（4）火灾时，半横向和全横向通风方式应通过主风道排烟，纵向通风应视隧道内火灾点的位置确定通风机的正反转，应尽量缩短火灾烟气在车道内的行程。

（5）运送易燃易爆危险品的车辆通过长或特长隧道时，应有引导车在规定时间内引导通过。

（6）设置横洞的隧道，横洞门应有防烟功能。

2. 《道路隧道设计规范》（DGTJ 08—2033—2008）的规定

（1）隧道火灾时，通风系统和控制系统应能及时有效控制烟气流动、排除烟气、减少烟气在隧道内影响范围。

（2）隧道火灾排烟应结合隧道的通风方式、疏散设施和通风控制统一考虑。当与正常通风系统合用时，应具备在火灾工况下的快速转换功能，并符合排烟系统要求。

（3）隧道烟气控制模式应符合以下规定：长、中、短隧道及交通畅通的隧道，宜采用纵向通风控制烟气流动；特长、超长隧道及阻塞率发生较高的隧道，宜采用重点排烟模式。

（4）当隧道采用纵向通风排烟时，纵向气流的速度应高于临界风速，但不应小于2m/s。

（5）当隧道采用重点排烟时，排烟口应设置在隧道顶部，间距不宜超过60m，连续开启的排烟口数量不宜少于3只。

（6）隧道内应结合隧道建筑结构、通风系统设计进行合理的火灾排烟分区，使隧道内的烟气尽快排出，减少烟气影响范围，并分别对各区域进行烟气控制设计。

（7）隧道安全通道宜设置独立的机械加压送风防烟设施，安全通道与隧道行车道之间的压差应为25~30Pa。

3. 《建筑设计防火规范》（GB 50016—2006）的规定

（1）机械排烟系统可与隧道的通风系统合用，且通风系统应符合机械排烟系统的有关要求，并应符合下列规定：

1）采用全横向和半横向通风方式时，可通过排风管道排烟；采用纵向通风方式时，应能迅速组织气流、有效排烟。

2）采用纵向通风方式的隧道，其排烟风速应根据隧道内的最不利火灾规模确定。

3）排烟风机必须能在250℃环境条件下连续正常运行不小于1.0h。排烟管道的耐火极限不应低于1.0h。

（2）隧道火灾避难设施内应设置独立的机械加压送风系统，其送风的余压值应为30~50Pa。

5.3 公路隧道的通风排烟方式

公路隧道内的消防给水排水系统、火灾自动报警系统都是独立于其他设施而自成体系的，但是隧道防排烟系统通常与营运通风设施兼用的，即隧道营运通风方式也就是火灾时的通风排烟方式。因此，消防技术人员必须详细地了解公路隧道营运通风设施火灾时排烟的工作原理和设计标准。

公路隧道通风包括自然通风和机械通风。机械通风方式通常可分为纵向式、半横向式、全横向式，以及在这三种基本方式基础上的组合通风方式（见图5-5）。不同交通状况下公路隧道常见通风方式的基本特点见表5-15，表中所示各通风方式的适用长度是指一般情况下的参考值，不是限制值，具体设计时应综合分析。

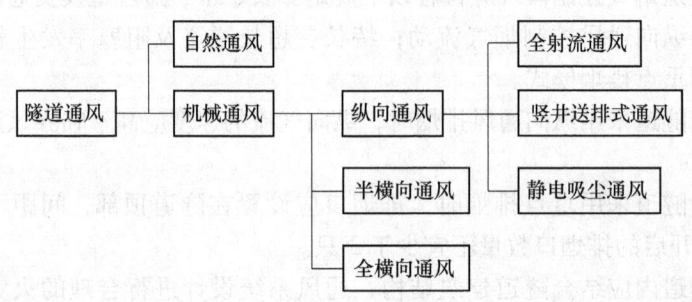

图 5-5　公路隧道通风方式

表 5-15　公路隧道常见的通风方式的特点

通风方式		纵向式			
基本特征		通风风流沿隧道纵向流动			
代表型式		射流风机式	洞口集中送入式	集中排出式	竖井送排式
型式特征		由射流风机群升压	由喷流送风升压	洞口两端进风、中部集中抽风	由喷流送风升压
一般特征	适用长度	2500m 左右	2500m 左右	2000m 左右	不受限制
	活塞风利用	很好	很好	部分较好	很好
	洞内环境	噪声较大	洞口部噪声较大	噪声较小	噪声较小
	火灾处理	排烟不便	排烟不便	排烟较方便	排烟较方便
	工程造价	低	一般	一般	一般
	管理与维护	不便	方便	方便	方便
	分期实施	易	不易	不易	不易
	技术难度	不难	一般	一般	稍难
	营运费用	低	一般	一般	一般
	洞口环保	不利	不利	有利	一般

(续)

	通风方式	半横向式		全横向式
	基本特征	由隧道通风道送风或排风，由洞口沿隧道纵向排风或抽风		分别设有送或排风道，通风风流在隧道内作横向流动
	代表型式	射流风机式	洞口集中送入式	
	型式特征	由射流风机群升压	由喷流送风升压	
一般特征	适用长度	3000m 左右	3000m 左右	不受限制
	活塞风利用	较好	较好	不好
	洞内环境	噪声小	噪声小	噪声小
	火灾处理	排烟方便	排烟方便	能有效排烟
	工程造价	较高	较高	高
	管理与维护	一般	一般	一般
	分期实施	难	难	难
	技术难度	稍难	稍难	难
	营运费用	较高	较高	高
	洞口环保	一般	有利	有利

5.3.1 纵向通风排烟方式

1. 防灾通风控制原理

（1）全射流纵向通风。全射流纵向通风是以隧道主洞为风道，把射流风机顺着隧道连续排列，利用射流风机所产生的高速气流推动前方空气流动，在后方形成一个负压区，带动后方空气流动，从而形成空气沿隧道纵向的定向流动，将隧道内污染的空气"接力"似地排出。全射流纵向通风模式如图 5-6 所示。

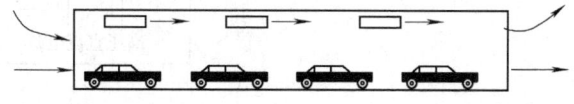

图 5-6 全射流纵向通风模式

（2）竖井送排式通风。辅助竖井通风是利用通风竖井将隧道分成几个通风区间，在竖井井口或井底设置风机房，新鲜空气由隧道进口吸入，从中间的竖井排风道将废气抽出，并由竖井送风道重新压入新鲜空气，从隧道出洞口将废气排出。竖井送排式纵向通风模式如图 5-7 所示。

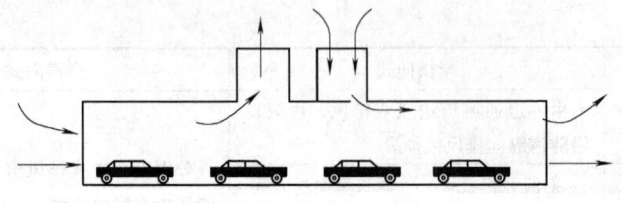

图 5-7 竖井送排式纵向通风模式

(3) 静电除尘通风。采用纵向通风时，隧道内通风气流所消耗功率与通风量的三次方成正比，因此，特长隧道通风建设费用、动力消耗费将显著增加。当柴油车比例较大时，在稀释烟尘所需通风量很大的隧道中，如果只对 CO 进行通风，而将造成视距障碍的烟尘在隧道内除去，则可以减小设计需风量，达到节省费用和能源的目的。静电除尘通风模式如图 5-8 所示。

静电除尘装置原理如图 5-9 所示，在带负电的放电极周围的空气电离形成电离区（又叫电晕区），电晕区通常局限于放电极周围几毫米处。电离后，负离子向带正电的正极移动。含尘空气通过静电除尘装置时，获得负电荷，沉积在正极板（因此正极板也叫做集尘板）上，只有少量在电晕区通过（因为电晕区范围很小），沉积在负极板上。

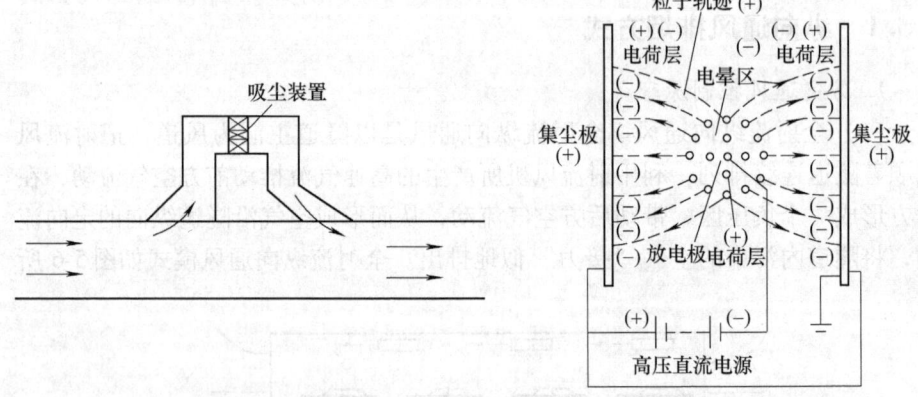

图 5-8 静电除尘通风模式　　　图 5-9 静电除尘装置原理

2. 防灾特点

在纵向通风模式下，火灾过程中假定通风区段内起火点下游车辆顺利离开隧道时，纵向通风方式通过通风组织防止烟气回流，即通过射流风机的推力将烟气吹向某个方向。在单向交通隧道通常将烟气吹向行车方向，因为通常可以认为火源下游的车流已经驶离隧道，而火源上游方向则有一定数量的车辆和人员阻塞。因此，在单向交通隧道内，不考虑二次事故火灾情况下，这种排烟模式是非常有效的（见图 5-10）。但是，这种救灾通风组织模式也决定了其缺点。

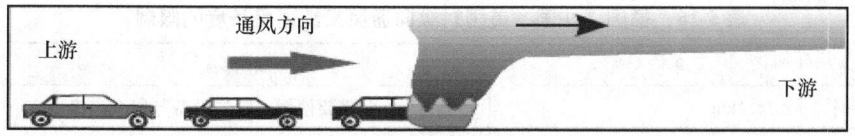

图 5-10　纵向通风排烟模式

（1）仅适合于单向行车隧道。在双向行车隧道，起火点的上下游方向均有停滞车辆。由于车辆和人员要从火场向隧道两端疏散，纵向排烟模式将很难确定烟气流向（见图 5-11）。此情况下，纵向通风不能起到延缓烟气蔓延的作用。

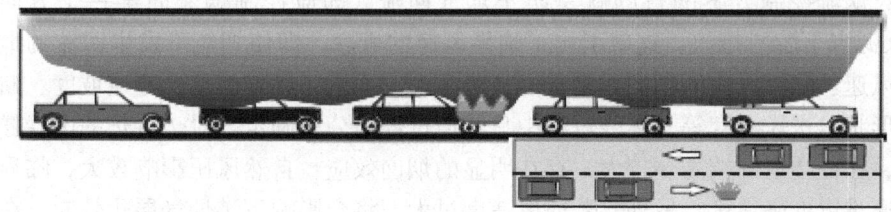

图 5-11　双向交通隧道内的示意图

（2）纵向通风区段不宜太长。在纵向火灾通风过程中，烟气一直沿火灾下游方向移动，直到下一个排风出口排出，使得隧道较大范围成为受灾区。若发生堵塞或二次事故，火场下游的车辆无法自由离开隧道，同时人员难以步行穿过受灾通风区段，如图 5-12 所示。因此，在车流拥堵发生几率高的长隧道不宜采用，如城市过江隧道。同时对于特长隧道，需要缩短通风区段来保证区段的通风安全，会导致土建工程造价较大提高。

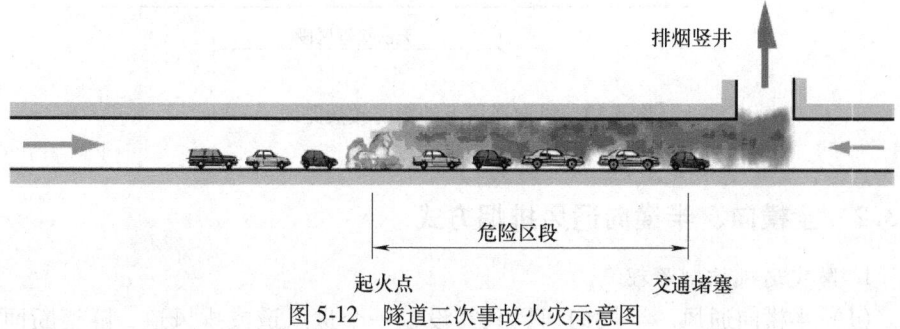

图 5-12　隧道二次事故火灾示意图

《世界道路协会（PIARC）公路隧道火灾及烟气控制》（Fire and Smoke Control in Road Tunnel，PIARC 1999）中汇总了一些欧美国家对于纵向通风系统适用长度的指导性要求（见表5-16）。

表5-16　德国、法国、美国对纵向通风系统适用长度的限制

国家	单向交通	双向交通
德国	≤4km	≤2km，并需要使用一定的设备与安全出口
法国	①非市区：≤4000m ②市区：≤800m	①通常情况，≤800m ②交通量≤2000veh/d时，≤1000m ③市区中则禁止使用纵向通风系统
美国	过去，美国境内并没有任何隧道采用纵向通风措施。如今，应用此通风方式的隧道长度限制为900m	

（3）通风风速控制受隧道的特征因素影响大。在纵向通风模式下，采用火灾烟流控制方案的目的就是防止烟气回流，即应控制烟流向某一个方向（火源点下游）排放，这就引出了临界风速的概念，即使烟气不发生回流的最小风速。临界风速的影响因素众多，包括火灾强度、燃料类型、隧道坡度、断面形状、送风温度等，实践过程中只能通过经验公式确定。对于特长的山岭隧道，往往隧道两端高差较大，存在明显的烟囱效应，自然风压影响较大，临界风速难以准确估算。另外，若通风速度过大，将会影响下游烟气层化效应，在下游较远处的烟气层高度迅速降低至地面，将会对人员疏散造成威胁。

（4）火灾救援灭火路径单一。在纵向火灾通风模式下，灭火人员只能通过起火点上游进入灭火，如图5-13所示。火灾上游处可能有部分车辆不能通过车辆横通道疏散，致使消防车辆无法接近。

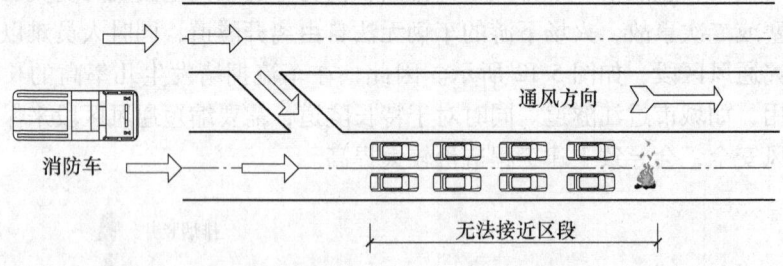

图5-13　纵向通风下的消防救援路线

5.3.2　全横向、半横向通风排烟方式

1. 防灾通风控制原理

（1）半横向通风。半横向通风只需设置一个送风道或排风道，隧道断面

被分成送风道或排风道和行车道两部分。半横向通风模式分为送风型半横向通风模式（见图5-14a）和排风型半横向通风模式（见图5-14b）。送风型半横向通风是半横向通风模式的标准形式，新鲜空气经送风管直接吹向汽车的排气孔高度附近，对汽车尾气直接稀释，污染控制在隧道上部扩散，经过两端洞门排出洞外。排风型则相反，新风从两端洞口吸入。半横向式通风主要适用于双向交通隧道，但是送风型半横向通风模式也适用于单向交通隧道，因为可以有效利用活塞作用。排风式半横向通风过去仅有个别工例，后来几乎没有使用过，因为除了污染物浓度非常不均匀外，通风效率也较差。

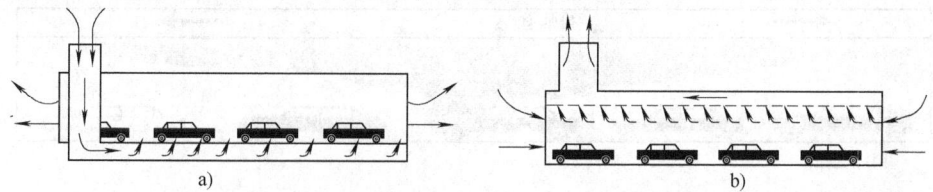

图 5-14 半横向通风模式（正常营运工况）
a）送风型半横向通风模式 b）排风型半横向通风模式

（2）全横向通风。全横向通风模式（见图5-15）同时设置送风管道和排风管道，隧道断面被分为送风道、排风道和行车道三部分。新鲜风流由风机送入送风道，经送风孔进入行车道，与污染空气混合后，横穿隧道，经排风口进入排风道，由风机排出。隧道内基本上不产生沿纵向流动的风，只有横方向的风流动，污染物浓度的分布沿全隧道大致上均匀。但是在单向交通时，因为交通风的影响，在纵向能产生一定风速，污染物浓度由入口至出口有逐渐增加的趋势，一部分污染空气能直接由出口排出洞外，这种排风量有时占很大的比例。但通常情况下，认为送风量与排风量是相等的，同时也把送风道和排风道的断面面积设计成同样的。此种通风方式适合于长隧道，是各种通风方式中最可靠、最舒适的一种通风方式。全横向通风能保持整个隧道全程均匀的废气浓度和最佳的能见度，不受通风长度的限制，但设备投资和运行费用最高。

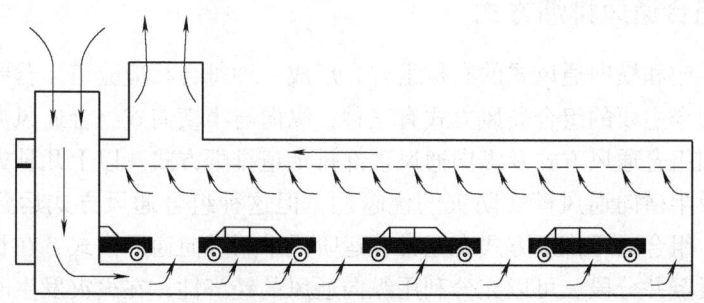

图 5-15 全横向通风模式（正常营运工况）

火灾发生时，半横向或全横向通风模式立即转入火灾控制工况，将烟气通过排风道排走。送风型半横向通风模式必须在最短时间内逆转主风机，以转入火灾通风工况，新鲜空气从隧道两端洞口进入，以便供消防人员和疏散人员呼吸所需，火灾烟气通常通过隧道顶部的排烟道吸走，因此可以将烟气控制在较短的长度范围内，如图5-16所示。而全横向通风则是将火灾点附近的送风口和排风口闸门全部打开，其他的送风口和排风口闸门则关闭，这样，风流只能从火灾点附近的送风口进入隧道，并很快经排风口排出，可以有效地抽排烟气，从而防止了火灾蔓延。

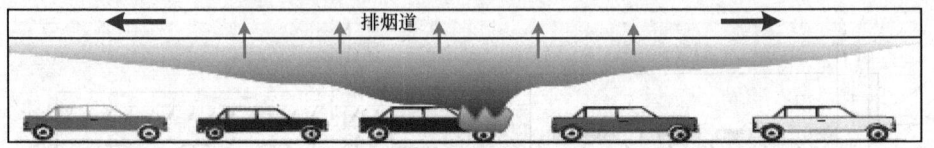

图 5-16　送风型半横向排烟模式

2. 防灾特点

（1）受隧道特征因素影响少。隧道内的风速、坡度、断面形状对排烟效果的影响小，容易实现控制烟气。同时火灾烟气直接进入排烟风道，能有效限制烟气蔓延，实现就地排烟。

（2）风道吊顶安全保障要求高。火灾过程中，风道顶隔板直接受火，隧道火灾温度可能达到1000℃以上。因此，若顶隔板防护不当，极易被烧毁，一旦被烧毁则通风系统被破坏，救援及恢复营运都比较困难。

（3）火灾救援途径多。消防救援力量可以从起火点上下游同时进行灭火行动，消防救援策略可供选择性多。

（4）设备控制要求高。在火灾通风过程中，需根据火灾情况控制排烟口的开闭，完善的排烟控制系统非常必要。

5.3.3　组合通风排烟方式

通过纵向和横向通风式的有机组合，形成一种符合相应隧道运营要求的通风系统。现今主要的组合通风方式有三种：纵向与半横向式组合通风方式、纵向与全横向组合通风方式及纵向通风顶部排烟道排烟方式。以上几种方式均考虑到横向及半横向通风模式防灾的优越性，但这种组合通风方式运营费用昂贵。通常，组合通风排烟方式在正常营运阶段采用纵向通风模式，在长隧道中也可以增设竖井分段，可以充分利用纵向通风的经济性；在火灾发生时，则利用独立排烟道就近集中抽排火灾烟气，从而能够将烟气控制在较短的长度范围内,增加人员可用逃生时间。

5.3.4 不同排烟方式的综合比较

通过对上述不同通风排烟方案原理的阐述可知,公路隧道通风排烟设计可选择多种方式,但究竟何种方式更加经济合理且安全可行,需对前述几种通风排烟方式的优缺点进行比较分析(见表 5-17)。

表 5-17 各通风排烟方式比较表

通风排烟方式	特　点	优　点	缺　点
全横向通风排烟	①正常营运阶段:专门布置一条送风道,供给新鲜空气;并通过专门的排风道,排除废气 ②火灾情况下:排风道被打开至满负荷工作状态,集中抽排烟气	①在整个隧道中,空气中的污染物质浓度固定不变,因此适用于长度较长的隧道中,对于隧道的长度没有任何限制 ②火灾时,能将烟气控制在较短的区域内	①需要修建专门的送、排风管道来供应与排出通风空气,因此隧道横断面要求较大,造价较高,且不节能 ②由于交通风力(活塞风)的存在,与隧道纵向完全交叉的气流实际上很难实现 ③机电控制比较复杂,正常营运时风阀的开度调节比较困难 ④从正常营运工况转入火灾工况需要一定的时间
半横向通风排烟	①送风型:新鲜空气通过专门的管道均匀添加,污染气流则纵向排放到隧道的进出口 ②排风型:新鲜空气从隧道进出口进入,污染空气则通过专门的管道被抽排出隧道	①在整个隧道中,空气中的污染物质浓度固定不变,因此适用于长度较长的隧道中,对于隧道的长度没有任何限制 ②火灾时,能将烟气控制在较短的区域内	①需要修建专门的送、排风管道来供应与排出通风空气,因此隧道横断面要求较大,造价较高,且不节能 ②由于交通风力(活塞风)的存在,与隧道纵向完全交叉的气流实际上很难实现 ③机电控制比较复杂,正常营运时风阀的开度调节比较困难 ④从正常营运工况转入火灾工况需要一定的时间
(竖井送排式)纵向通风排烟	火灾时,烟气通过隧道主洞、隧道洞口及竖井分段排放	土建工程量相对较小,工程造价较低,控制相对较为简单	1. 火灾情况下,烟气在隧道车行空间内流动路径较长,防灾能力较差,不利于人员和车辆疏散及救援人员进入 2. 高温区段较长,损坏隧道内机电设施,火灾后修复费用高,中断交通时间长 3. 在双向交通及车辆阻塞、二次事故情况下,由于烟气扩散范围大,人员与车辆安全度大大降低

(续)

通风排烟方式	特 点	优 点	缺 点
（竖井送排式）纵向通风+半横向排烟	1. 正常营运阶段采用纵向通风模式 2. 火灾情况下则利用设置在隧道拱顶的独立排烟道集中排烟	火灾情况下利用独立排烟道排烟，可有效控制烟气蔓延及沉降，提高防灾救援安全性，同时将火灾对隧道内装修与设备损坏最小化	需要在隧道拱顶富余空间设置顶隔板形成独立排烟道，土建及机电工程造价有所提高

综上所述，既要选择经济节能的营运通风方式，节省建设投资又要减少运行费用，总体趋势是公路隧道正常营运通风普遍采用纵向通风方式。但如何解决火灾条件下的纵向通风方式火灾排烟问题，成为近年来的研究热点。尤其是山岭隧道的由两洞口高低差、通风竖井与洞口的高差、隧道洞内外的温差等因素引起的"烟囱效应"负面影响问题、交通量大的条件下的高火灾发生频率问题、二次事故火灾问题等。

因全横向和半横向通风模式的工程造价较高，且现今特长公路隧道主要以单向交通为主，由于不能利用车辆活塞风，将带来营运昂贵的电费。因此，在设计长大公路隧道时，推荐采用经济的竖井送排式分段纵向通风模式。而在火灾工况条件下，利用独立排烟道进行半横向排烟将逐渐成为发展的趋势。

5.4 公路隧道正常运营通风的计算

考虑公路隧道单向交通以及正常营运通风，普遍采用纵向通风方式的总体趋势，本节将主要介绍单向交通条件下的全射流风机纵向通风方式和竖井送排式纵向通风方式的计算。

由于隧道内通风风速一般在30m/s以下，因此，在隧道通风计算中常把空气作为不可压缩流体对待，把隧道内的空气流作为不随时间变化的恒定流处理，且视汽车行驶也为恒定流。在标准大气压状态下的空气物理量可按表5-18取值。

表5-18 标准大气压状态下的空气物理量

重度/(kN/m^3)	密度ρ/(kg/m^3)	运动粘度ν/(m^2/s)
11.77	1.20	1.52×10^{-5}

5.4.1 隧道通风影响因素

对隧道正常营运通风计算的影响因素主要有自然风阻力、通风阻抗力和交通通风力三者。

1. 自然风阻力计算

在隧道内自然风向与交通方向一致时产生推力（顺压），相反时则产生阻力（逆压）。从实际情况看自然风向难以与交通方向完全一致，且经常变化。故从安全考虑，通风计算中通常视自然风向与交通方向逆向，即将自然通风力作为阻力考虑。

自然风阻力 Δp_m 可按下式计算：

$$\Delta p_m = \left(1 + \xi_e + \lambda_r \frac{L}{D_r}\right) \frac{\rho}{2} v_n^2 \tag{5-10}$$

式中　Δp_m——自然风阻力（N/m^2）；

ξ_e——隧道入口损失系数，可按表5-19取值；

λ_r——隧道壁面摩阻损失系数，可按表5-19取值；

ρ——空气的密度（kg/m^3），可按表5-18取值；

v_n——自然风作用引起的洞内风速（m/s）；本风速不是指洞外大气自然风速，而是指在自然风作用下产生的洞内（洞口内侧）风速，它的大小可在隧道贯通后但未通车前的期间进行实测，但在设计阶段很难掌握，目前基本上是凭经验确定，对于一般地形条件的隧道，若没有可借鉴资料，通常可取 2~3m/s；

D_r——隧道断面当量直径，m。隧道断面当量直径可按下式计算：

$$D_r = 4A_r/\text{隧道断面周长} \tag{5-11}$$

式中　A_r——隧道净空断面积（m^2）。

表5-19　损　失　系　数

隧道壁面摩阻损失系数 λ_r	0.02
主风道（含竖井）壁面摩阻损失系数 λ_b、λ_e	0.022
连接风道壁面摩阻损失系数 λ_d	0.025
隧道入口损失系数 ξ_e	0.6

2. 交通通风力（活塞风）

交通通风力 Δp_t 可按下式计算：

$$\Delta p_t = \frac{A_m}{A_r} \frac{\rho}{2} n_+ (v_{t(+)} - v_r)^2 - \frac{A_m}{A_r} \frac{\rho}{2} n_- (v_{t(-)} + v_r)^2 \tag{5-12}$$

式中　Δp_t——交通通风力（N/m^2）；

v_r——隧道设计风速（m/s），一般情况 $v_r = Q_{req}/A_r$；

n_+——隧道内与 v_r 同向的车辆数（辆），$n_+ = \dfrac{N_+ L}{3600 \times v_{t(+)}}$，$N_+$ 是双向交通隧道里与 v_r 同向的设计交通量；

n_-——隧道内与 v_r 同向的车辆数（辆），$n_- = \dfrac{N_- L}{3600 \times v_{t(-)}}$，$N_-$ 是双向交通隧道里与 v_r 同向的设计交通量；

$v_{t(+)}$——与 v_r 同向的各工况车速（m/s）；

$v_{t(-)}$——与 v_r 反向的各工况车速（m/s）；

A_m——汽车等效阻抗面积（m²）。

汽车等效阻抗面积可按下式计算：

$$A_m = (1 - r_1) A_{cs} \xi_{cs} + r_1 A_{cl} \xi_{cl} \tag{5-13}$$

式中　A_{cs}——小型车正面投影面积（m²），可取 2.13m²；

　　　ξ_{cs}——小型车空气阻力系数，可取 0.5；

　　　A_{cl}——大型车正面投影面积（m²），可取 5.13m²；

　　　ξ_{cl}——小型车空气阻力系数，可取 1.0；

　　　r_1——大型车比例。

3. 通风阻抗力计算

通风阻抗力 Δp_r 可按下式计算：

$$\Delta p_r = \left(1 + \xi_e + \lambda_r \dfrac{L}{D_r}\right) \dfrac{\rho}{2} v_r^2 \tag{5-14}$$

式中　Δp_r——通风阻抗力（N/m²）。

5.4.2　全射流风机纵向通风方式

全射流风机的通风方式模式如图 5-17 所示。

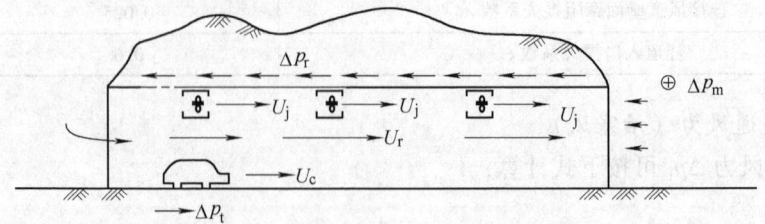

图 5-17　全射流风机通风方式模式图

隧道内压力平衡满足下式：

$$\Delta p_r + \Delta p_m = \Delta p_t + \sum \Delta p_j \tag{5-15}$$

式中 $\sum \Delta p_j$——射流风机群总升压力（N/m²）；

Δp_m——自然风阻力（N/m²）；

Δp_t——交通通风力（N/m²）；

Δp_r——通风阻抗力（N/m²）。

在满足隧道设计风速条件下，射流风机所需台数可按下式计算：

$$i = \frac{\Delta p_r + \Delta p_m - \Delta p_t}{\Delta p_j} \tag{5-16}$$

式中 i——所需射流风机的台数（台）；

Δp_j——每台射流风机升压力（N/m²）。

每台射流风机升压力应按下式计算：

$$\Delta p_j = \rho v_j^2 \frac{A_j}{A_r}\left(1 - \frac{v_r}{v_j}\right)\eta \tag{5-17}$$

式中 v_j——射流风机的出口风速（m/s）；

A_j——射流风机的出口面积（m²）；

η——射流风机位置摩阻损失折减系数，可按表5-20取值。

表 5-20 射流风机位置摩阻损失折减系数 η

Z/D_j	1.5	1.0	0.7	图示
η	0.91	0.87	0.85	

5.4.3 竖井送排式纵向通风方式

1. 压力计算

竖井送排式纵向通风模式如图 5-18 所示。采用该通风方式时。排风口与送风口之间可能产生短道流动，设计中应考虑尽量减少这种短道流动，以利于空气交换。

排风口的升压力可按下式计算：

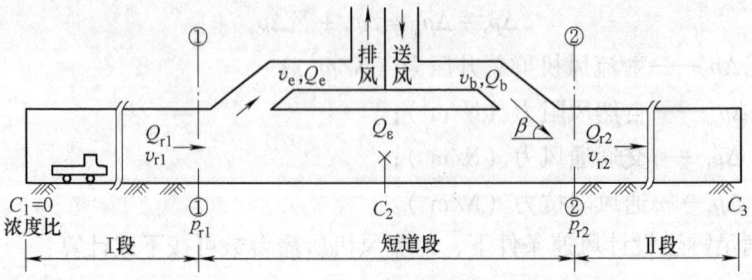

图 5-18 竖井送排式纵向通风分散方式模式图

$$\Delta p_e = 2\frac{Q_e}{Q_{r1}}\left[\left(2 - \frac{K_e v_e}{v_{r1}}\right) - \frac{Q_e}{Q_{r1}}\right]\frac{\rho}{2}v_{r1}^2 \quad (5\text{-}18)$$

送风口的升压力可按下式计算:

$$\Delta p_b = 2\frac{Q_b}{Q_{r2}}\left[\left(\frac{K_b v_b \cos\beta}{v_{r1}} - 2\right) + \frac{Q_b}{Q_{r2}}\right]\frac{\rho}{2}v_{r2}^2 \quad (5\text{-}19)$$

式中 Δp_e——排风口升压力（N/m²）；

Δp_b——送风口升压力（N/m²）；

Q_{r1}——第 I 区段设计风量（m³/s）；

v_{r1}——第 I 区段设计风速（m/s），$v_{r1} = Q_{r1}/A_r$；

Q_{r2}——第 II 区段设计风量（m³/s），$Q_{r2} = Q_b - Q_e + Q_{r1}$；

v_{r2}——第 II 区段设计风速（m/s），$v_{r2} = Q_{r2}/A_r$；

Q_e——排风量（m³/s）；

v_e——与 Q_e 对应的排风口风速（m/s）；

Q_b——送风量（m³/s）；

v_b——与 Q_b 对应的送风口风速（m/s）；

K_e——排风口升压动量系数；

K_b——送风口升压动量系数。

2. 设计判定

（1）竖井底部的浓度 C_2 可用需风量与设计风量之比表示，可按下式计算：

$$C_2 = \frac{Q_{req1}}{Q_{r1}} \quad (5\text{-}20)$$

竖井底部气流中的等效新鲜空气量 Q_{sf} 可按下式计算：

$$Q_{sf} = Q_{r1} - Q_e - Q_{req1} + \frac{Q_e Q_{req1}}{Q_{r1}} \quad (5\text{-}21)$$

隧道出口内侧处的浓度 C_3 可按下式计算：

$$C_3 = \frac{Q_{req2}}{Q_{r1} - Q_e - Q_{req1} + \dfrac{Q_e Q_{req1}}{Q_{r1}} + Q_b} \quad (5\text{-}22)$$

式中 Q_{req1}——隧道Ⅰ段需风量（m^3/s）；

Q_{req2}——隧道Ⅱ段需风量（m^3/s）。

送风量 Q_b 与排风量 Q_e 可按下式计算：

$$Q_b = Q_{req} - Q_{r1} + Q_e \frac{Q_{r1} - Q_{req1}}{Q_{r1}} \quad (5\text{-}23)$$

（2）排风口与送风口之间的短道不得产生回流，应满足下列条件：

$$\frac{Q_e}{Q_{r1}} \leqslant 1.0 \quad (5\text{-}24)$$

$$\frac{Q_b}{Q_{r2}} \leqslant 1.0 \quad (5\text{-}25)$$

（3）设计浓度应满足下列条件：

$$0.9 \leqslant C_2 \leqslant 1.0 \quad (5\text{-}26)$$

$$0.9 \leqslant C_3 \leqslant 1.0 \quad (5\text{-}27)$$

（4）隧道内压力应满足下列条件：

$$\Delta p_b + \Delta p_e \geqslant \Delta p_r - \Delta p_t + \Delta p_m \quad (5\text{-}28)$$

3. 排风机、送风机设计风压

排风机、送风机设计风压可按下列两式计算：

$$p_{tote} = 1.1 \times \left(\frac{\rho}{2} v_e^2 + p_{de} - p_{se} \right) \quad (5\text{-}29)$$

$$p_{totb} = 1.1 \times \left(\frac{\rho}{2} v_b^2 + p_{db} + p_{sb} \right) \quad (5\text{-}30)$$

式中 p_{tote}——排风机设计风压（N/m^2）；

p_{totb}——送风机设计风压（N/m^2）；

p_{de}——排风口、排风井及其连接风道的总压力损失（N/m^2）；

p_{db}——送风口、送风井及其连接风道的总压力损失（N/m^2）；

p_{se}——隧道内排风口处的总升压力（N/m^2），由隧道沿程压力分布计算求得；

p_{sb}——隧道内送风口处的总升压力（N/m^2），由隧道沿程压力分布计算求得。

4. 竖井送排式纵向通风应符合以下要求

（1）采用竖井送排式纵向通风方式时，隧道设计风速宜取 6~8m/s。

（2）送风量计算应充分考虑短道风量及其污染浓度。

（3）送风口宜设置于隧道拱部，断面平均风速宜取 25~30m/s，送风方向宜于隧道轴向一致。

（4）排风口宜设置于隧道侧墙，其底面与隧道检修道标高一致，断面平均风速宜取 5~6m/s，排风方向宜于隧道轴向垂直。

（5）在竖井底部及连接风道各弯管处应设置导流叶片。在风道变断面处、合流处及送排风口等处宜设置整流板，减小气流阻抗。应在排风口和竖井塔口设置钢丝网门。

（6）应防止短道内出现回流，短道长度不得小于 50m。

（7）排风口断面积不得大于隧道正洞断面积，送风口断面积可在 11~15m² 范围取值。

5.4.4 竖井与射流风机组合通风方式

当竖井送排式难以达到洞内风压压力平衡时，宜采用射流风机与之组合，形成竖井与射流风机组合通风方式。

（1）竖井与射流风机组合通风方式压力平衡应满足下式的条件：

$$\Delta p_b + \Delta p_e + \Delta p_j = \Delta p_r - \Delta p_t + \Delta p_m \tag{5-31}$$

（2）设计计算中，应就竖井位置以及竖井与射流风机的相对位置，针对各方案相应的需风量、设计风量、风速等反复试算，以获得合理的沿程压力分布。

5.5 公路隧道防排烟系统设计要点及要求

公路隧道火灾工况条件下，纵向通风排烟方式最为常用，而利用独立排烟道进行半横向通风排烟方式则是发展趋势。为将隧道中火灾烟气控制在起火附近的区域内，必须进行排烟，且排烟量不能小于烟气的生成量。与通风排烟设计相关的内容主要有火灾规模、临界风速、风机高温保护等。

5.5.1 火灾规模

在隧道火灾通风排烟设计中，应根据隧道等级、隧道内通行车辆的构成以及车种比例来确定一个合适的车辆火灾热释放率，作为防灾设计的依据。世界各国对车辆火灾热释放率的相关规定见表5-21。所谓车辆火灾热释放率，有的是指认定的某种汽车类型发生火灾，在失去控制时，可能达到的最大热释放率；在远离城市的山岭隧道，由于消防供水保证率低，又难以及时得到消防力量的救助，一般按此确定火灾功率。也有的是指某种汽车类型的火灾发生后，隧道消防装备、消防力量在最不利的情况下，能够把火灾控制在某一热释放率的水平上。例如，隧道火灾报警系统的响应滞后，自动喷水灭火系统的喷水达不到燃烧面，泡沫灭火系统未能将火扑灭，管理人员不能及时到达火区等不利因素，但由于供水保证率高，最后可以利用消火栓，并在消防力量的支持下，将火势控制在一定范围，不会发生引燃其他车辆的二次燃烧。

表 5-21 车辆火灾热释放率一览表

资料来源		英国《公路及桥梁设计手册》第二册第二节第九部分BD78/99公路隧道设计的第八章——火灾安全工程	《澳大利亚公路隧道火灾安全指南》（2001年）	我国《国内外隧道火灾及消防技术现状综述》（公安部城市交通隧道和地铁消防安全研究项目）	PIARC（1995）	PIARC（1995）	法国（CETU）	《美国公路隧道、桥梁和其他封闭式高速公路标准》NFPA520（2004年版）
		热释放率/MW						
车辆类别	小汽车	5	—	3~5	5	—	2.5~8	5
	1辆小型客车	—	2.5			2.5		
	1辆大型客车		5			5		
	2~3辆客车		8			8		
	货车	15	15			15	15	
	长途汽车/卡车（中等、重型）	20						
	卡车	—			20	20~30		
	巴士	—	20	15~20	20	20	20	20
	重型车	30~100	20~30	50~100			30	20~30
	危险品车&重型车（大车）							
	油罐车				100	100~120	200	100

注：PIARC 为世界道路协会。

车辆火灾热释放率的取值大小在一定程度上决定了排烟系统的规模及布置。对横向通风方式而言，排烟风机的选型、风口的布置及风道的大小都与发烟量有关，纵向排烟模式中，阻止烟气逆向流动所需的临界风速与火灾热释放率、纵坡及隧道断面等有关，而临界风速的大小则决定了所需的纵向排烟风机的风量或射流风机的推力及台数等设计参数。所以在火灾规模设计中，应根据隧道交通功能、预测交通量、交通组成等具体情况慎重合理选用，对于发生概率小，过多地超出营运通风设施能力的更大规模火灾不予考虑，以回避设备闲置的风险。譬如上海人民路越江隧道，以通行小汽车、公交等客运车辆为主，火灾热释放率取为20MW；上海崇明越江隧道考虑通行一定的重型车，火灾热释放率取为50MW。《道路隧道设计规范》（DGTJ 08—2033—2008）推荐的车辆火灾热释放率见表5-22。

表5-22 车辆的火灾热释放率

车辆类型	小轿车	货车	集装箱车、长途汽车、公共汽车	重型车
火灾热释放率/MW	3~5	10~15	20~30	30~100

注：进入隧道的重型车在有监护措施的情况下，火灾热释放率可降低一档考虑。

5.5.2 限制烟气蔓延所需的通风量

纵向通风方式的火灾过程中，假定通风区段内起火点下游车辆顺利离开隧道的情况下，纵向通风方式通过通风组织防止烟气回流（见图5-19）。

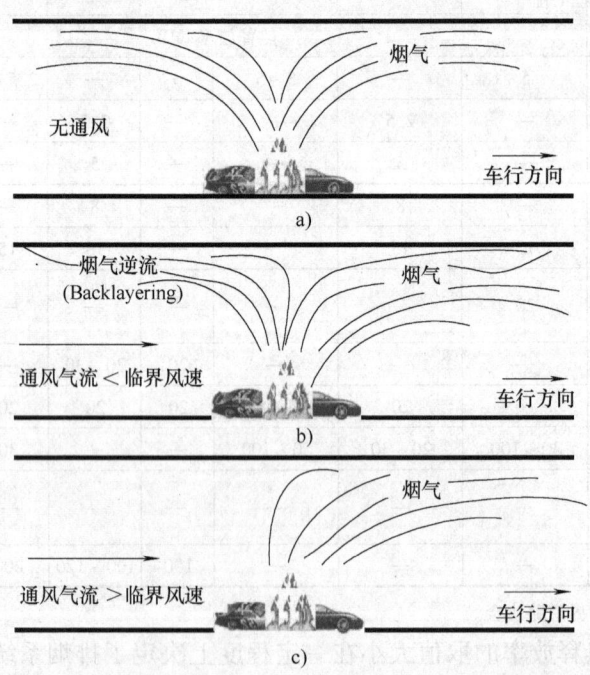

图5-19 纵向通风模式在火灾工况下的烟流扩散趋势

在纵向通风的隧道中，防止烟气逆流所需的最小纵向风速称为临界风速。向隧道提供纵向风速，可以阻止烟气沿人员疏散方向流动，保证人员的疏散速度和疏散时间。因为人在隧道火灾时疏散行为的失能程度取决于纵向风速。另外，向隧道送风有利于降低烟温和隧道壁温，冷却隧道支护衬砌，减少壁面的热反馈等。

但是机械通风会通过不同途径对不同类型和规模的火灾产生影响，在某些情况下反而会加剧火灾发展和蔓延。试验表明：在低速通风时，对小轿车火灾的影响不大，可以降低小型油池火灾（约$10m^2$）的热释放率；而加强通风控制的大型油池火灾（约$100\ m^2$），在纵向机械通风下，载重货车的火灾增长率可以达到自然通风的10倍。因此必须控制纵向风速，做到在能够控制烟气扩散的条件下，尽可能减小供向火区的空气流率，所以要选择临界风速作为控制烟气的安全风速。临界风速可按下式计算：

$$v_{cr} = k_1 k_g \left(\frac{gHQ}{\rho_0 c_p A T_f} \right)^{\frac{1}{3}} \tag{5-32}$$

其中

$$T_f = \frac{Q}{\rho_0 c_p A v_{cr}} + T_0 \tag{5-33}$$

$$K_g = 1 + 0.0374 i^{0.8} \tag{5-34}$$

式中　v_{cr}——临界风速（m/s）；

k_1——量纲为1m常数，$k_1 = 0.606$；

k_g——坡度修正系数（无量纲）；

i——隧道坡度（%）；

g——重力加速度（m/s^2）；

H——隧道最大净宽高度（m）；

Q——火灾规模（kW）；

ρ_0——火场远区空气密度（kg/m^3）；

c_p——空气的比定压热容[kJ/(kg·K)]；

A——隧道横断面积（m^2）；

T_f——热空气温度（K）；

T_0——火场远区空气温度（K）。

5.5.3　保护风机所需排烟量计算

火灾烟气生成量主要取决于火源上方烟气羽流的质量流量。依据《建筑防排烟技术规程》（DJG 08—88—2006），羽流质量流量采用轴对称型烟羽流的烟气生成量计算，即

$Z > Z_1$
$$m = 0.071 Q_c^{\frac{1}{3}} Z^{\frac{5}{3}} + 0.0018 Q_c \tag{5-35}$$
$Z \leqslant Z_1$
$$m = 0.032 Q_c^{3/5} Z \tag{5-36}$$
$$Z_1 = 0.166 Q_c^{2/5} \tag{5-37}$$

式中　m——羽流质量流量（kg/s）；

　　　Z_1——火焰限制高度（m）；

　　　Z——燃料面到烟层底部的高度（m）；

　　　Q_c——火源的对流热释放率（kW），$Q_c \approx 0.7Q$，Q 为火源热释放率（kW）。

羽流的平均温度：

$$T = T_0 + \frac{Q_c}{mc_p} \tag{5-38}$$

式中　c_p——空气的比定压热容 [kJ/(kg·K)]；

　　　T_0——环境温度（K）；

　　　ρ_0——常温下空气密度（kg/m³）。

排烟量用下式计算：

$$V = \frac{mT}{\rho_0 T_0} \tag{5-39}$$

风机的最高耐热温度用下式计算：

为了防止火灾烟气的高温对排烟风机的损坏，隧道内的烟气温度必须低于射流风机的最高耐热温度 T_{max}。因此，当环境温度为 T_0，忽略隧道壁面对烟气的吸热作用时，风机总排烟流量应满足以下关系式的要求：

$$\Delta T = \frac{Q_c}{c_p m} < T_{max} - T_0 \tag{5-40}$$

式中　ΔT——风机最高耐热温度 T_{max} 与环境温度 T_0 的差值（K）；

　　　m——排烟质量流量（kg/s）。

为将隧道中火灾烟气控制在起火附近的区域内，必须进行排烟，且排烟量不能小于烟气的生成量。

5.6　公路隧道通风系统设施设备

风机、风道、风机房、通风井与隧道构成完整的通风系统，它们的规划与设计是否合理是至关重要的。

5.6.1　风机的选型与布置

公路隧道营运通风机械可采用射流风机、轴流风机。特长隧道通风一般采用满足大风量低风压的轴流风机，但当送、排风机风压达到5000N/m² 时，必须进行轴流风机和离心风机的选择。从总体看，轴流风机具有体积小、与土建工程易配合、风机效率高的优点，但存在价格高、噪声大的缺点。

1. 射流风机的选型、布置

（1）射流风机选型。

《公路隧道通风照明设计规范》（JTJ 026.1—1999）对射流风机的选型有所规定（见第3.6.2条）。射流风机应选用具有消声装置且可逆转的公路隧道专用风机，宜选用大推力射流风机，并满足下列要求：

1）对于双向交通隧道，逆转反向风量大于正转正向风量的70%；单向交通隧道可不作此要求。特殊情况下，射流风机的逆转反向风量达到正转正向风量的95%。

2）火灾时运行的射流风机及烟气流经的风阀、消声器、软接等辅助设备，应按隧道火灾烟气预测温度进行配置，连续有效运行时间应高于隧道疏散和救援时间，且在环境温度为250℃时连续有效工作时间不应小于60min。

道路隧道火灾规模取值范围从5~100MW不等，响应烟气温度为400~1000℃，其大小视通行车辆种类而异。火灾规模越大，烟气温度越高；流经风机的烟气温度还与风机距火源点的距离有关，距离远，隧道结构的冷却作用大，烟气温度也相应较低。因此，火灾排烟风机耐高温要求应根据工程实际情况提出温度要求，不宜一概而论。排烟设备的有效工作时间，即耐高温时间，是与隧道内保证逃生或救援环境的时间需求一致的，即应保证乘用人员在该段时间内完全撤离至安全区，同时给消防人员提供适当的灭火时间。人员疏散时间与隧道内人员数量、逃生路径及环境有关，目前已经有多种计算机模拟仿真软件可以对隧道中的疏散时间进行预测。设备的耐高温时间应在此基础上确定。但无论如何，排烟设备至少应满足250℃时、连续有效工作不少于60min的要求。

3）隧道内用于火灾排烟的射流风机，至少应备用一组。由于射流风机悬挂在隧道行车道、直接暴露于火场内，故设计应考虑到距火场近的射流风机或火区温度过高失效的危险，需考虑一定的冗余度。

4）射流风机在火灾时从静止到全速运转时间不应大于60s。

5）在野外距风机出口10m且45°处测量射流风机的A声级应小于77dB（A）。

6）射流风机电机防护等级应不低于IP55。

射流风机安装如图5-20所示，此图中隧道为平顶。

（2）射流风机布置。

1）射流风机应设置于建筑限界以外15~20cm处，风机轴线与隧道轴线平行。设置方法宜采用固定式或悬吊式，支承风机的结构强度不应小于实际荷载的15倍，风机安装前应做支承结构的荷载试验。射流风机射程范围内气流应尽量不受其他构筑物（如情报板、指示牌、照明灯具）的阻挡。

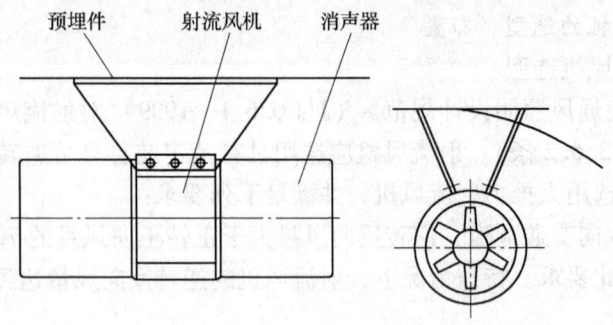

图5-20 射流风机尺寸安装示意图

2）根据试验测试，口径小于1000mm的射流风机间的间距宜小于120m，口径大于1000mm的射流风机间的间距宜大于150m，由此风机能产生较好的升压效果。此外，根据实测与经验，在距洞口约200m范围内，汽车带进隧道的新鲜空气量是足够的，因此在该段落内不宜布置射流风机（《道路隧道设计规范》（DGTJ 08—2033—2008）第10.5.7条规定：射流风机纵向间距及与洞口的距离不宜小于60m，同时并列吊装的射流风机中心间距不应小于风机直径的2倍）。

3）对于长度大于1500m的隧道需考虑火灾时的排烟问题，如果风机布置过于集中，一旦火灾发生在风机较集中地段，后果较为严重，因此风机不宜过于集中。对每段风机控制太多，则同时起动的起动电流太大，如果每段风机控制太少，营运又没必要。故根据工程经验，宜按2～4台一组进行控制。

4）射流通风系统设备、管道及配件布置应为安装、操作、测量、调试和维修预留空间位置。

2. 轴流风机的选型、布置与风量控制

（1）轴流风机选型。应结合使用条件、隧道需风量、全风压及全性能曲线选择风机。轴流风机的构造型式有卧式和立式，目前我国多采用卧式。

1）轴流风机的效率。单向运转风机的效率不宜小于85%，双向运转风机的效率不宜低于75%。

2）轴流风机的耐热性。当隧道内发生火灾时，轴流风机及其风阀、消声器、软接等辅助设备应能在环境温度为250℃情况下可靠运转60min以上，恢复常温后，轴流风机不需大修即投入正常运转。

3）轴流风机在火灾时从静止到全速运转时间不应大于60s。

(2) 轴流风机的设置。隧道送、排轴流风机宜并联设置,每一通风系统一般设置 2~3 台。轴流通风系统设备、管道及配件布置应为安装、操作、测量、调试和维修预留空间位置。

(3) 轴流风机的风量控制。风量控制方法宜采用转速控制法,台数控制法及其组合方法。风量分挡根据交通量随时间的变化确定,不宜太细。在进行风机台数与转速的组合选择时应充分考虑动力消耗。

5.6.2 风道和风孔

1. 一般规定

通风风道主要由主风道和连接风道及风机房内部风道构成。主风道沿隧道轴向布置,一般布置在隧道的上部或下部。风道隔板必须密闭并具有耐久性,不得漏风。主风道的设置形式如图 5-21 所示。

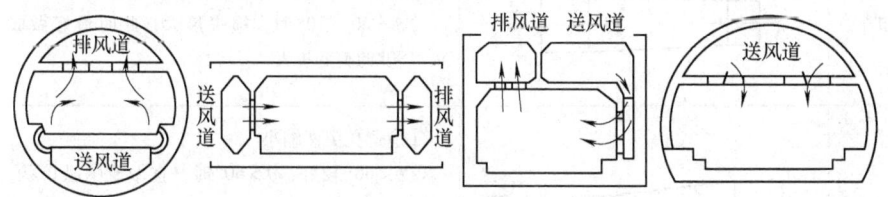

图 5-21 隧道主风道设置形式示例

《公路隧道通风照明设计规范》(JTJ 026.1—1999) 规定:风道用于送风,风道内设计风速宜在 13~18m/s 范围内取值;而《道路隧道设计规范》(DGTJ 08—2033—2008) 则规定:风道的设计风速不宜超过 8m/s。为了减小沿程摩阻损失和风道变形引起的局部损失,必须按空气动力学原理设计,要求风道内壁面平滑,在弯曲、折曲、扩径、缩径、分叉、合流等变形处平顺过渡。当确定风道形状的变形时,可参照表 5-23 考虑。

表 5-23 风道的各变形部及注意事项

变形	图示	注意事项
弯曲		当 $R > 1.6d$ 时,可不设倒流叶片,但弯头后出现偏流

(续)

变形	图示	注意事项
弯曲	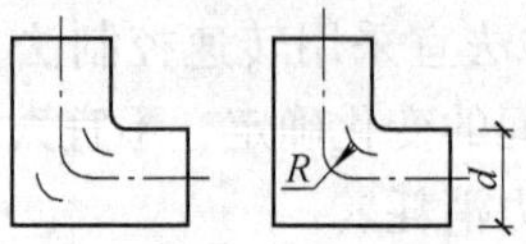	①当 $R<1.6d$ 时，安装隅角叶片以减小损失，也可减小偏流 ②弯曲内侧必须做成圆滑状 ③弯曲外侧不做成圆滑状也可
折曲	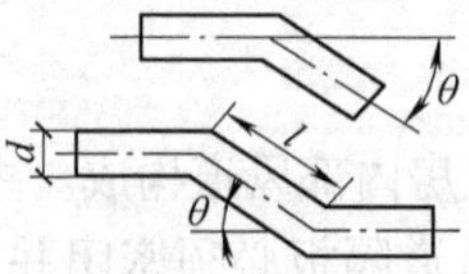	①尽量避免 $\theta>30°$ 的折曲 ②连续折曲时，选择合适的 l/d 和 θ 角度，可以减小损失，例如 $\theta=30°$ 时，$l=3d$ 为最好
扩径	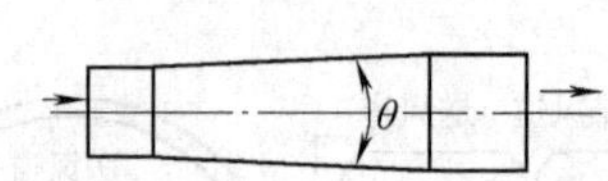	①$\theta=6\sim10°$ 时，损失最小 ②$\theta=60\sim70°$ 时，损失最大，此时最好做成 $\theta=180°$ 的突变扩大
缩径	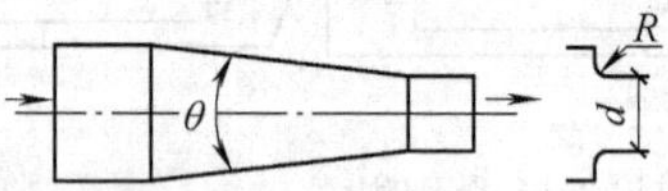	①应避免突然缩小 ②$\theta<60°$ 较好，$\theta>60°$ 时，宜做成喇叭口状，以减小损失 ③喇叭口半径宜大于 $0.1d$，理想状况为 $0.3d$ 左右
分叉、合流	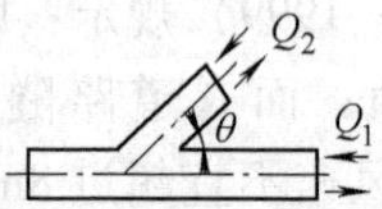	分叉、合流的损失受风量比 Q_1/Q_2 和面积比的影响，不能一概而论，但 θ 角应尽可能小

2. 隧道主风道

隧道主风道一般用于全横向或半横向通风方式。

（1）主风道一般设置于隧道上部，也有设置于隧道下部或侧部的情况，应根据具体情况确定。

所谓一个通风区段，对于横向通风方式而言，是指可独立控制风量且与其他通风区段完全隔断的区域，一般宜将长隧道的风道划分成 2 段或 2 段以上，形成隧道分段控制通风；对于纵向通风方式，一般可将隧道空间作为一个通风区段考虑。

（2）对于横向通风方式，当火灾时顶隔板直接承受高温，结构易于变形、剥脱，从而导致漏风甚至更严重的后果，风道或顶隔板一旦破损，其修补或更换将非常困难,因此,应特别重视其结构的耐久性。

顶隔板材料应具有耐腐蚀性、阻燃性、气密性、板面摩擦阻力小的特点。设计荷载由顶隔板及其附属构件自重等恒载和风荷载、人群荷载等可变荷载组成,风荷载可按通风设计的送(排)风最大风压取值,人群荷载可按 $1000N/m^2$ 取值。恒载与风荷载和人群荷载中较大者之和作用下的最大挠度值应小于顶隔板跨度的 $1/600$。顶隔板的标准厚度不宜大于 $15cm$,但应根据实际荷载和材料特性以及使用功能,经计算后确定。当隧道照明灯具嵌入顶隔板内布置或其他特殊情况时,顶隔板厚度可适当增加。

排烟风道结构耐火极限不应小于 $30min$,超长、特长、长隧道的排烟风道结构测试耐火极限采用 RABT 升温曲线,中隧道测试耐火极限采用 HC 升温曲线。当采用 HC 标准升温曲线测试时,其耐火极限的判定标准为:受火后,当距离混凝土底表面 $25mm$ 处钢筋的温度超过 $250℃$,或者混凝土表面的温度超过 $380℃$ 时,则判定为达到耐火极限。当采用 RABT 标准升温曲线测试时,其耐火极限的判定标准为:受火后,当距混凝土底表面 $25mm$ 处钢筋的温度超过 $300℃$,或者混凝土表面的温度超过 $380℃$ 时,则判定为达到耐火极限。图 5-22 所示为 RABT/HC 标准升温曲线,表 5-24 为 HC 标准升温曲线表。

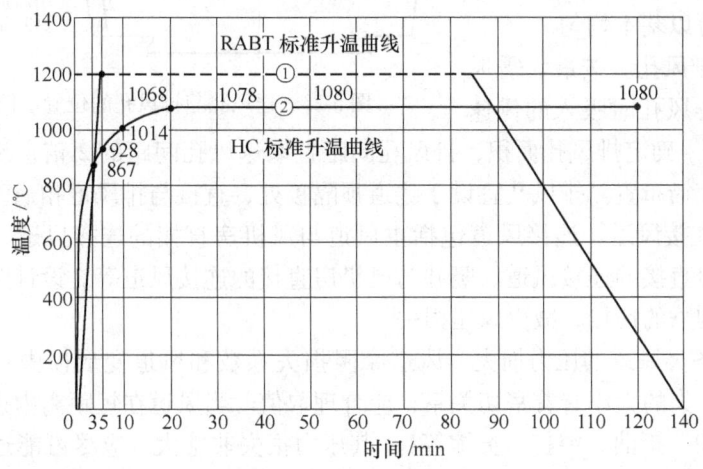

图 5-22　RABT/HC 标准升温曲线图

表 5-24　HC 标准升温曲线表

时间/min	3	5	10	30	60	90	120	120 以后
炉内温升/℃	887	948	982	1110	1150	1150	1150	1150

（3）当确定了通风方式和需风量后，就可以计算隧道主风道所担负的送风量或排风量。此时，如果增大一个通风区段的长度，其主风道断面积就会增大，从而造成建设费用增加，因此应针对主风道分段数与主风道断面积的关系，结合隧道布局条件、地形条件等要素进行风道经济性设计。

3. 送风孔和排风孔

（1）送风孔。按最大需风量条件下送风孔全开时吹出的风速为 6~8m/s 计算确定送风孔面积。送风孔间距宜取 5~6m。

送风口宜设于隧道侧壁下部，其标高宜与汽车尾部排气管距路面高度大致相等，主送风道与送风孔之间用引风道连接。这是为了尽快稀释汽车尾排气体，与排风孔形成空气交换。如果新鲜风从送风道直接吹入隧道，将会在隧道上部形成空气交流，存于隧道下部的污染风得不到交换，通风效果差；另一方面，吹入风速会因送风孔与轴流风机的距离近而增大、距离远而减小，导致风速不均匀。为解决这一问题，如图 5-23 所示，在送风道与送风孔之间设置引风道及调节孔，则吹入隧道的风速可以基本均匀。

（2）排风孔。按最大需风量且全开排风孔时吸入的风速

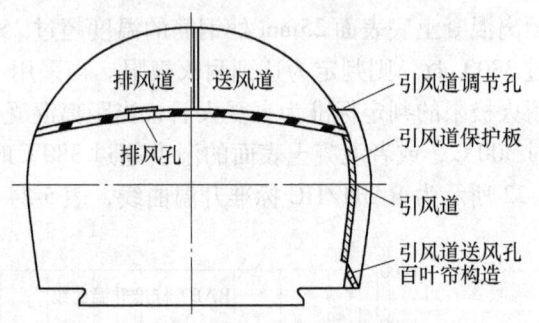

图 5-23 送风孔与排风孔的位置示例

不大于 4m/s 确定排风孔面积，排风孔间距宜取送风孔间距的 2 倍，设于两送风孔间且交错布置。排风孔宜设于隧道顶隔板处，直接与排风道相通。

（3）连接风道。连接风道包括主风道与风机房直接的连接风道、隧道主洞与风机房直接的连接风道、竖井与风机房直接的连接风道等。设计时应注意与两端结构物的衔接，减少风压损失。

（4）各类风道的压力损失。风道摩阻损失系数和风道变形损失系数的取值对压力损失的大小有着密切关系，应合理取值。当风道在短距离内连续出现变形（弯曲、折曲、突扩、突缩等），其压力损失非常大，应尽可能通过试验来确定具体的损失系数值。

5.6.3 风机房与通风井

1. 风机房

当采用集中送入式或横向式通风方式时，风机房可设置在隧道洞口处，其中可分为在两洞口间设置的形式和路堑单侧设置的形式；当采用竖井通风方式时，风机房可设在竖井地表口处。应根据洞口或竖井周围地形条件、两洞口轴

向间距等因素，合理确定风机房位置。城镇附近的隧道还应考虑对洞口附近城市设施的影响。当采用竖井通风且洞外设置风机房有困难时，可将风机房设置于竖井底部。洞内风机房应考虑防湿、防尘、降噪和温度调节，同时应具有自身通风设施。

风机房空间应能布置轴流风机、电气设备、控制设备和其他辅助机电设备，并为大型通风设备设置运输、安装通道及孔洞，并应能装设起吊设施。当风机分期安装时，应考虑预留空间和连接装置。风机房与风道的连接处，其周壁必须密封，严禁漏风。

2. 通风井

(1)《公路隧道通风照明设计规范》(JTJ 026.1—1999) 的有关规定。

1) 竖井位置的选择应充分考虑地形、地质条件及营运费等，进行技术与经济综合比较。

2) 为防止排出的废气被重新吸入，地面通风井的排风口标高宜高出吸风口标高 5m 以上。

(2)《道路隧道设计规范》(DGTJ 08—2033—2008) 的有关规定。

1) 隧道进风井应设在空气洁净的地方，进风应直接采自大气。

2) 排风井的高度应满足废气排放的环境保护要求，排风应直接排出地面。

3) 当采用高风井集中排放废气时，应采用向上高空直排方式，风速宜取用 10m/s。

4) 隧道设置低排风亭或敞开式低风口时，其顶部宜高出周边设计地面标高，高差不宜小于 1m。

5) 通风井顶部应设井帽，防止雨水进入井内。

3. 通风井的排风扩散要求

当隧道建在建筑物密集的地区或环境保护区域时，隧道通过洞口或风井排放出的废气（如 NO_x、CO 等）对周围环境有较大的影响。按照《环境空气质量综合排放标准》(GB 3095—1999)、《大气污染物综合排放标准》(GB 16297—1996)，我国对污染物的排放速率、环境中污染物的浓度有严格的规定。因此通风井（洞口）的设计应考虑废气在出洞端的集中排放，洞口的允许排放量和排风井的高度与工程所处区域的气象条件、地理环境及敏感建筑物分布等均有关，需按照《工程环境影响评价报告书》的要求进行设计。

通风井应设置在地形较为开阔，扩散效果良好的地带。通风井设于山坳中时，在地势上应有一方朝向开阔方向，以提高换风质量。风井排风口高度宜高出送风口 5m，以防止排出的污染气体被重新送入隧道。当隧道设置低排风亭或敞开式低风口时，其顶部宜高出周边设计地面标高，高差不宜小于 1m。

(1) 排风上升高度。地面换风塔的排风（吹出）口附近，吹出的废气有一定污染，应达到环保要求，因此排风口应有足够的高度。排风口的构造应考虑风口周围的地形、植被等自然条件来确定，一般朝上开口吹出的形式较为有利。表 5-25 所示为排风口构造形式与排风上升效果。

表 5-25 换风塔排风口构造与排风上升效果

排风口形式		排气上升效果
朝上吹出	A	构造与工厂烟囱基本相同，其排出速度可以有效地改变上升高度
	B	排气吐出方向由于有叶片而变成斜向，对上升高度改变不利
	C	排气吐出方向由于有叶片而变成斜向，对上升高度改变不利
侧面吹出	D	排气的速度不能左右上升高度
	E	由于叶片朝下，排气速度减小了排风高度，是一种不利的形式

有效排风口高度 H_e 应为排风口结构高度 H_0 加上排风上升高度 ΔH（见图 5-24），即：

$$H_e = H_0 + \Delta H \tag{5-41}$$

由于汽车尾排气体有一定热量，排出的气体与大气存在温差，具有少量上浮力，但这里忽略这一小量，只考虑排风机械产生的排出速度，采用国际较普遍的博山克特（Bosanguet）计算式计算排风上升高度 ΔH，即：

$$\Delta H = \frac{0.65 \times 4.77}{1 + 0.43 \dfrac{v}{v_g}} \frac{\sqrt{Q_e v_g}}{v} \quad (5\text{-}42)$$

式中 Q_e——排风量（m³/s）；
　　v_g——换风塔排风口风速（m/s）；
　　v——大气平均风速（m/s）。

（2）排风口的扩散。排风口的扩散计算方法可按工厂烟囱的排烟问题一样考虑。一般假设扩散气体的污染浓度分布为正态分布，其扩散计算公式称为正态型扩散式。计算式以排出源（排风口中心）为原点，沿风向为 x 轴，水平向为 y 轴，垂直向为 z 轴。

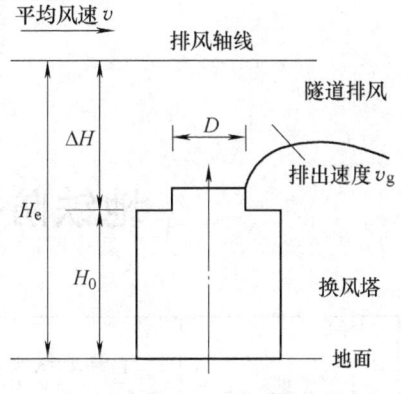

图 5-24　排风口有效高度

假定流场稳定，则地表面扩散气体浓度（取 $z=0$）可按下式计算：

$$C(x,y,0) = \frac{q}{\pi v \sigma_y \sigma_z} \exp\left[-\left(\frac{y^2}{2\sigma_y^2} + \frac{H_e^2}{2\sigma_z^2}\right)\right] \quad (5\text{-}43)$$

式中 C——扩散气体体积浓度（$\times 10^{-6}$）；
　　q——发生源强度（ml/s）；
　　σ_y、σ_z——水平方向、垂直方向的扩散宽度（m）；
　　H_e——有效排风口高度（m）。

扩散宽度是上式中的重要参数，它与大气稳定度、地面粗糙度等诸多因素密切相关，应通过大量调查和专题研究取其合理值。

复　习　题

1. 简述公路隧道通风排烟主要方式及其优缺点。
2. 简述公路隧道竖井送排式纵向通风需风量计算。
3. 简述公路隧道竖井与射流风机组合通风需风量计算。
4. 简述公路隧道限制烟气蔓延所需的通风量。
5. 简述公路隧道保护风机所需排烟量的计算。
6. 简述公路隧道风机的选型与布置。

第6章 地铁防排烟系统设计

【教学要求】	了解地铁火灾特点及危害；掌握地铁防排烟系统组成；掌握地铁防排烟系统的运行；掌握地铁防排烟系统设计要点及要求
【重点与难点】	地铁防排烟系统的组成 地铁防排烟系统的运行 地铁防排烟系统设计要点及要求

众所周知，地铁是火灾危险性较大的交通工具，由于地下铁道是构筑于地下的大容量轨道交通系统，因其运营环境和乘客构成的特殊性，疏散路线单一环境陌生等特点，一旦地铁内部突发火灾事故，乘客紧急逃生极其困难，群死群伤的可能性极大。因此，合理设置地铁的烟气控制与管理系统，是保证地铁发生火灾时人员的安全疏散，减少地铁火灾人员伤亡和财产损失的重要途径。

6.1 地铁线路的组成

地铁是一种独立的有轨交通系统，是由区间隧道（地面上为地面线路或高架线路）、车站及附属建筑物组成。

6.1.1 区间隧道

地铁的区间隧道是连接相邻车站之间的建筑物。由于地铁隧道深度和施工方式的不同，地铁区间隧道通常采用不同的结构型式，较为常见的有浅埋区间隧道和深埋区间隧道两种方式。浅埋区间隧道多采用明挖施工，常用钢筋混凝土矩形框架结构，其隧道结构型式如图 6-1 所示，包括单跨矩形、双跨矩形、单跨双层、单拱形。深埋区间隧道多采取暗挖施工，用圆形盾构开挖和钢筋混凝土管片支护。

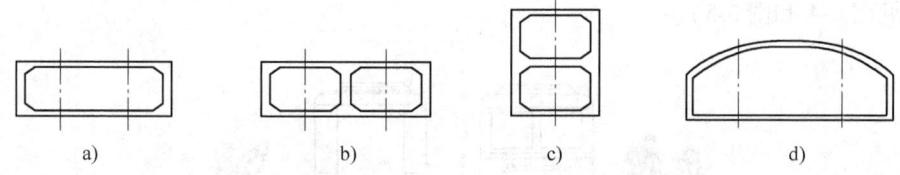

图 6-1　地铁浅埋区间隧道结构形式
a）单跨矩形　b）双跨矩形　c）单跨双层　d）单拱形

6.1.2　地铁站台

站台是地铁车站的最主要部分，是人员上下列车的主要场所。根据车站与地面相对位置，地铁车站可以分为：地下车站、地面车站和高架车站。根据车站站台型式则可以分为岛式站台、侧式站台以及岛、侧混合式站台。

1. 岛式站台

岛式站台就是指站台在中间，两侧是轨道，站台就像岛屿一样，车道像河流一样，这种站台叫岛式站台。乘客换乘时，由一侧下车，跨过站台另一侧上车，即完成了转线换乘，换乘极为方便（见图 6-2 和图 6-3）。

图 6-2　岛式站台平面示意图

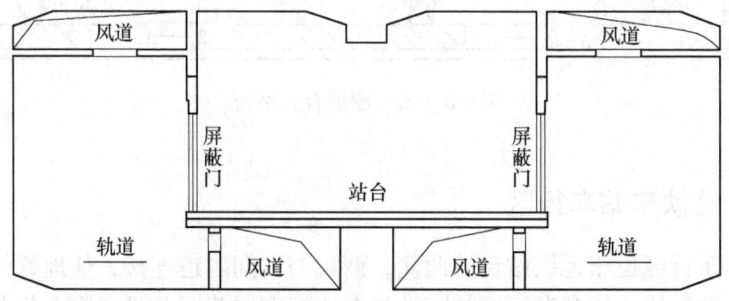

图 6-3　岛式站台横断面结构

2. 侧式站台

侧式站台指轨道设在中间,两侧是站台,乘客换乘时,由一侧下车,通过转换通道(如地下通道)到另一侧上车,即完成了转线换乘,换乘相对不便(见图6-4和图6-5)。

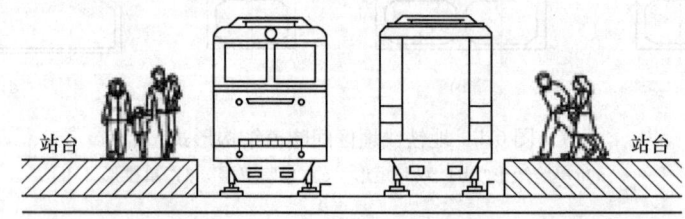

图 6-4 侧式站台平面示意图

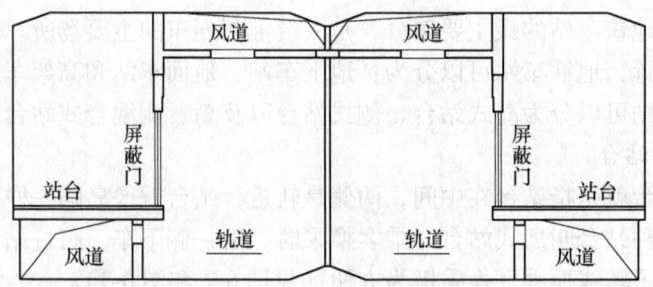

图 6-5 侧式站台横断面结构

3. 岛、侧混合式站台

岛、侧混合式站台是将岛式站台及侧式站台同设在一个车站内,可同时在两侧的站台上、下车,较少运用(见图6-6)。

图 6-6 岛、侧混合式站台

6.1.3 地铁车站车行区

车站车行区位于地铁站台的两侧,两端与区间隧道连接,使地铁线路构成一个完整的整体。通常车行区与车站站台之间有屏蔽门分隔、安全门分隔和不做分隔三种。

1. 屏蔽门分隔

屏蔽门系统就是通过在地铁车站的站台候车区与行车轨道之间设置屏蔽门装置，将地铁车站与区间隧道从空间上分隔开来，将车站和区间分隔成两个不同的空气环境区域。屏蔽门分隔方式能够完全避免旅客跌落站台，更可以阻隔列车运营时产生的活塞风，增加车站空调的利用率，并阻隔列车进站和出站时产生的噪声，是目前地铁站中最常采用的一种分隔方法。在本章后续的讨论中，均假定地铁站台已经设置了屏蔽门系统。

2. 安全门分隔

安全门分隔是用半封闭式安全门和高约 1.2m 的板块式护栏，把行驶的列车与候车乘客严格隔离，杜绝了"车带人"的恶性事故的发生。安全门在结构组成及控制原理上与屏蔽门类似，但高度上及其他功能上不同于屏蔽门，并不能完全将车站和区间分隔开，站台的候车区与轨道区仍然是一个公共的空间。在地面车站和高架车站中，常采用安全门将乘客与列车隔离（见图 6-7 和图 6-8）。

图 6-7 屏蔽门分隔

图 6-8 半高式安全门分隔

3. 未设置分隔

早期的地铁由于设计上的不足和资金等方面的问题，站台和列车之间未采取任何隔离措施，候车区与轨道区是一个公共的空间。目前我国的地铁车站中，还有少数车站采用这样的设置方式。

6.1.4 地铁站站厅

站厅层一般位于站台的上层，用于乘客的购票和快速通过。其宽度为 15~20m，长度为 60~100m，空间较为开阔，有不少于 2 个通道直通室外。在站厅周边，往往设置有商业开发设施。由于站厅与站台之间通过扶梯连接，扶梯所在处上下连通，形成所谓的"中庭"式结构，站台发生火灾时烟气很容易通过扶梯蔓延到站厅层。图 6-9 为某地铁站站厅示意图。

图 6-9　某地铁站站厅示意图

6.1.5　地铁站设备管理用房

地铁车站的设备管理用房是车站正常运营的心脏部位，包括车站变电所、弱电控制用房等设备用房和站长室、车控室等管理人员用房。根据地铁车站一般的布局，设备管理用房主要设置在站厅层和站台层的两端，其中大部分房间集中设置于车站一端，此端也称为车站空调负荷集中端，而另一端的设备管理用房较少，一般只设置通风机房、环控电控室及配电间等。

6.1.6　附属建筑

车站附属建筑包括车站出入口及通道、通风道及地面通风亭等。车站出入口是连通地铁车站与外界的建筑物，是乘客进出车站的通道。通风道和风亭则是地铁内部与外界进行通风换气的路径。

6.2　地铁建筑的特点及其火灾特性

6.2.1　地铁建筑的特点

地铁火灾通风非常重要，因为地铁一旦发生火灾，将给社会带来巨大的损失，地铁火灾巨大的危害性都是由地铁建筑的特点所决定的。地铁建筑与地面建筑不同的主要特点如下：

（1）地铁建筑由地铁的区间隧道、站厅、站台和控制室等部分组成，只有地下空间，其空间连续性强，防火困难；地铁是人流高度集中的场所，运营线路长，机电设备复杂、繁多，而且位置集中，地铁内空间较大，有的火灾报警和自动喷淋等消防设施配置不完善，起火后地下电源可能会被切断，通风空调系统失效，失去了通风排烟作用。

（2）地铁出入口少，客流量大，人员疏散不容易，一旦发生火灾，出入口还必须有排烟、散热、人员疏散和消防队员扑救入口的功能，大量烟气只能从一两个洞口向外涌，与地面空气对流速度慢，地下洞口的"吸风"效应使向外扩散的烟气部分又被洞口卷吸回来，容易令人窒息，如果不能及时有效地通风排烟并控制火情，将酿成巨大的灾难。

（3）地铁空间湿度大，容易造成因电气设备受潮，影响设备正常运转，从而导致火灾。如普通电缆不能防水，只要有一节电缆进水就无法送电；绝缘材料受潮时也会发生老化，其绝缘电阻便降低，从而造成电器设备漏电或短路事故的发生。

6.2.2 地铁火灾的特性

地铁深埋在地下，建筑结构复杂、出入口少、疏散路线长、通风照明条件差、电气设备种类多且人员高度集中，因此一旦发生火灾，扑救任务将非常艰巨，往往会造成重大的人员伤亡和财产损失。因此掌握地铁火灾的特点对于有效地预防和扑灭火灾有积极的指导作用。

1. 烟气的危害性

（1）发烟量大。由于地铁站位于地下，通风条件差，新鲜空气供给不足，气体交换不充分，产生不完全燃烧反应，导致一氧化碳等有毒有烟气体的大量产生，不仅降低了站内的可见度，同时加大了疏散人群窒息的可能性。在韩国大邱地铁事故里，人们发现很奇怪的一点是，在站台一张桌子的周围死了很多人。经过专家分析，原来在火灾发生时，浓烈的烟气使地铁里漆黑一团，在人正常的视野高度根本看不见地面。慌乱的人群失去辨别自身周边情况的能力，于是一张桌子就成了大家逃生路线上的障碍物，以至于很多人始终在围着桌子跑，最终被烟气熏死。

（2）排烟排热差。被岩石和土壤包裹的地下站体和隧道，热交换十分困难。发生火灾时又不像地面建筑那样有80%的烟可以通过破碎的窗户扩散到大气中，而是聚集在建筑物内，无法扩散，易使温度骤升，较早地出现"爆燃"，烟气形成的高温气流会对人体产生巨大的影响。这些流动性很强的烟和有毒气体，若不加以控制或不及时排除，则会在地下通道内四处流窜，短时间内充满整个地下空间，给建筑内人员和救灾人员带来极大的生命威胁。

2. 疏散难度大

（1）客流量大。上海已建成运营的地铁一号线、二号线和明珠线，全长65km，日均客流总量为100万人次，其中，地铁人民广场站日均客流量为25

万人次，地铁的满载率和单车运行都曾居世界第一。在地铁突发火灾事故情况下，这么大的客流量，组织有序的疏散很困难，若要确保所有乘客在安全允许的时间内全部逃生，难度更大。

(2) 逃生条件差。

1) 垂直高度大。商业运营的地铁，一般建在地下15m左右，考虑商业和战备兼顾的地铁，则一般建在深达30~70m的地下，如日本东京都营大江户地铁线，其中六本木车站共七层，深入地下达42.3m，光台阶就有200多级。突发火灾事故后，乘客从站台及站厅层仅凭体力往地面逃生，既耗时，又耗力，再加上不安全因素，安全逃生的把握性不大，对老弱病残的乘客而言，更是凶多吉少。

2) 逃生途径少。地铁运营环境的特定性，决定了供乘客安全逃生途径的单一性。与地面建筑不同，地铁站内热烟气运动的方向与人员疏散方向一致，垂向蔓延通道同时也是人员逃生通道，而地铁火灾时烟气的前锋流速为1.75~2.40m/s，人员疏散速度在照明系统正常时也仅为烟气速度的一半，极不利于地铁站内人员的安全疏散。

除安全疏散通道外，既没有供乘客使用的垂直电梯（设计上仅考虑残疾人专用电梯），也没有紧急避难场所，突发火灾事故中，大量乘客同时涌向狭窄的通道及楼梯，还有检票机等障碍物的阻挡，严重影响了乘客快速逃生。

3) 逃生距离长。以上海地铁人民广场站为例，该站共有12个出入口，其中5个直通地面，7个通道连通地下商场（4个通道设有中间防火卷帘）。12条疏散通道中有10条距离在100m以上，最长路线的距离达260m。一旦突发火灾事故，乘客往往习惯性从平常行走相对熟悉的路线或盲目跟随他人逃生，这对选择较长路线逃生的乘客来说，被困受害的可能性也就随之增大。

(3) 允许逃生的时间短。针对地铁火灾事故，日本消防部门曾做过试验，日本地铁的车厢虽被确认具有不易燃烧性，但起火后，慢则8min、快则1.5min之后就会出现对人体有害的气体。2~5min内，车厢内就因烟气弥漫而无法看清楚逃生出口，相邻的车厢在5~10min内也会出现相同情形。试验证明，允许乘客逃生只有5min左右的时间。另外，车内乘客的衣物一旦引燃，火势能在短时间内扩大，允许逃生的时间则更短。

(4) 乘客逃生意识差异大。地铁站台（厅）或列车内突发火灾事故后，险恶的灾害环境，使乘客容易产生恐慌及焦虑心理。对逃生意识较强、通道较熟悉的乘客来说，还能冷静判断险情，相对准确地采取自救措施，安全逃生的可能性也就较大。但自救意识较差的乘客，大多选择从众，即争先恐后拥向出口处，在被踩、挤、压而倒地后，而极易导致群死群伤。另外，因恐惧迷失方向后，被困者易直接致伤或致死。

3. 火情探测和扑救困难

地铁的火灾比地面建筑的火灾扑救要困难得多，扑救地下建筑火灾的难度，相当于扑救超高层建筑最顶上一层火灾的难度。地面建筑发生火灾时，可以直接在建筑外从产生的火光、烟气判断火场位置、火势大小。而地铁发生火灾时，究竟发生在哪个部位，无法直观火场，需要详细研究地下工程图，分析可能发生火灾的部位和可能出现的情况，才能做出灭火方案。同时出入口有限，而且出入口又经常是火灾时的冒烟口，消防人员难以接近着火点，扑救工作难以展开。再加上地下工程对通信设施的干扰较大，扑救人员与地面指挥人员通信联络困难，为消防扑救工作增加了障碍。

此外车站内的通道狭窄，灭火工作面和救援途径单一、受限，扑救进攻和撤离的路线容易与人员疏散路线、烟气流动路线交叉。由于无建筑外立面，故地面建筑常用的大型灭火设备无法用于灭火救援，也难以采用破拆等手段阻止火势扩大，可用灭火剂也比地面建筑少，这些原因均导致地铁站火灾的救援工作难度远大于地面建筑火灾。

4. 地铁火灾可燃物的多样性

地铁站内的可燃物包括站台内的可燃物、列车上的可燃物以及由乘客带入的可燃物组成。

老式地铁车辆内的可燃物主要为内部装饰材料，包括侧墙、地板、顶板、椅垫、坐垫、椅套等。如巴库地铁火灾中发生燃烧的车辆生产于 20 世纪 60 年代末，其地板为亚麻地板，座位由膨化的泡沫塑料和木头制成，墙和天花板由塑料压板制成。因此这样的老式车辆一旦发生火灾，火势将会迅速扩大，造成灾难性的后果。在新式车辆中已经不再使用木制板材，代之以高阻燃性能的玻璃钢、铝合金等材料，椅垫大多采用玻璃钢制成，坐垫、椅套等都也都进行了阻燃处理，安全性较老式车辆大大增加。

地铁站内可燃物主要集中在以下几个区域，其一是站台内的书报亭、小商铺等，这类区域内可燃物主要为纸制品与塑料制品；其二是站台内的垃圾桶，垃圾桶内堆积了乘客丢弃的各种废弃物，其中多是可以燃烧的；其三是站厅内的各种商业性店铺。

由旅客带入的可燃物种类非常多，如乘客违反乘车规定携带上车的易燃易爆物品，以及乘客随身携带的纸制品、塑料制品、化纤制品等。近年来，地铁站已经成为恐怖袭击的新目标，由恐怖袭击和纵火等造成的火灾和爆炸事件将越来越频繁。

5. 起火原因的多样性

根据国内对 1971～2003 年国内外部分地铁重大火灾情况的统计结果显示，造成地铁火灾危险和火灾原因如图 6-10 所示。

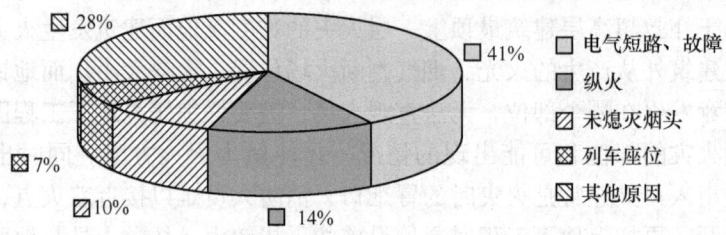

图 6-10 地铁火灾原因分布图

德国波恩联邦运输部对世界范围内的 86 个城市地铁运输火灾调查情况显示,地铁系统内发生火灾主要有以下原因:由于电力短路产生的出轨或碰撞而导致的事故、车辆内部或外部的电气问题、人为纵火(主要在车辆内)等。

综合国内外的调查结果可以发现地铁火灾的主要起火原因为:电路短路以及其他电气故障、人为纵火、吸烟以及用火不慎等。

6.2.3 地铁站火灾烟气流动特性

地铁区间隧道火灾烟气流动特性与公路隧道相同,本章不再赘述,仅对于地下站起火后烟气的流动进行讨论。

地铁站一般都由站厅层和一个或多个站台层构成,站厅层与地面、站厅层与站台层以及站台层之间均有一定厚度的土层分隔,在各层之间形成了一定的高度差。地铁站的站台层与站厅层通常都是狭长型的建筑结构,其站台长度为 120~140m,站台宽度视站台的形式为 6~16m。由于建筑空间比较狭小,因此站台周围的壁面对火灾烟气的流动会产生较大的影响。同时由于地铁站位于地面以下,其四周都被土层所包裹,空间比较封闭,对于站台层内安装有屏蔽门系统的地铁站,其站台与外界的联系通道则更少。当地铁站内发生火灾时,火灾烟气首先在起火防烟分区内蓄积,当烟气层降到挡烟垂壁以下时就会从沿楼梯向站厅层溢出。

当地铁站内发生火灾时,火源将加热其上方的空气使其温度升高、密度降低,被加热的空气在浮力的作用下将向上运动并不断卷吸周围的新鲜空气,形成火羽流。火羽流上升到一定的高度,将撞击顶棚,然后转为向四周的径向蔓延;径向流扩散到一定阶段后,将受到站台侧壁的限制而最终转变为沿站台方向的纵向一维运动过程。因此,站台起火后火灾烟气的蔓延过程可分为 5 个阶段或区域,如图 6-11 所示。

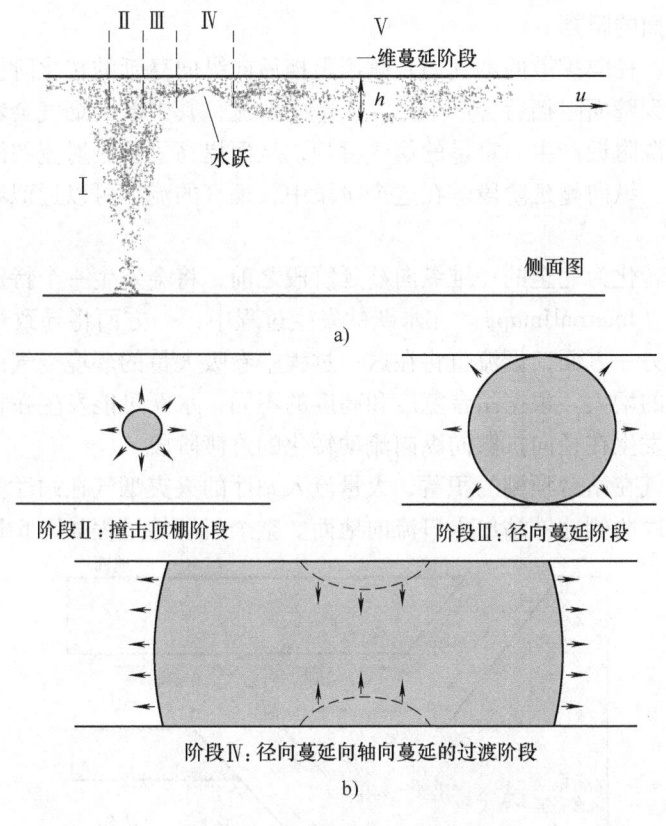

图 6-11 站台顶棚的烟气蔓延
a) 侧视图 b) 顶视图

阶段Ⅰ：火羽流上升阶段。火源上方的烟气被加热后上升，在上升过程中不断卷吸周围的空气并升高至隧道顶部。此时羽流可采用朱科斯基（Zukoski）模型描述，羽流的质量流量可采用下式计算：

$$m = 0.071 Q_c^{\frac{1}{3}} Z^{\frac{5}{3}} \tag{6-1}$$

式中 Q_c——火灾热释放中的对流换热部分（kW），一般可取 $Q_c = 0.7Q$，Q 为火灾热释放率；

Z——烟气层界面至可燃物表面的垂直高度（m）。

阶段Ⅱ：撞击顶棚阶段。根据火源功率的大小以及站台高度的不同，可以分为烟气羽流撞击和火焰撞击两种情况。烟气羽流撞击顶棚时，顶棚下方的最高温度随火源功率的增大而增大；当火焰直接撞击到顶棚时，顶棚下方的最高温度就等于火焰温度，而且不再随火源功率的增大而增大。

阶段Ⅲ：径向扩散阶段。这一阶段顶棚射流将沿径向向四周自由蔓延直到遇到两侧壁面的阻挡。

阶段Ⅳ：径向扩散的烟气遇到侧墙阻挡后向纵向蔓延的转化阶段。径向蔓延的烟气受到壁面阻挡后会产生反浮力壁面射流，其中部分烟气会转向火源流动，并在火源附近产生一定量的烟气蓄积，从而提高了顶棚射流的温度。

阶段Ⅴ：纵向蔓延阶段。在这个阶段中，烟气的流动可以近似看做是一维流动。

在烟气转化为完全的一维纵向蔓延阶段之前，将会发生一个特殊的物理现象——水跃（InternalJmup）。在水跃的发生过程中，一方面将导致烟流能量的突然损失，另一方面，烟流也将在这一过程中卷吸大量的环境空气而导致质量流率有明显的增大。根据站台宽度和高度的不同，水跃可能发生在径向扩散阶段，也可能发生在径向扩散向纵向流动转化的过渡阶段。

随着烟气在站台顶棚的积蓄，大量流入站厅的火灾烟气在站厅流动一段距离后将从站厅两侧地铁站出入口流向地面。整个流动的过程如图6-12所示。

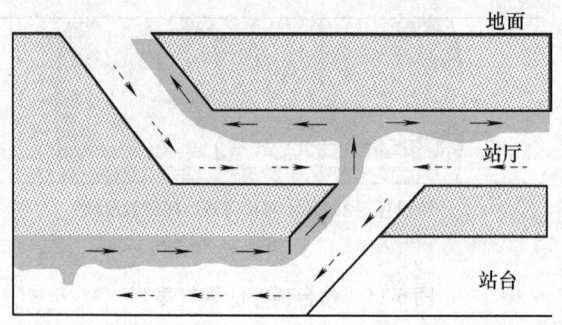

图6-12 地铁站发生火灾时烟气流动

地铁站是狭长型建筑，仅通过有限的楼梯、风亭与地面相通。地铁站的结构特点导致地铁站内的火灾烟气的流动具有以下的特点：

（1）由于地铁站内各层之间存在着一定的高度差。因此地铁站内的火灾烟气流动既有水平方向的流动，又有竖直方向上的流动。只要地铁站中的某层发生火灾，在没有启动烟气控制措施或者烟气控制措施无效的情况下，火灾烟气将会在热浮力的驱动下充满起火站台层及其以上的各层空间。

（2）烟气流动的方向和地铁站内人员疏散的方向一致，烟气在流动过程中将占用人员疏散的通道如楼梯、扶梯等，将会威胁到地铁站内部人员的安全疏散。

（3）烟气流动受到站台周围壁面的限制，将会在地铁站台内产生一定的烟气蓄积，同时由于地铁站缺乏与外界联系的通道，热量将在站内蓄积，从而造成烟气温度较高，可能对站台结构产生破坏。

（4）在烟气自然流动的情况下，站厅两侧的出入口会影响到站厅烟气的流动情况。地铁站与地面的出入口既是烟气流向地面的通道，同时也是空气流入地铁站的通道。地铁站出入口对于火灾烟气存在着竞争现象，其结果是一侧的出入口成为烟气流出的通道，而另一侧成为空气流入站厅的通道。

（5）由于站台为狭长形的建筑结构，站台起火后烟气在站台层的流动类似于隧道起火后烟气的蔓延过程。

6.3 地铁防排烟系统的组成及分类

6.3.1 地铁防排烟系统的组成

典型的地铁防排烟系统如图 6-13 所示。在设计车站的通风排烟系统时，通常在车站两端分别设置一个通风机房，以车站站台中心线为中心，两边的通风系统、风亭等对称布置。一般说来，地铁通风排烟系统应具备以下几种功能：

（1）列车正常运行时，保证地铁内部空气质量在规定的标准范围内，为乘客提供一个舒适的过渡环境，为管理人员提供舒适的工作环境。

（2）根据地铁系统内部各种设备的工艺要求，提供空调或通风换气，以保证工艺设备良好运行所需的环境要求。

（3）列车阻塞在区间隧道时，对阻塞隧道进行机械通风，为列车空调系统提供运行所需的空气冷却能力和新风量，在阻塞期间维持列车内部乘客能接受的环境条件，或向疏散的乘客提供足够的新鲜空气，使乘客能迎着新风方向疏散。

（4）列车在地铁内发生火灾时，根据火灾发生的部位和具体位置，对事发点采取有效的通风、排烟措施，以诱导乘客安全撤离火场及消防人员进行灭火工作。

6.3.2 地铁防排烟系统的分类

地铁防排烟系统可根据车站环境控制系统模式的不同和使用场所不同进行分类。

1. **根据车站环境控制系统模式分类**

根据车站环境控制系统模式的不同，可将地下车站及区间的通风系统分为开式系统、闭式系统和屏蔽门式系统。

（1）开式系统。开式系统即应用机械或"活塞效应"的原理使轨道交通

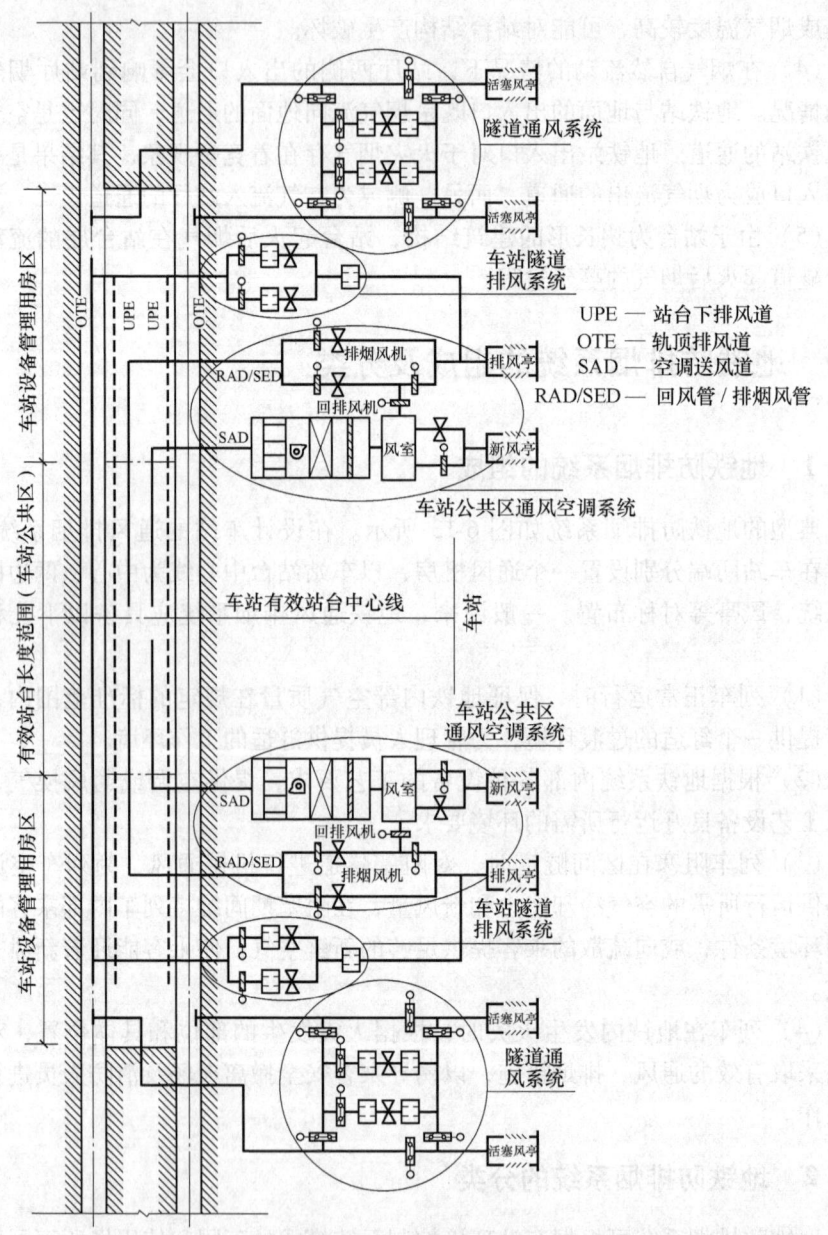

图 6-13 典型车站防排烟系统配置图（屏蔽门系统）

内部与外界交换空气，利用外界空气冷却车站和隧道。这种系统多用于当地最热月份的平均温度低于 25℃ 且运量较少的轨道交通系统。正常运行时，所有通风井全部开启，让外界空气和隧道内空气互相交换。

正常情况下，地铁采用活塞通风。当活塞通风不能满足要求时，要设置机械通风系统，可采用活塞通风与机械通风的联合系统。一般情况下，车站与区间分别设置独立的通风系统。车站通风采用横向的送排风系统，区间采用纵向的送排风系统，这些系统应同时具备排烟功能。

现运行的许多地铁线路都属此系统，如美国亚特兰大的地铁系统，我国北京的老地铁系统。这种系统形式在很大程度上节省了运行费用，但其通风效果并不尽人意。

（2）闭式系统。闭式系统即轨道交通内部基本上与大气隔断，仅供给满足乘客所需的新鲜空气量的系统。车站一般采用空调系统，而区间隧道的冷却是借助于列车运行的"活塞效应"携带一部分车站空调冷风来实现的。这种系统多用于当地最热月份的月平均气温高于25℃，且运量较大、高峰时间内每小时的列车运行对数和每列车车辆数的乘积大于180的轨道交通系统。我国香港的地铁就属于闭式系统。

（3）屏蔽门式系统。屏蔽门式系统即在车站的站台与行车隧道间安装屏蔽门，将其分隔开，车站安装空调系统，隧道用通风系统（机械通风或活塞通风，或两者兼用）。若通风系统不能将区间隧道的温度控制在允许值以内时，应采用空调或其他有效的降温方法。安装屏蔽门后，车站成为单一的建筑物，它不受区间隧道行车时活塞风的影响。由于车站与行车隧道隔开，减少了运行噪声对车站的干扰，不仅使车站环境较安静、舒适，也使旅客更为安全。我国目前运行的地铁中，大部分都采用屏蔽门式系统。

2. 根据使用场所分类

根据使用场所的不同，典型的地铁通风防排烟系统可分成如图6-14所示的几个部分。

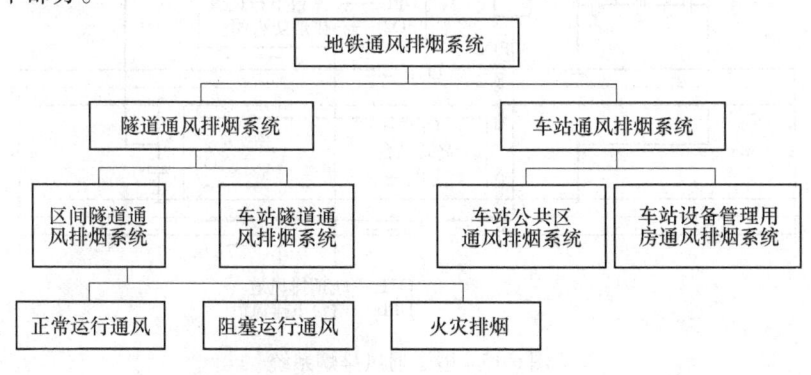

图6-14 通风排烟系统组成

（1）区间隧道通风系统。区间通风系统主要负责两个车站之间隧道的通风与排烟,包括自然通风和机械通风,其通风的主要形式包括通过活塞竖井通风和机械竖井通风两种。

根据隧道通风系统的要求以及节能要求,在条件允许的情况下,车站两端上下行线路应设一个活塞风道以及相应的风井,作为正常运行时依靠列车活塞作用实现隧道与外界通风换气的通道,同时,在隧道与其相对应的活塞风井之间还应设置一套隧道风机系统,该系统在无列车活塞作用时对隧道进行机械通风。而且在设置上要求车站每端上下行线的两套隧道风机可相互为备用。

区间隧道一般为纵向的送排风系统,同时具备排烟功能。当区间较长时,宜在中部设中间风井。

(2) 车站隧道通风系统。地铁列车由于高速运行而消耗大量电能,继而产生热量,同时通过摩擦刹车等运动又将产生大量的热能,列车产热的67%都将分布于站台,使车站温度升高。因此,地下车站宜在列车停靠在车站时的发热部位设置排风系统。车站隧道通风通常设置轨顶排风和轨底排风(站台下排风道),一般轨顶排风量与轨底排风量之比为6:4。通过局部排风的方法,有效地阻止热空气扩散,并将其排出。隧道通风排烟系统包括车站隧道通风系统和区间隧道通风系统,如图6-15所示。

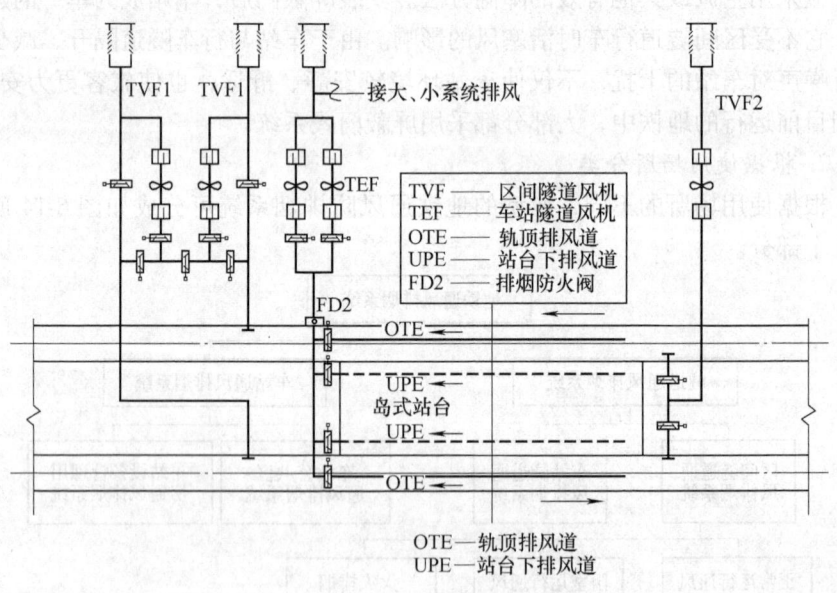

图 6-15　隧道通风排烟系统

(3) 车站公共区通风及防排烟系统。车站公共区通风及防排烟系统简称为大系统。根据地铁运营环境要求,在车站站厅站台的公共区部分设置通风空调和防排烟系统，正常运行时为乘客提供过渡性舒适环境，事故状态时迅速组织排除烟气。在实际的工程设计中，受地铁建筑空间的限制，车站公共区防排烟系统一般与正常的通风空调系统合设。

对车站通风系统进行设计时，首先应根据工程的实际情况选择车站的环境控制系统。车站环境控制系统的不同，其送排风形式设计也可能有所不同。开式系统一般采用横向送排风，也可将车站与区间隧道连成一体进行纵向通风；闭式系统通常将送风管沿车站长度方向布置在站台两侧，风口朝下均匀送风，在站台和轨顶设置排风系统；屏蔽门系统中车站成为独立的空调场所，一般将送风管沿车站长度方向布置在站台和站厅上方两侧，风口朝下均匀送风，回风管设置在车站中间上部，也可采用车站两端集中回风的形式。

图 6-16 给出了典型的车站公共区通风排烟系统的左边部分。在正常情况下，该系统对车站公共区进行通风换气，并实现温度调节功能。火灾时，启动防排烟系统时，进入火灾工况的工作模式。为保证系统在火灾时正常运行，应根据地铁通风系统操作控制表进行操作，确保电动组合风阀和风量调节阀的正确动作，使防排烟系统有效运行。

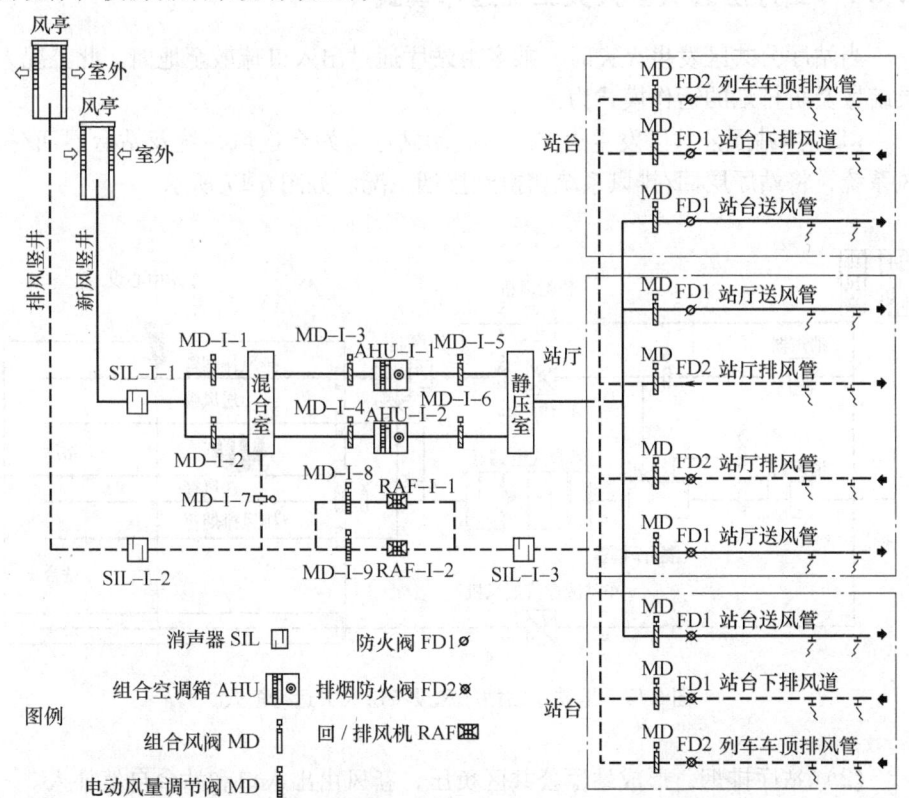

图 6-16　典型车站公共区通风排烟系统

(4) 车站设备管理用房通风排烟系统。地铁车站的设备管理用房是车站正常运行的心脏部位，一旦火灾时不能迅速有效地排烟，将危及其他房间的安全，造成设备区混乱和人员恐慌。根据地铁设备管理用房的工艺要求和运营管理要求，在设备管理用房必须设置通风空调和防排烟系统，正常运行时为运营管理人员提供舒适的工作环境和为设备正常工作提供必需的运行环境，事故状态时迅速组织排除烟气，通常也将其简称为小系统。

由于设备管理用房空间较小，各房间的使用功能和火灾性质差别很大，在实际设计中一般将设备管理用房的平时通风空调系统与火灾时的防排烟系统合用，选择耐高温的双速风机或并联单独排烟风机的方法来满足火灾时的排烟要求。对于一些比较重要的电气设备房间，一般需设置气体灭火装置。火灾扑灭后，由该房间的通风空调系统进行排风换气。

6.4 地铁防排烟系统的运行

6.4.1 站厅层公共区火灾工况运作模式

当站厅公共区发生火灾时，乘客由站厅通过出入口疏散至地面。此工况人员疏散及防排烟的运作模式为：

(1) 当站厅公共区发生火灾时，关闭站厅、站台送风系统及站台层回/排风系统，将站厅层回/排风系统切换到排烟工况。如图 6-17 所示。

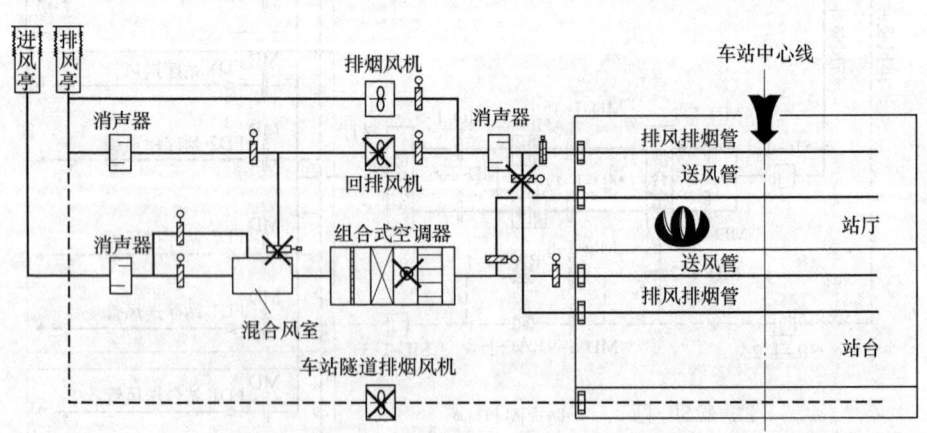

图 6-17 地铁车站站厅和设备层火灾运行模式

(2) 站厅排烟，形成站厅公共区负压，新风由出入口和站台自然补入。

(3) 火灾确认后，应阻挡地面乘客不再进入本车站内。
(4) 对滞留于站台层的乘客，应调度列车尽快将滞留在站台上的乘客带走。

6.4.2 站台层公共区火灾工况运作模式

当站台层公共区火灾时，乘客通过楼梯和自动扶梯（此时自动扶梯为停止或上行）向站厅层公共区疏散，经出入口至地面。此工况人员疏散及防排烟的运作模式为：

（1）当站台层公共区发生火灾时，关闭站台层送风系统和站厅层的回排风系统，将站台层的回排风系统切换到排烟工况。

（2）开启站台层排烟，应尽可能开启所有站台层排风机，从站台排烟，形成站台层负压；开启站厅层送风机送风，使梯口形成 1.5m/s 的向下气流，使站台层烟气途经风管道经风井排至地面，不至于蔓延至站厅。

（3）在确认上、下行线列车已经越行本站后，打开屏蔽门，并启车站两端的区间隧道风机（TVF）、排热风机（U/O），辅助站台层公共区排烟系统进行排烟，以保证楼梯口有不小于 1.5m/s 的向下气流。

（4）位于站厅的自动检票机门处为常开，同时打开位于非付费区和付费区之间的所有栏栅门，使乘客无阻挡通过出入口疏散到地面。

（5）确认本站火灾后，应通过显示、声讯或人员管理等措施阻挡地面出入口处乘客进入车站。

（6）确认本站火灾后，控制中心调度应使其他列车不再进入本站或快速通过、不停站。

当站台层发生火灾时，关闭车站送风系统、车站回排风机和站厅排风管，开启排烟风机，利用站台排风管道将烟气排除，同时开启隧道通风系统协助站台排烟，其排烟模式详见图 6-18，其排烟风量应保证站厅到站台的楼梯和扶梯口处具有不小于 1.5m/s 的向下气流。上述各种排烟模式的补风均通过出入口通道自然引风。

6.4.3 区间隧道火灾时的防排烟运作模式

隧道内排烟的原则是沿乘客安全疏散方向相反的方向送风，这样既可以阻止烟气与人同向流动，又给疏散逃生人员送去新鲜的空气。地铁隧道内起火部位与客车的位置关系决定了乘客的疏散方式，而乘客的疏散方式又决定了隧道内的排烟方向。因此，隧道内发生火灾时，起火部位与客车的位置关系既决定了乘客的疏散方向，又决定了区间两端站台风机和区间风机的送风排烟方向。

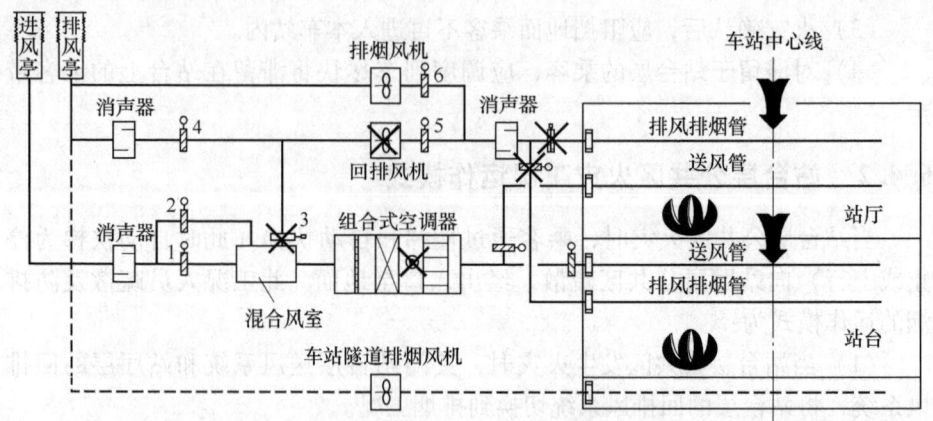

图 6-18 深埋车站站台层火灾运行模式

发生火灾时,起火部位与客车大致有三种位置关系,即起火部位位于车头、车中或车尾。

1. 列车头节火灾

此工况下人员疏散及防排烟的运作模式具体如下:

(1) 当火灾位于列车头节时,为保证大多数乘客的安全,列车尾节端门打开(自动落下梯),乘客鱼贯而入到达轨道面层,向列车尾端侧车站疏散。

(2) 此时,列车尾端侧车站送风,列车头端侧车站排风,形成 2~11m/s 的气流量,即通风方向与疏散方向始终相逆。

(3) 设有纵向应急通道的区间,此时应打开列车侧门,使乘客通过端门疏散的同时,也利用应急平台进行疏散,方向也向列车尾端侧车站疏散。

(4) 应充分利用位于疏散区间段内上、下行区间的联络通道,从火灾区间进入非火灾区间。此时,非火灾区间应停止列车运行,方能作为疏散通道使用。

2. 列车尾节火灾

此工况与列车头节火灾工况相同,疏散与防排烟运作模式与前述反向运作。

3. 列车中部火灾

当列车中部火灾时,一般为了避免更多的乘客受烟气影响,火灾通风气流与行车方向一致,疏散路径、通风模式同列车头火灾模式一样。由于列车中部着火,为了提高列车头、尾节列车上乘客生还机会,充分利用纵向应急通道更显重要。

当列车火灾部位不明确时,通风气流方向宜与列车行驶方向一致,即同列车头节火灾运作模式。

6.4.4 车站隧道通风排烟

车站隧道通风系统是指车站范围内、屏蔽门外站台下和轨顶排风系统，简称 UPE/OTE 系统。站台层排风由列车轨顶排风系统和站台下排系统组成。列车轨顶排风布置在车行道上方，与列车空调冷凝器位置对应，火灾时兼做排烟风管；站台下排系统为土建风道，与列车下发热位置对应。

当列车在车站轨行区发生火灾时，列车滞留在车站内。此时的排烟量应采羽流模型进行计算，火源功率不应小于10MW。此工况人员疏散及防排烟的运作模式为：

(1) 当站台层设有屏蔽门时，停车侧屏蔽门应自动打开（如有故障，可开启应急门）。

(2) 起动车站站台层相关排烟系统，尽所能排除烟气。

(3) 对于典型的地下车站，一般设有大型事故风机，车轨区上部设有排风管，均应启动相关风机，尽所能排除该车轨区烟气，形成车轨区负压。并开启站厅层送风机补风。

(4) 排烟量除了满足与列车火灾规模匹配的烟量外，还应满足站厅至站台楼扶梯口不小于1.5m/s的向下气流。

(5) 乘客从列车下到站台层后经楼梯和自动扶梯到站厅，再经过检票机口和栏栅门等通道，从出入口到达地面。

(6) 确认本站火灾后，应阻挡地面出入口处乘客不再进入本站。确认本站火灾后，控制中心调度应使其他列车不再进入本站或快速通过不停站。

6.4.5 设备管理用房火灾工况运作模式

当车站设备及管理用房发生火灾时，防排烟系统的火灾工况运作模式为：

(1) 配置气体保护的电气用房，灭火时，该区域通风系统关闭，灭火完毕，开启通风系统通风换气。

(2) 非气体保护房间，根据相关规范，当达一定规模火灾时需排烟，并补充50%的新风。

(3) 位于设备管理防火分区内的人员疏散，可通过设备管理区直通地面的消防专用通道疏散至地面，或疏散至相邻车站公共区。

6.5 地铁防排烟系统设计要点及要求

根据《地铁设计规范》（GB 50157—2003）的规定，地铁车站设计时应满足6min的疏散要求。当这些区域发生火灾事故时，如果不能及时组织诱导乘客疏散和迅速排除烟气，有可能造成重大伤亡。所以地铁车站防排烟系统设计必须保证火灾区域的排烟量，同时在乘客疏散路径上提供一定新鲜空气和迎面风速，有效控制烟气流动，诱导人员疏散。

6.5.1 地铁车站防排烟设计

1. 地铁车站防烟分区的设计

关于防烟分区的划分，《地铁设计规范》中规定了公共区和设备管理用房的防烟分区面积，均不宜超过 750m²。但是，由于地下车站站厅、站台公共区吊顶后净高均在 3m 左右，在低矮空间中再设置下垂 500mm 的挡烟垂壁，会将大部分标志、标识遮挡，建筑难以处理，国内外已建、在建的地下车站很少实施应用。

一般情况下，地下车站的公共区对建筑材料进行了较严格的规定，公共区内可燃物极少（不包括商业开发），主要可燃物是乘客的衣着和行李包，排烟量不高。根据这一现实，上海市地方建设标准《城市轨道交通设计规范》（DGJ08-109—2004）规定公共区防烟分区建筑面积不宜大于 2000m²；但地下车站的站厅、站台公共区楼梯洞之间，必须设置挡烟垂壁，设备管理区每个防烟分区仍保持不大于 750m²。在实际设计中，可参考上海市地规进行车站公共区的防烟分区划分。

另外，地下车站的防烟分区划分还应遵循以下规定：

（1）防烟分区不得跨越防火分区。

（2）防烟分区可采用挡烟垂壁、结构梁等来实现。

（3）挡烟垂壁等设施的耐火极限不应小于 0.5h，且下垂高度不小于 500mm（吊顶下），同时穿越吊顶至结构顶板底面。

（4）站台至站厅公共区楼扶梯孔洞四周应设挡烟垂壁。

（5）换乘车站内排烟系统分线设计时，防烟分区不应跨线设计。

2. 地铁车站公共区排烟量的相关规定

根据《地铁设计规范》的相关规定，地下车站的站厅和站台应设置机械防烟、排烟设施，火灾事故按区间隧道、站厅、站台、设备及管理用房同一时间只有一处发生火灾考虑。在设计地铁车站的防排烟系统时，应遵循如下规定：

（1）地下车站站台、站厅火灾时的排烟量，应根据一个防烟分区的建筑面积按 $1m^3/(m^2 \cdot min)$ 计算。当排烟设备需要同时排除两个或两个以上防烟分区的烟量时，其设备能力应按排除所负责的最大的防烟分区的烟量配置。当车站站台发生火灾时，应保证站厅到站台的楼梯和扶梯口处具有能够有效阻止烟气向上蔓延的气流，且向下气流速度不应小于 1.5m/s。

（2）地下车站公共区的排烟风机应保证在 250℃ 时能连续有效工作 1h；

烟气流经的辅助设备如风阀及消声器等应与风机耐高温等级相同。

（3）排烟口的风速不宜大于10m/s。当排烟干管采用金属管道时，管道内的风速不应大于20m/s，采用非金属管道时不应大于15m/s。

3. 保证楼梯和扶梯口处具有1.5m/s的风速

由于站台层疏散条件最差，发生火灾时如何进行烟气控制必须仔细考虑。《地铁设计规范》中规定当车站站台火灾时，应保证站厅到站台的楼梯和扶梯口处具有不小于1.5m/s的向下风速。这个风速对站台火灾产生的烟气有很大的控制作用，使人员能够安全地撤离到站厅层。但是，按照防烟分区的面积保证$1m^3/(m^2 \cdot min)$计算出的排烟量，往往很难在楼梯和扶梯口处产生足够的风速。因此，如何确保火灾时楼梯和扶梯口的风速满足规范要求，是地铁站台防排烟设计的难点。

通常情况下，站台长度为140m，站台宽度为12m，扣除站台上的设备用房面积，一般站台公共区的有效面积不超过1500m^2，根据现行的《地铁设计规范》按每个防烟分区面积不超过750m^2划分为两个防烟分区，最大计算排烟量约为90000m^3/h，考虑10%漏风系数后约为$10 \times 10^4 m^3/h$，而140m站台内会均布两组扶梯和一组楼梯，其开口面积总计为30~32m^2，若地下车站公共区排烟的新风补给全部通过出入口自然引入，楼梯和扶梯开口处的风速仅为0.93m/s，无法控制烟气不向上一层蔓延。

为满足火灾时楼梯和扶梯口风速的要求，对火灾时的排烟应进行仔细的设计计算和校核。图6-19是站台起火时排烟计算基本模型。为保证扶梯开口处具有足够的风速，一般的计算方法有以下两种：

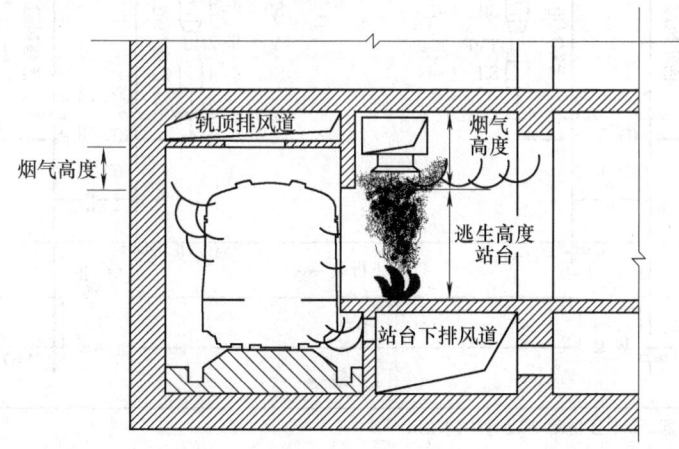

图6-19　站台起火时排烟量计算

（1）根据开口面积计算：统计出站台到站厅所有楼梯开口的总面积，按保证站厅与站台每个楼梯口风速不小于1.5m/s进行计算，求出所需的排烟量。即排烟量 V 必须满足下式：

$$V \geqslant 1.5S \tag{6-2}$$

式中 S——站台到站厅所有楼梯开口的总面积。

（2）采用轴对称型烟羽流产生量计算公式计算：在地下车站公共区中，已严格控制可燃物的使用和商业开发。当公共区发生火灾时，最主要的可燃物为乘客自带的行李，其火源功率可按 1.5MW 考虑。此时，排烟可按式（5-35）~式（5-40）计算。

最后，将上述计算结果与采用面积计算所得的结果进行比较，取其中的较大值。

6.5.2 地铁区间隧道防排烟设计

隧道通风有自然通风和机械通风。自然通风是利用列车高速行驶所产生的活塞效应进行通风排气，它主要用于长度较短的隧道正常运行时的通风。当自然通风不能满足地铁排除余热、余湿及烟气的要求时，要设置机械通风系统，在火灾情况下机械通风系统又可做为机械排烟系统使用。机械排烟有横向排烟、半横向排烟、纵向排烟。目前，我国地铁隧道机械排烟多采用纵向排烟方式。图 6-20 是典型的区间隧道机械通风系统布置。

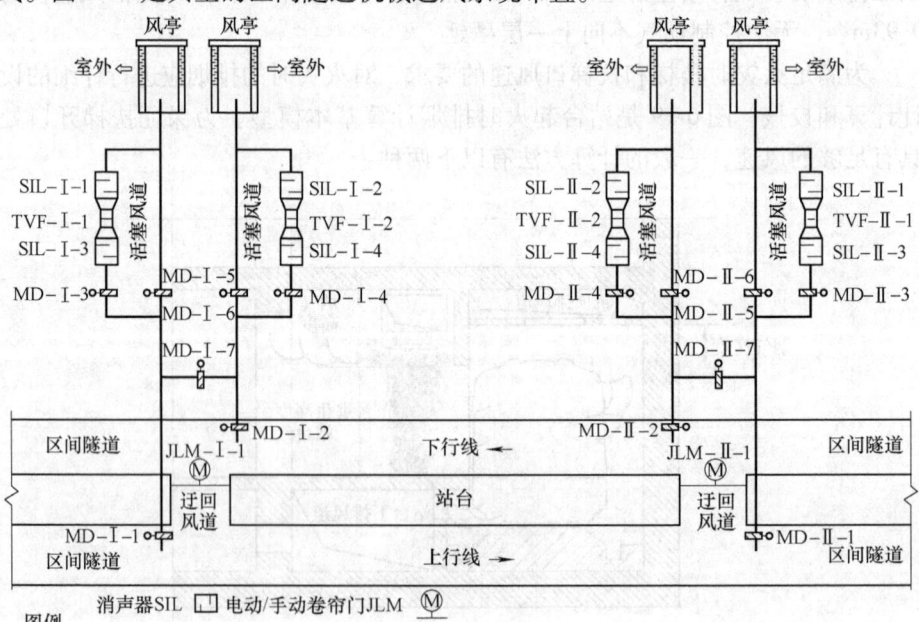

图 6-20 典型的区间隧道机械通风系统

注：图中所有表示风流方向的箭头均可逆。

当列车在区间隧道内运行时，一旦列车着火，只要不完全丧失动力，应尽量使列车开行到前方车站，此时的疏散路径和防排烟运作模式与车站隧道发生火灾时的运作模式相同。

在更多时候，受各种因素影响，列车发生火灾时并不能开行到车站。例如，当列车内部火灾达到一定强度时，不宜继续行驶，因为高强度火势可能使行驶中的列车内部火灾发展到外部。当列车外部着火时，由于火势过大，烧坏电缆设备，列车无法正常牵引行驶；同时列车蓄电池也无法正常使用，这样列车就必须停在区间隧道内进行乘客疏散。此外，着火地铁列车在区间隧道内带火行驶也具有很大的危险性，如果列车携带火源继续行驶到下一车站，有可能导致风助火势，使火势迅速蔓延，反而增加了疏散的难度。

《地铁设计规范》中规定："列车有可能在地下区间隧道发生火灾而又不能牵引到车站时，乘客可从首节列车端头门下至区间隧道，当区间隧道有条件设置纵向疏散通道时，可考虑列车侧门打开疏散乘客，此时，可利用两条区间隧道之间的联络通道将乘客疏散到另一条区间隧道内，使乘客疏散迅速、安全。"

当区间隧道发生火灾时，应组织背向乘客疏散方向排烟，迎着乘客疏散方向正压送风，形成推拉式的防烟排烟系统。《地铁设计规范》规定：区间隧道火灾的排烟量，按单洞区间隧道断面的排烟流速不小于2m/s计算，但排烟流速不得大于11m/s。还应该满足列车处在坡段时，能有效控制烟气逆流，即高于临界风速。临界风速可按式（5-32）～式（5-34）计算，即：

$$v_{cr} = k_1 k_g \left(\frac{gHQ}{\rho_0 c_p A T_f} \right)^{\frac{1}{3}}$$

$$T_f = \frac{Q}{\rho_0 c_p A v_{cr}} + T_0$$

$$k_g = 1 + 0.0374 i^{0.8}$$

式中　v_{cr}——临界风速（m/s）；

k_1——量纲为1的常数，$k_1 = 0.606$；

k_g——坡度修正系数（无量纲）；

i——隧道坡度（%）；

g——重力加速度（m/s²）；

H——隧道最大净宽高度（m）；

Q——火灾规模（kW）；

ρ_0——火场烟气空气密度（kg/m³）；

c_p——空气的比定压热容[kJ/(kg·K)]；

A——隧道横断面积（m²）；

T_f——热空气温度（K）；

T_0——火场远区空气温度（K）。

列车的火灾规模可根据车辆内部组成材料的可燃性和系统设计考虑的疏散时间进行分析。根据目前的实验数据，国内常用的钢轮钢轨制式列车火灾规模为 10.5MW 或 7.5MW，随着对列车材料可燃性的严格控制，列车火灾规模有下降的趋势。

6.5.3 地铁设备管理用房通风防排烟设计

《地铁设计规范》对设备管理区的通风排烟作出了如下规定：

（1）地下车站的各类用房根据其使用要求设置通风系统，必要时可设置空调系统；进风应直接采自大气，排风应直接排出地面。

（2）地下牵引变电所、降压变电所应设置机械通风系统，排风宜直接排至地面。

（3）设置气体灭火的房间应设置机械通风系统，所排除的气体必须直接排出地面。

（4）设在尽端线、折返线内的设备及管理用房，应设置机械排风、自然进风系统。

（5）同一个防火分区内的地下车站设备及管理用房的总面积超过 $200m^2$，或面积超过 $50m^2$ 且经常有人停留的单个房间，必须设制机械排烟设施，其排烟量按 $60m^3/(h·m^2)$ 设计。

（6）车站设备及管理用房排烟风机应保证在 250℃ 时能连续有效工作 1h；烟气流经的辅助设备，如风阀及消声器等，应与风机耐高温等级相同。

（7）排烟口的风速不宜大于 10m/s。当排烟干管采用金属管道时，管道内的风速不应大于 20m/s，采用非金属管道时不应大于 15m/s。

复 习 题

1. 与一般的隧道火灾相比，地铁火灾有哪些特殊性？
2. 地铁防排烟系统如何进行分类？
3. 地铁不同区域起火时，防排烟系统的运行有何不同？
4. 简要讨论地铁车站防排烟设计的要点。

第7章 防排烟设备及其联动控制

【教学要求】	掌握防排烟设备的选用要求；熟悉防排烟系统中常用设备的原理、命名规则、性能及其用途；熟悉防排烟设备的联动控制
【重点与难点】	防排烟设备的选用及其原理

防排烟设备是防排烟系统的重要组成部分，也是防排烟系统正常运行的保障，本章将重点介绍防排烟设备的原理、性能及其参数。

7.1 防排烟风机

风机是一种用于输送气体的机械，它是将原动机的机械能转换成流经其内部流体的压力能的设备。在建筑物防排烟系统中，风机是有组织的往室内送入新鲜空气、或排出室内火灾烟气的输送设备，是机械排烟系统和加压送风系统中必可少的部分，在防排烟系统中起着至关重要的作用。

7.1.1 风机的性能参数

风机的性能是以它的性能参数表示的，其性能参数主要有额定工况下的风量 Q、全压 p、转速 n、功率 N、效率 η 等。

1. 风量

风量是指标准工况（$t=20℃$，$p=101.3 \text{kN/m}^2$，$\varphi=50\%$）下单位时间内流过风机入口的气体体积流量，单位为 m^3/s 或 m^3/h。实际工况不是标准工况时，需要进行换算，若实测的流量和密度为 Q_1 和 ρ_1，则标准工况下的流量为：

$$Q = \frac{Q_1 \rho_1}{1.2} \tag{7-1}$$

2. 全压

风机的全压是指单位体积流体流过风机后所获得的能量增加值（全压值），即气体在风机出口和进口的全压值之差，用 p 表示，单位为 N/m^2 或 Pa。

3. 转速

转速是指风机叶轮每分钟的转数，用 n 表示，单位为 r/min。

4. 功率

风机的功率是指输入功率，即原动机传到风机转轴上的功率，也称为轴功率，用 N 表示，单位为 W 或 kW。

5. 效率

单位时间内流体从风机得到的实际能量，称为有效功率，用 N_e 表示，单位为 W 或 kW。

风机效率是指有效功率与轴功率之比，用 η 表示，如下式所示。它表示输入的轴功率被流体的利用程度，风机的效率，通常是由试验确定的。

$$\eta = \frac{N_e}{N} \tag{7-2}$$

7.1.2 风机的分类

1. 根据作用原理分类

根据作用原理风机分为离心式风机、轴流式风机和贯流式风机。

（1）离心式风机。离心式风机由叶轮、机壳、转轴、支架等部分组成，叶轮上装有一定数量的叶片，如图7-1和图7-2所示。气流从风机轴向入口吸入，经90°转弯进入叶轮中，叶轮叶片间隙中的气体被带动旋转而获得离心力，气体由于离心力的作用向机壳方向运动，并产生一定的正压力，由蜗壳汇集沿切向引导至排气口排出，叶轮中则由于气体离开而形成了负压，气体因而

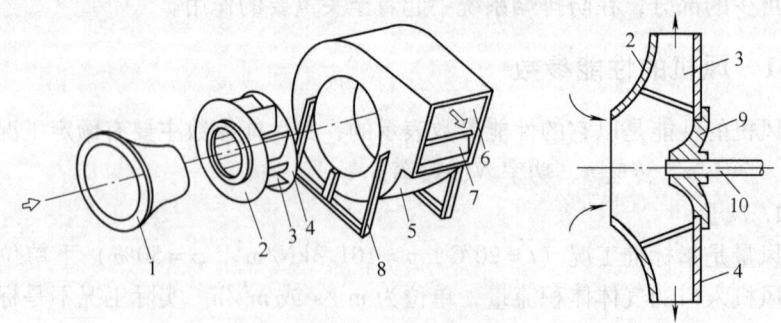

图7-1 离心式风机的组成

1—吸入口 2—叶轮前盘 3—叶片 4—后盘 5—机壳
6—出口 7—截流盘（风舌） 8—支架 9—轮毂 10—轴

源源不断地由进风口轴向地被吸入,从而形成了气体被连续地吸入、加压、排出的流动过程。

根据离心式风机提供的全压不同分为高、中、低压三类,高压离心风机全压大于3000Pa,中压离心风机全压介于1000~3000Pa之间,低压离心风机全压不超过1000Pa。

离心式风机根据叶片的出口安装角度分为前向式、后向式、径向式三种。前向式叶片出口安装角度 $\beta_{2a} > 90°$,径向式叶片出口安装角度 $\beta_{2a} = 90°$,后向式叶片出口安装角度 $\beta_{2a} < 90°$,如图 7-3 所示。

图 7-2 离心风机实物图

(2)轴流式风机。轴流式风机的叶片安装在旋转的轮毂上,当叶轮由电动机带动而旋转时,将气流从轴向吸入,气体受到叶片的推挤而升压,并形成轴向流动,由于风机中的气流方向始终沿着轴向,故称为轴流式风机,如图 7-4 和图 7-5 所示。

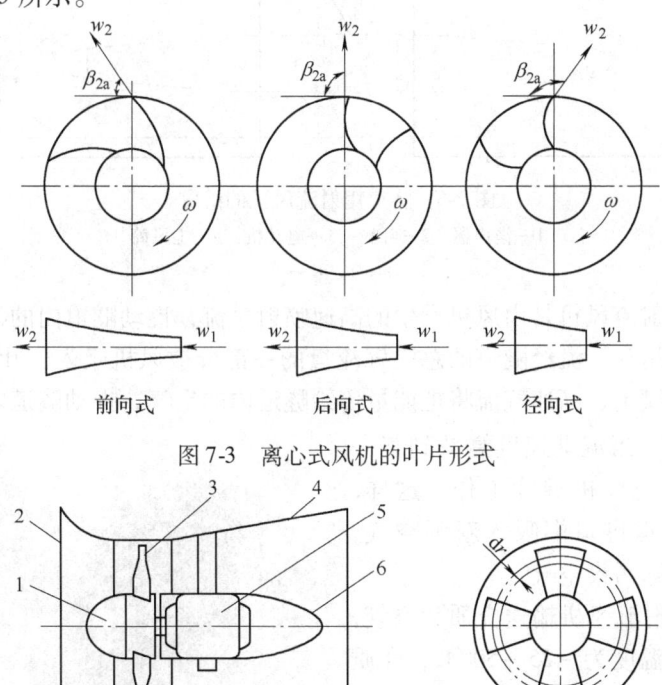

图 7-3 离心式风机的叶片形式

图 7-4 轴流式风机的组成

1—轮毂 2—前整流罩口 3—叶轮 4—扩压管 5—电动机 6—后整流罩

根据风机提供的全压，轴流风机分为高压风机和低压风机两种，其中高压轴流风机全压不小于500Pa，低压轴流风机全压小于500Pa。轴流式风机按叶片的形式可分为板型和机翼型，而且有扭曲和非扭曲之别；按结构可分为筒式和风扇式两种。

在轴流风机中有一种用于公路、铁路交通隧道内通风换气用的风机，称为隧道用射流风机。它是在轴流风机进风口、出风口带圆筒式消声器，它的进出口端为流线型喷嘴，内壁为穿孔板，中间填充防水吸声材料，如图7-6和图7-7所示。隧道用射流风机一般悬挂在隧道顶部或两侧，不占用交通面积，不需另外修建风道。土建工程造价低，是一种很经济的通风方式。

图7-5　轴流风机实物图

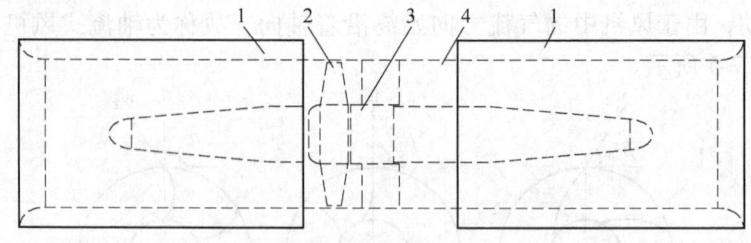

图7-6　隧道用射流风机的组成
1—消声器　2—叶轮　3—电动机　4—主风筒

隧道用射流风机是由风机产生的高速喷射气流，推动隧道内的污浊空气顺着射流方向运动。流经隧道的总空气流量的一部分被风机吸入，叶轮做功后，由出口高速喷出，高速气流将把能量传给隧道内的空气，推动隧道内的空气一起向前流动，当流动速度衰减到某一值时，下一组风机继续工作。这样，实现了从隧道进口端吸入新鲜空气，从出口端排除污染空气。

隧道用射流风机输送介质为空气，适用的环境温度为-25~500℃，介质中含尘量和其他固体杂质的含量不大于100mg/m³，且无粘性和无纤维物质。

在轴流风机中有一种地铁轴流通风机。它一般用于地铁环控系统内的

图7-7　隧道用射流风机

通风换气，分为两大系列：一大系列为可逆转式（见图7-8），另一大系列为单向运转式。可逆转式通过改变电机旋向可实现反向通风，反风量接近正风量的100%，单向运转式为只能单向通风的地铁轴流通风机。从使用场所上分车站大系统的集中式全空气系统用、隧道中间风井用和车站设备管理用房或空调通风机房用；从使用功能上分送风、排风和排烟功能。地铁风机与其配套的消声器、风阀等附件构成地铁环控系统通风设备的主要组成设备。

（3）混流风机。混流风机（又叫斜流风机）的外形、结构都是介于离心风机和轴流风机之间，是介于轴流风机和离心风机之间

图7-8 可逆转地铁隧道轴流风机

的风机，斜流风机的叶轮高速旋转让空气既做离心运动，又做轴向运动，既产生离心风机的离心力，又具有轴流风机的推升力，机壳内空气的运动混合了轴流与离心两种运动形式。斜流风机和离心风机比较，压力低一些，而流量大一些，它与轴流风机比较，压力高一些，但流量又小一些。斜流风机具有压力高、风量大、高效率、结构紧凑、噪声低、体积小、安装方便等优点。斜流式风机外形看起来更像传统的轴流式风机，机壳可具有敞开的入口，排泄壳缓慢膨胀，以放慢空气或气体流的速度，并将动能转换为有用的静态压力。见图7-9和图7-10。

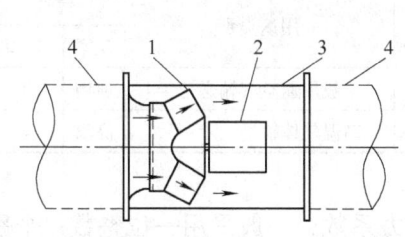

图7-9 混流风机示意图
1—叶轮 2—电动机 3—风筒 4—连接风管

图7-10 混流风机

斜流风机广泛应用于宾馆、饭店、商场、写字楼、体育馆等高级民用建筑的通排风、管道加压送风及工矿企业的通风换气场所。

在建筑防排烟工程中，排烟风机可采用排烟轴流风机、斜流风机或离心式风机，加压送风风机可采用轴流风机和中、低压离心风机。

2. 根据风机的用途分类

根据风机的用途，可以将风机分为一般用途风机、排尘风机、防爆风机、防腐风机、消防用排烟风机、屋顶风机、高温风机、射流风机等。

在建筑防排烟工程中，由于加压送风系统输送的是一般的室外空气，因此可以采用一般用途风机，而排烟系统中的风机可采用消防用排烟风机。

另外，根据风机的转速将风机分为单速风机和双速风机。通过改变风机的转速可以改变风机的性能参数，以满足风量和全压的要求，并可实现节能的目的。双速风机采用的是双速电机，通过接触器改变极对数得到两种不同转速。

7.1.3 风机的命名方法

1. 离心风机的命名方法

离心风机的命名如图 7-11 所示。

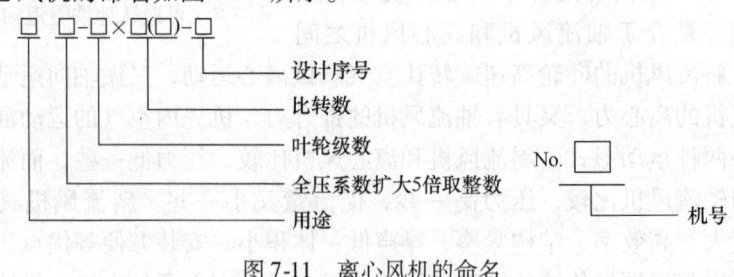

图 7-11 离心风机的命名

（1）用途代号采用汉语拼音表示，见表 7-1。

表 7-1 风机用途代号表

序号	用途类别	代号		序号	用途类别	代号	
		汉字	简写			汉字	简写
1	一般用途通风换气	通用	T	3	一般用途空气输送	通用	T
2	防爆气体通风换气	防爆	B	4	高温气体输送	高温	W

（2）型号表述式中的全压系数即为压力系数，一般采用一位整数；个别前弯叶轮的压力系数大于 1.0 时，用两位整数表示。

（3）叶轮级用正整数表示。单级叶轮不标，若是两个叶轮并联结构，或单叶轮双吸入结构，则用 2 表示。

（4）比转数采用两位整数表示。若产品的型式中产生有重复代号或派生型时，则在比转数后加注字号，采用罗马数字Ⅰ，Ⅱ…表示。

（5）设计顺序号用阿拉伯数字 1,2,3…表示，供对该型产品有重大修改时用。若性能参数、外形尺寸、地基尺寸、易损件均无变更，则不使用设计顺序号。

(6) 机号用叶轮直径（mm）/100 并冠以符号"NO"表示。

【示例7-1】 5—72No.20 型

T(省略)——一般通用通风换气，空气输送用离心风机；5—全压系数为 0.8；72—比转数为 72；No.20—机号为 20，即叶轮直径为 2000mm。

2. 轴流风机的命名方法

轴流风机的命名如图 7-12 所示。

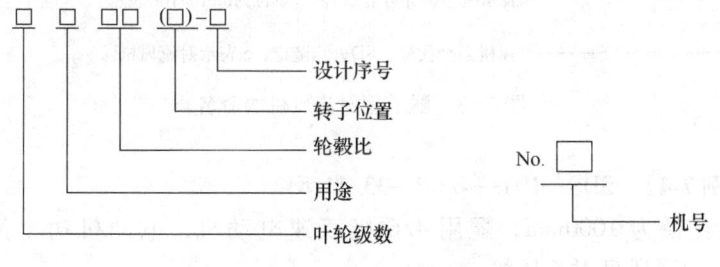

图 7-12 轴流风机的命名

(1) 叶轮级数代号（指叶轮串联级数），单级叶轮可不表示，双级叶轮用"2"表示；

(2) 用途代号见表 7-1。

(3) 轮毂比为轮毂的外径与叶轮外径之比的百分比，取两位整数。

(4) 转子位置代号，卧式用 A 表示（可省略），立式用 B 表示。同系列产品转子无位置变化则不表示；若产品的型式中产生有重复代号，或派生型时，则在轮毂比数后加注序号，采用罗马数字 I、II 等表示。

(5) 设计序号用阿拉伯数字"1，2"等表示。供对该型产品有重大修改时用。若性能参数、外形尺寸、地基尺寸、易损件没有改动时，不应使用设计序号。若产品的型式中产生有重复代号或派生型时，则在设计序号前加注序号，采用罗马数字 I、II 等表示。

(6) 机号用叶轮直径（mm）/100，并冠以符号"No"表示。

【示例7-2】 T30No.8 型

T—一般通风换气用轴流风机，30-轮毂比为 0.3；No.8—机号为 8，即叶轮直径为 800mm。

3. 隧道用射流风机的命名方法

隧道用射流风机的命名见图 7-13。

【示例7-3】 SDS—9K—4P—15 型

叶轮直径为 900mm，配用 4 极电动机，电动机功率为 15kW，单向通风型射流风机。

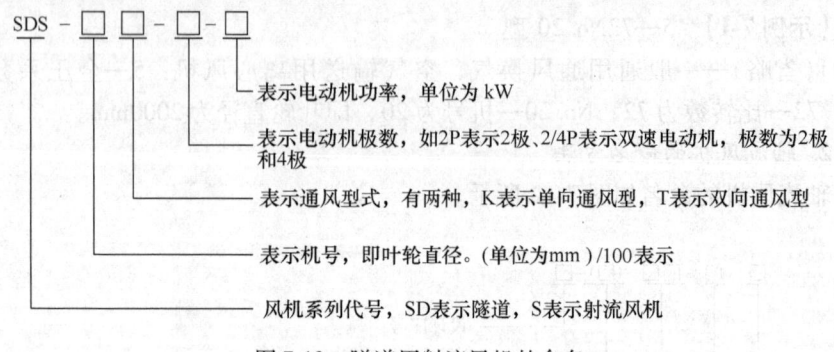

图 7-13 隧道用射流风机的命名

【示例 7-4】 SDS—10T—4/6P—33/11 型

叶轮直径为 1000mm，配用 4/6 极双速电动机，电动机功率为 33kW/11kW，双向通风型射流风机。

4. 地铁轴流风机的命名方法

地铁轴流风机的命名如图 7-14 所示。

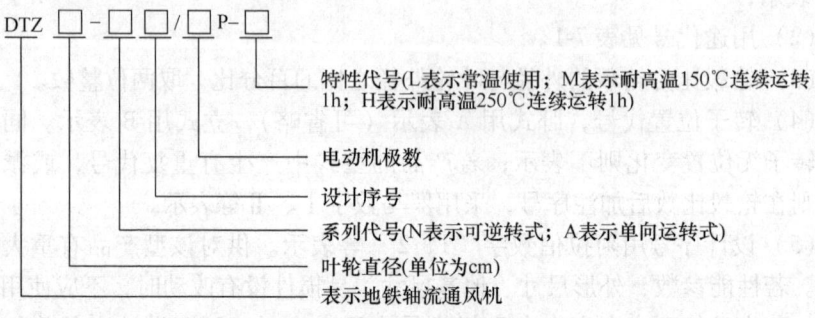

图 7-14 地铁轴流风机的命名

【示例 7-5】 DTZ180—N1/6P—H 型

表示叶轮直径为 180cm（1800mm），配 6 极电动机，在 250℃ 高温下可连续运转 1h，设计序号为 1 的可逆转式地铁轴流通风机。

5. 斜流风机的命名方法

斜流风机的命名如图 7-15 所示。

【示例 7-6】 XF45—25—2No. 4 型

表示叶根安装角为 45°，叶顶安装角为 25°，设计序号为 2，直径为 400mm 的斜流通风机。

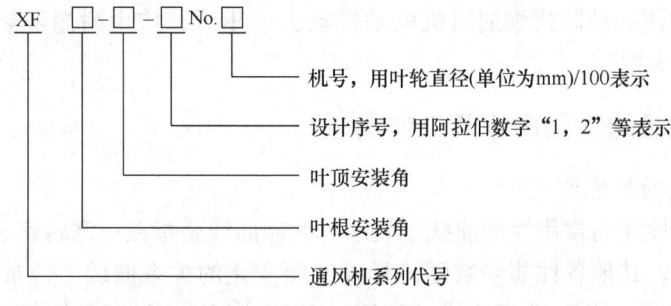

图 7-15 斜流式风机的命名

7.1.4 防排烟工程对风机的要求

建筑物防排烟工程的风机，加压送风风机与一般的送风风机没有区别，而排烟风机除具备一般工程中所用的风机的性能外，还应满足以下要求：

(1) 排烟风机排出的是火灾时的高温烟气，因此排烟风机应能够保证烟气温度低于85℃时长时间运行，在烟气温度为280℃的条件下连续工作不小于30min（地铁用轴流风机需要在250℃高温下可连续运转1h），当温度冷却至环境温度时仍能连续正常运转。当排烟风机及系统中设置有软接头时，该软接头应能在280℃的环境条件下连续工作不少于30min。

(2) 排烟风机可采用离心风机或消防专用排烟轴流风机，风机采用为不燃材料制作，高温变形小。排烟专用轴流风机必须有国家质量检测认证中心，按照相应标准进行性能检测的报告。普通离心式通风机是按输送密度较大的冷空气设计的，当输送火灾烟气时风量保持不变，由于烟气密度小，风机功耗小，电机线圈发热量小，这对风机有利。

(3) 排烟风机的全压应满足排烟系统最不利环路的要求，考虑排烟风道漏风量的因素，排烟量应增加10%~20%的富裕量。

(4) 在排烟风机入口或出口处的总管应设置排烟防火阀，当烟气温度超过280℃时排烟防火阀能自行关闭，该阀应与排烟风机连锁，该阀关闭时排烟风机应能停止运转。

(5) 加压风机和排烟风机应满足系统风量和风压的要求，并尽可能使工作点处在风机的高效区。机械加压送风风机可采用轴流风机或中、低压离心风机，送风机的进风口宜直接与室外空气相通。

(6) 高原地区由于海拔高，大气压力低，气体密度小，对于排烟系统在质量流量、阻力相同时，风机所需要的风量和风压都比平原地区的大，不能忽视当地大气压力的影响。

(7) 轴流式消防排烟通风机应在风机内设置电动机隔热保护与空气冷却系统，电动机绝缘等级应不低于F级。

（8）轴流式消防排烟通风机电动机动力引出线，应由耐温隔热套管包容或采用耐高温电缆。

7.1.5 风机的性能曲线及工作点

1. 风机的性能曲线

风机的性能通常用性能曲线来表示。性能曲线是指在一定转速下，以流量为基本变量，其他各性能参数随流量改变而变化的关系曲线。通常有流量-全压曲线（Q-p）、流量-功率曲线（Q-N）、流量-效率曲线（Q-η）等。

图 7-16 为离心式风机的性能曲线，这种离心式风机的全压 p 是随着风量 Q 的增大而降低的，而所消耗的功率 P 则是随着风量 Q 的增大而增长的。而风机的效率 η 开始随着风量 Q 的增大而增大，当风量达到某一定值时，效率最高，其后，效率随着风量的继续增大而降低。正确选用的风机，应该能在高效率区域内工作。目前国内提供的风机产品目录中的性能选用表中对每一转速下的风机性能是将最高效率 90% 范围内的性能按流量等分为 5 个工况点，以供选用，对超过该性能范围的风机，不应使用。

图 7-17 为轴流风机的性能曲线从图中可以看出，风压性能曲线 p-Q 随流量增加风压先减小而后增加，而后又减小，左侧呈马鞍形，在一定流量范围内，风量减小时，风压增大，流量为零时风压最大。风机效率随着流量增加先增大而后减小，最高效率点在风压峰值附近。功率随流量增加而减小，在流量为零时，P 达到最大值，此时为最高效率时功率的 1.2~1.4 倍，因此在起动时应保证管路畅通、阻力最小，以防止电动机起动时超载现象。

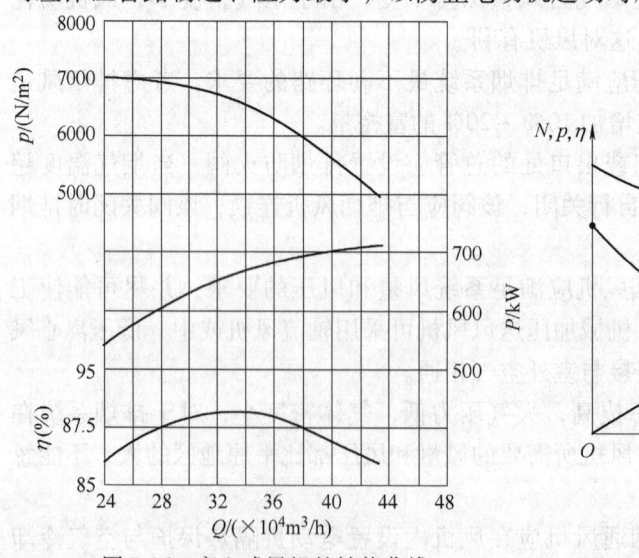

图 7-16 离心式风机的性能曲线

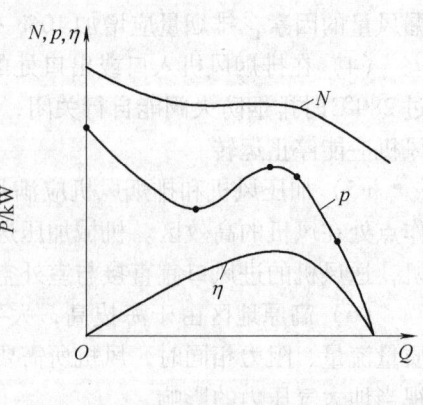

图 7-17 轴流风机的性能曲线

斜流风机的性能曲线形状介于离心风机和轴流风机之间,如图 7-18 所示。对于高压力斜流风机,其流量与压力、流量与功率的相互关系变化规律接近于离心风机,在使用上,可采用关闭阀门起动,这时功率最小,动力机安全。对于低压力混流风机,性能参数之间的变化规律接近于轴流风机,在使用上,不宜采用关阀起动,而应该开阀起动,这时功率比较小,电动机不容易被烧毁。

2. 风机工作点的确定

在 Q-p 坐标系中画出管路特性曲线,再按同一比例画出所选用的风机性能曲线,两曲线交点就是风机在此管路中运行的工况点或称工作点。图 7-19 中,曲线 AB 为风机的性能曲线,曲线 CE 为管路的特性曲线,两者的交点 D 为风机在管路中的工作点,此时应看 Q_D、p_D 是否满足工程设计要求,以及 η_D 是否在高效区,若都满足则所选用的风机经济和恰当。

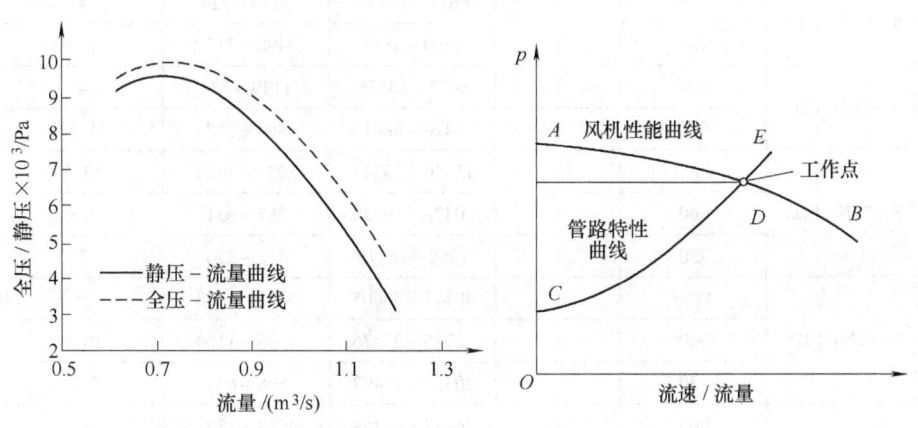

图 7-18 斜流风机的性能曲线　　　图 7-19 风机的工作点

7.1.6 防排烟工程常用的风机及其性能参数

根据对防排烟风机的要求可知,加压送风风机可以采用轴流风机或中、低压离心风机,如5—72型普通离心通风机等,其性能参数见表 7-2,T40 系列轴流风机性能参数见表 7-3。排烟风机可采用消防排烟专用风机或离心风机、斜流风机,某公司生产的 HTF(GYF)系列高温排烟风机的性能参数见表 7-4。

表 7-2 5—72 型普通离心通风机的性能参数

产品型号	转速/(r/min)	序号	流量/(m³/h)	全压/Pa	电动机功率/kW
5—72No.2.8A	2900	1	1131~2356	994~606	1.5
5—72No.3.2A	2900	1	1688~3517	1300~792	2.2
	1450	1	844~1758	324~198	1.1
5—72No.3.6A	2900	1	2664~5268	1578~989	3
	1450	1	1332~2634	393~247	1.1
5—72No.4A	2900	1	4012~7149	2014~1320	5.5
	1450	1	2006~3709	501~329	1.1
5—72No.4.5A	2900	1	5712~10562	2554~1673	7.5
	1450	1	2856~5281	634~416	1.1
5—72No.5A	2900	1	7728~15455	3187~2019	15
	1450	1	3864~7728	790~502	2.2
5—72No.6A	1450	1	6677~13353	1139~724	4
	960	1	4420~8841	498~317	1.5
5—72No.6D	1450	1	6677~13353	1139~724	4
	960	1	4420~8841	498~317	1.5
5—72No.8D	1450	1	15826~29344	2032~1490	18.5
	960	1	10478~19428	887~651	5.5
	730	1	7968~14773	512~376	3
5—72No.10D	1450	1	40441~56605	3202~2532	25
	960	1	62775~37476	1395~1104	18.5
	730	1	20360~28497	805~637	7.5
5—72No.12D	960	1	46267~64759	2013~1593	45
	730	1	35182~49244	1160~919	18.5
5—72No.6C	2240	1	10314~20628	2734~1733	15
	2000	1	9209~18418	2176~1380	11
	1800	1	8288~16576	1760~1116	7.5
	1600	1	7367~14734	1389~881	5.5
	1250	1	5756~11511	846~537	3
	1120	1	5157~10314	679~431	2.2
	1000	1	4605~9209	541~344	2.2
	900	1	4144~8288	438~278	1.5
	800	1	3684~7367	346~220	1.1

（续）

产品型号	转速/(r/min)	序号	流量/(m³/h)	全压/Pa	电动机功率/kW
5—72No.8C	1800	1	19646~25240	3143~3032	30
		2	28105~36427	2920~2302	37
	1600	1	17463~22435	2478~2390	22
		2	24982~32380	2303~1816	30
	1250	1	13643~25297	1507~1106	11
	1120	1	12224~15705	1209~1166	7.5
		2	17487~22666	1124~887	11
	1000	1	10914~14022	963~929	5.5
		2	15614~20237	895~707	7.5
	900	1	9823~12620	779~752	4
		2	14052~18213	725~572	5.5
	800	1	8732~16190	615~452	3
	710	1	7749~9956	485~468	2.2
		2	11085~14368	450~356	3
	630	1	6876~12749	381~280	2.2
5—72No.10C	1250	1	34863~48797	2373~1877	37
	1120	1	31237~43722	1902~1505	30
	1000	1	27890~39038	1514~1199	18.5
	900	1	25101~35134	1225~970	15
	800	1	22312~31230	967~766	11
	710	1	19802~27717	761~603	7.5
	630	1	17571~24594	599~475	5.5
	560	1	15618~21861	473~375	4
	500	1	13945~19519	377~299	3
5—72No.12C	1120	1	53978~75552	2746~2172	75
	1000	1	48195~56739	2185~2070	45
		2	60397~647457	1969~1729	55
	900	1	43375~60712	1767~1399	37
	800	1	38556~45391	1395~1321	22
		2	48317~53966	1257~1104	30
	710	1	34218~47895	1097~869	18.5
	630	1	30362~42498	863~684	15

（续）

产品型号	转速/(r/min)	序号	流量/(m³/h)	全压/Pa	电动机功率/kW
5—72No.12C	560	1	26989~29381	682~673	7.5
		2	31774~37776	646~540	11
	500	1	24097~33728	543~430	7.5
	450	1	21687~23610	440~434	4
		2	25532~30356	417~348	5.5
	400	1	19278~26983	347~275	3
5—72No.16B	900	1	102810~111930	3157~3115	132
		2	121040~143910	2990~2497	160
	800	1	91392~127920	2489~1969	110
	710	1	81110~113520	1957~1549	75
	630	1	71971~100730	1538~1218	55
	560	1	63974~89544	1214~961	37
	500	1	57120~79950	967~766	30
	450	1	51408~71955	783~620	18.5
	400	1	45696~63960	618~490	15
	355	1	40555~56764	487~386	11
	315	1	35985~50368	383~303	7.5
5—72No.20B	710	1	158410~221730	3069~2427	245
	630	1	140560~196750	2411~1908	160
	560	1	124950~174890	1902~1505	110
	500	1	111560~156150	1514~1199	75
	450	1	100400~140530	1225~970	55
	400	1	89250~124920	967~766	37
	355	1	79209~110860	761~603	30
	315	1	70284~98376	599~475	22
	280	1	62475~87445	473~375	15
	250	1	55781~78076	377~299	11

表7-3 T40系列轴流风机性能参数

型号	转速/(r/min)	风量/(m³/h)	全压/Pa	有效功率/kW	轴功率/kW	配用电动机功率/kW
3.5	2800	4844	261	0.351	0.433	0.75
		5382	277	0.414	0.499	0.75
		6064	350	0.590	0.825	1.1

（续）

型号	转速 /(r/min)	风量 /(m³/h)	全压 /Pa	有效功率 /kW	轴功率 /kW	配用电动机 功率/kW
4	2800	5786	336	0.540	0.667	1.1
		8075	366	0.821	0.989	1.5
		9780	550	1.492	1.864	2.2
5	1440	7720	137	0.293	0.353	0.55
		8698	173	0.417	0.521	0.75
	935	4980	58.6	0.081	0.098	0.75
		5611	774	0.115	0.114	0.75
6	1400	12406	188	0.648	0.771	1.1
		13436	200	0.746	0.898	1.5
		15438	252	1.060	1.325	2.2
	935	8734	85	0.205	0.247	0.75
		9840	106	0.291	0.364	1.1
7	1420	19687	256	1.400	1.667	2.2
		21613	279	1.667	2.021	3.0
		24725	363	2.493	3.117	4.0
	935	12800	108	0.384	0.458	0.75
		13863	115	0.442	0.533	0.75
		15618	145	0.629	0.786	1.1
8	1440	23460	349	2.740	2.810	4.0
		32735	376	3.419	4.119	5.5
		36881	474	4.856	6.070	7.5
	940	19749	158	0.867	1.032	2.2
		21389	160	0.951	1.145	2.2
		24098	202	1.352	1.690	2.2
9	960	21813	188	1.139	1.406	2.2
		28104	191	1.491	1.775	2.2
		31076	211	1.821	2.194	3.0
		35013	267	2.597	3.246	4.0
10	960	30577	243	2.640	2.548	3.0
		39395	246	2.692	3.727	4.0
		42666	261	3.093	3.727	5.5
		48548	336	4.531	5.664	7.5

表 7-4 HTF-I 型消防高温排烟风机性能参数表

型号	叶轮直径/mm	风量/(m³/h)	全压/Pa	转速/(r/min)	装机容量/kW	A声级/dB	质量/kg
3.5	350	4225 3840 3350	280 360 420	2900	0.75	≤78	77
4	400	5500 4800 3800	300 380 450	2900	1.5	≤79	88
4.5	450	8500 7800 6120	410 550 670	2900	2.2	≤84	99
5	500	9824 8861 6817	510 610 752	2900	3	≤86	110
5.5	550	15200 12000 10900	398 592 621	2900	4	≤86	115
6	600	16090 15102 13197	510 610 760	2900	5.5	≤86	164
6.3	630	20210 18700 15600	480 510 580	1450	5.5	≤87	165
6.5	650	21500 18000 15300	425 620 680	1450	5.5	≤88	170
7	700	24380 22439 18908	610 655 728	1450	7.5	≤88	208
8	800	31421 29172 26012	600 661 723	1450	7.5	≤89	216
9	900	33510 32297 27613	562 668 840	1450	11	≤90	250
10	1000	45679 40000 35000	630 690 770	1450	11	≤90	300

（续）

型号	叶轮直径/mm	风量/(m³/h)	全压/Pa	转速/(r/min)	装机容量/kW	A声级/dB	质量/kg
11	1100	51552 50128 48500	580 647 690	1450	15	≤92	380
12	1200	62763 59300 57748	624 680 740	960	18.5	≤93	480
13	1300	74708 65370 56031	600 710 807	960	18.5	≤94	520
15	1500	93800 86115 76041	623 710 819	960	22	≤95	650

HTF（GYF）系列消防高温排烟专用风机具有耐高温性能良好、效率高、占地比离心风机少、安装方便等特点。该风机能在300℃高温条件下连续运行1h以上、100℃温度条件下每次可连续20h不损坏。该系列风机可以根据高层民用建筑的不同要求，采用变速或多速驱动形式，以达到一机两用（即通排风和排烟）的目的。HTF（GYF）系列消防高温排烟专用风机广泛应用于高层民用建筑、地下车库、隧道等场合，其效率大于80%，并具有效率曲线平坦的特点，有利于节能。该系列风机的基本形式为轴流式风机或斜流式风机，因此其占地较离心风机少，可直接与风管连接或墙壁安装。图7-20为HTF（GYF）系列消防高温排烟专用风机外形图。

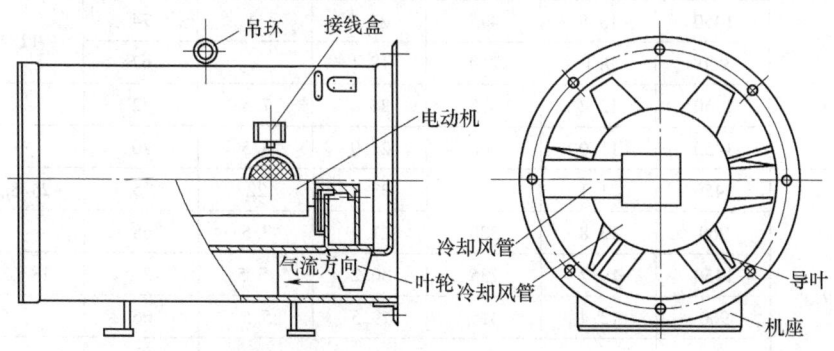

图7-20　HTF（GYF）系列消防高温排烟专用风机外形图

某公司生产的隧道单向和双向型射流风机的性能参数见表7-5和表7-6。

表 7-5　SDS-D 单向通风型

型号 No.	转速 /rpm	风量 /(m³/s)	轴向推力 /N	出口风速 /(m/s)	单速功率 /kW	噪声 /dB(A)	双速功率 /kW
5.6	2900	8.6	385	35.1	11	75	12.5/2.8
	1450	4.1	87	16.8	1.5	63	
	2900	7.8	315	31.7	7.5	73	8/2
	1450	3.8	76	15.6	1.1	61	
	2900	7.0	245	28.4	5.5	71	—
	2900	6.2	200	25.2	4	68	—
6.3	2900	11.8	540	37.8	15	75	16/3.8
	1450	5.5	139	17.6	2.2	63	
	2900	10.5	430	33.6	11	73	12.5/2.8
	1450	5.0	102	16.1	1.5	61	
	2900	9.2	330	29.5	7.5	71	—
	2900	8.2	260	26.4	5.5	68	—
7.1	2900	14.8	660	37.4	18.5	75	16/3.8
	1450	7.1	162	17.9	2.2	63	
	2900	13.5	550	34.1	15	73	16/3.8
	1450	6.3	131	15.9	1.5	61	
	2900	12.1	435	30.6	11	72	—
	2900	10.5	340	26.5	7.5	69	—
8	1450	14.8	55	29.5	15	75	15.5/5.1
	960	10.0	240	19.9	4	68	
	1450	13.8	475	27.5	11	74	12/4
	960	9.1	210	18.1	3	67	
	1450	12.2	375	24.3	7.5	72	—
	1450	11.0	300	21.9	5.5	70	—
9	1450	21.1	870	33.2	22	75	24/8.5
	960	13.8	380	21.7	7.5	68	
	1450	19.2	735	30.2	18.5	73.5	18/6.2
	960	12.4	315	19.5	5.5	66	
	1450	17.3	600	27.2	15	71	—
	1450	14.2	410	22.3	7.5	68	—
10	1450	27.6	1130	35.1	30	75	33/11

（续）

型号 No.	转速 /rpm	风量 /(m³/s)	轴向推力 /N	出口风速 /(m/s)	单速功率 /kW	噪声 /dB(A)	双速功率 /kW
10	960	18.2	490	23.2	11	68	
	1450	23.2	800	29.5	22	73	24/8.5
	960	14.8	340	18.8	5.5	66	
	1450	20.4	670	26.0	15	71	—
	1450	18.8	550	23.9	11	68	—
11.2	1450	34.8	1370	35.5	37	75	38/13
	960	22.1	600	22.8	11	68	
	1450	31.4	1100	32.1	30	73.5	33/11
	960	19.6	465	20.2	7.5	67	
	1450	27.4	900	27.9	22	72	—
	1450	24.4	710	25.0	15	69	—
12.5	1450	42.4	1690	34.6	45	75	47/16
	960	27.2	740	22.2	15	68	
	1450	37.8	1350	30.8	37	73.5	38/13
	960	24.2	590	19.8	11	67	
	1450	32.2	1005	26.3	22	71	—
	1450	30.4	880	24.8	18.5	69	—

表 7-6　SDS-S 双向通风型

型号 No.	转速 /rpm	流量 /(m³/s)	轴向推力 /N	出口风速 /(m/s)	装机功率 /kW	噪声 /dB(A)	双速功率 /kW
5.6	2900	8.4	340	34.1	11	75	12.5/2.8
	1450	4.0	82	16.2	1.5	63	
	2900	7.6	280	30.9	7.5	73	8/2
	1450	3.7	71	15.1	1.1	61	
	2900	6.7	210	27.2	5.5	71	—
	2900	6.0	175	24.2	4	68	—
6.3	2900	11.2	480	35.8	15	75	16/13.8
	1450	5.4	117	17.3	2.2	63	
	2900	10.0	375	32.0	11	73	12.5/2.8
	1450	4.6	85	14.7	1.5	61	

（续）

型号 No.	转速 /rpm	流量 /(m³/s)	轴向推力 /N	出口风速 /(m/s)	装机功率 /kW	噪声 /dB(A)	双速功率 /kW
6.3	2900	8.6	280	27.5	7.5	71	—
	2900	7.8	230	25.0	5.5	68	—
7.1	2900	13.3	555	33.7	18.5	75	16/3.8
	1450	6.5	132	16.4	2.2	63	
	2900	12.2	465	30.8	15	73	16/3.8
	1450	6.0	112	15.2	1.5	61	
	2900	10.8	365	27.3	11	72	—
	2900	9.5	285	24.1	7.5	69	—
8	1450	13.8	450	29.5	15	75	15.5/5.1
	960	8.9	200	19.9	4	68	
	1450	12.8	390	27.5	11	74	12/4
	960	8.3	170	18.1	3	67	
	1450	11.0	24.3	310	7.5	72	—
	1450	10.0	250	21.9	5.5	70	—
9	1450	19.4	725	33.2	22	75	24/8.5
	960	12.0	315	21.7	7.5	68	
	1450	17.6	610	30.2	18.5	73.5	18/6.2
	960	11.2	260	19.5	5.5	66	
	1450	16.0	550	27.2	15	71	—
	1450	12.4	340	22.3	7.5	68	—
10	1450	24.8	950	35.1	30	75	33/11
	960	16.2	415	23.2	11	68	
	1450	22.1	750	29.5	22	73	24/8.5
	960	13.8	330	18.8	5.5	66	
	1450	18.8	550	26.0	15	71	—
	1450	17.4	450	23.9	11	68	—
11.2	1450	32.2	1220	32.7	37	75	38/13
	960	20.5	530	21.0	11	68	
	1450	30.2	1080	30.7	30	73.5	33/11
	960	19.6	475	20.0	7.5	67	
	1450	26.1	805	26.5	22	72	—

(续)

型号 No.	转速 /rpm	流量 /(m³/s)	轴向推力 /N	出口风速 /(m/s)	装机功率 /kW	噪声 /dB(A)	双速功率 /kW
11.2	1450	22.8	640	23.1	15	69	—
12.5	1450	40.2	1470	32.8	45	75	47/16
12.5	960	25.4	640	20.7	15	68	47/16
12.5	1450	37.2	1260	30.3	37	73.5	38/13
12.5	960	23.2	550	18.9	11	67	38/13
12.5	1450	30.1	860	24.5	22	71	—
12.5	1450	28.1	750	22.9	18.5	69	—

7.1.7 防排烟风机的选型

防排烟风机选型主要包含两项内容，其一是确定风机的性能指标，其二是确定风机的具体规格型号。

1. 风机性能指标的确定

根据前述计算规则确定了防排烟风系统的阻力和流量之后，便可以确定所要选择风机的风量、风压和功率。鉴于实际运行条件和理论计算条件之间存在着一定的偏差，所以无论是风量、风压还是功率，都必须考虑一定的富裕量。风机的风量 Q 为：

$$Q = \beta_Q Q_j \tag{7-3}$$

式中 β_Q——风机的风量储备系数，风机取 $\beta_Q = 1.1 \sim 1.12$；

Q_j——防排烟系统计算得到的气体体积流量（m³/s）。

风机的风压 p 为：

$$p = \beta_p \sum \Delta p \frac{p_b}{B} \frac{(273+t)}{(273+t_b)} \tag{7-4}$$

式中 β_p——风机的风压储备系数，可取 $\beta_p = 1.11 \sim 1.2$；

$\sum \Delta p$——防排烟系统的总阻力（Pa）；

p_b——标准大气压（Pa）；

B——当地大气压（Pa）；

t_b——标准状态下气体的温度；

t——防排烟系统气体的温度（℃）。

风机的轴功率 N_z 为：

$$N_z = \frac{Qp}{\eta} \times 10^{-3} \tag{7-5}$$

风机配用电动机所需的功率 N_D 为：

$$N_D = K_N \frac{N_z}{\eta_c} = K_N \frac{QH}{\eta \eta_c} \times 10^{-3} \tag{7-6}$$

式中　η_c——风机传动效率，随不同的传动方式而异，见表7-7。
　　　η——风机的效率。
　　　K_N——电动机的功率储备系数，见表7-8。

表7-7　风机的传动效率 η_c

传 动 方 式	传动效率 η_c
风机与电动机直联	1.0
风机与电动机通过联轴器连接	0.98
风机与电动机通过三角带传动	0.95
风机与电动机通过平带传动	0.90

表7-8　电动机功率储备系数 K_N

电动机功率/(kW)	功率储备系数 K_N 值
≤0.5	1.5
0.5~1	1.4
1~2	1.3
2~5	1.2
>5	1.15

2. 确定风机的具体型号规格

目前国内离心式风机和轴流式风机的型号繁多，规格齐全，那么，单从满足风量和风压的要求出发，可以选用很多型号和规格的风机。但从运行的经济性及节能的要求来看，还必须使工作点处在最高效率区内。如前所述，风机产品性能表是将最高效率90%范围内的性能按流量等分而成的，通常有5等分，则相应于中间的流量的效率最高。所以，借助风机产品性能表可大体上选定出工作点效率最高的风机型号规格。

3. 风机选型中应注意的问题

应根据被输送的介质性质选择不同用途的风机，如输送常温空气可选用普通风机，又如连续排除高温烟气则应选用耐温型风机。试验表明在防排烟工程中无论是送风系统还是排烟系统采用普通离心式通风机都是可行的。对于离心式风机应根据现场安装位置选择风机的旋转方向和出口方位，使管道连接方便、弯头尽可能减少，并便于运行中的维护和检修。

高原地区，由于海拔高，大气压力低，气体的密度小，当烟风系统的质量流量和阻力相同时，风机所需要的风量、风压都要比平原地区的大。为简化计算，在进行风机选型时可不考虑当地大气压力的影响。但是，对于高原地区，则不允许忽视当地大气压力的影响。

7.2 阀门

在建筑物防排烟系统中阀门主要起到阻止烟气蔓延和防止火灾传播的作用。建筑防排烟系统中所使用的阀门有防火阀、排烟防火阀、排烟阀等，它们应满足《建筑通风和排烟系统用防火阀门》（GB 15930—2007）的要求，本节将对它们作简要的介绍。

7.2.1 防火阀与排烟防火阀

防火阀与排烟防火阀都是安装在通风、空气调节系统的管道上，用于火灾发生时控制管道开通或关断的重要组件。

1. 防火阀

防火阀一般安装在通风、空气调节系统的风路管道上。它的主要作用是防止火灾烟气从风道蔓延，当风道从防火分隔构件处及变形缝处穿过，或风道的垂直管与每层水平管分支的交接处时都应安装防火阀，如图 7-21 所示。

防火阀是借助易熔合金的温度控制，利用重力作用和弹簧机构的作用，在火灾时关闭阀门的。新型产品中亦有利用记忆合金产生形变使阀门关闭的。火灾时，火焰侵入风管，高温使阀门上的易熔合金熔解，或记忆合金产生形变，阀门自动关闭，其工作原理如图 7-22 所示。

图 7-21 防火阀实物图

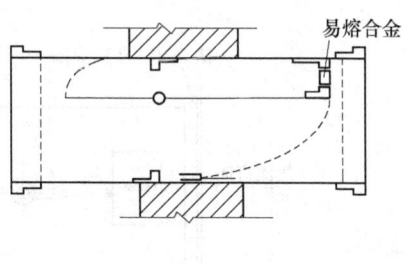

图 7-22 防火阀的工作原理

防火阀一般由阀体、叶片、执行机构和温感器等部件组成，如图7-23所示。

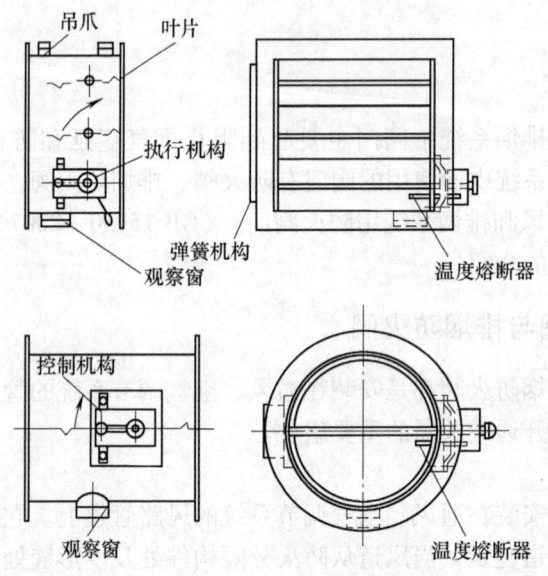

图7-23 防火阀构造示意图

防火阀的阀门关闭驱动方式有重力式、弹簧力驱动式（或称电磁式）、电机驱动式及气动驱动式等四种。常用的防火阀有重力式防火阀、弹簧式防火阀、弹簧式防火调节阀、防火风口、气动式防火阀、电动防火阀、电子自控防烟防火阀。图7-24所示为重力式圆形单板防火阀，图7-25所示为弹簧式圆形防火阀，图7-26所示为温度熔断器的构造。

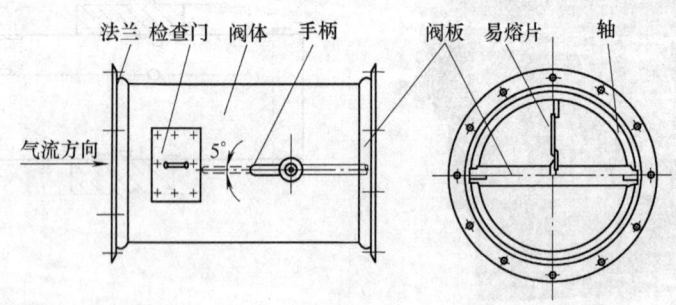

图7-24 重力式圆形单板防火阀

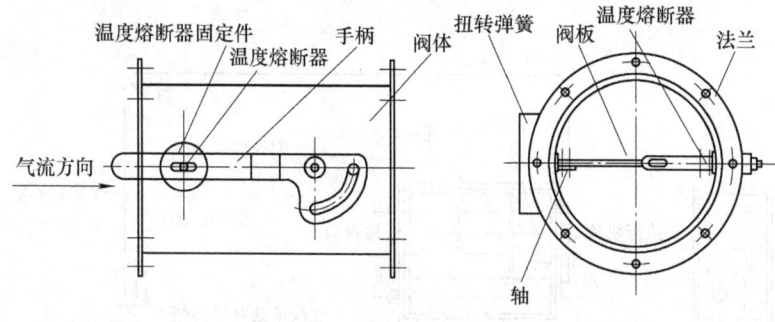

图 7-25　弹簧式圆形防火阀

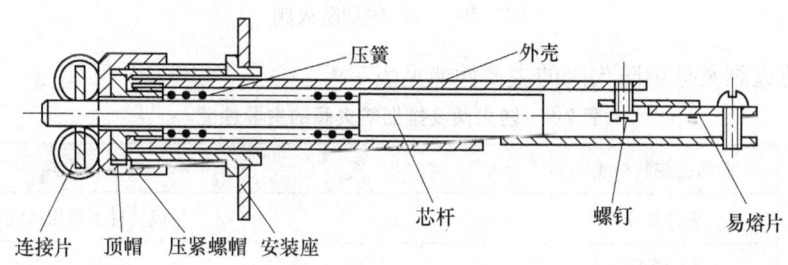

图 7-26　温度熔断器的构造

2. 排烟防火阀

排烟防火阀安装在排烟管道上（见图 7-27）。它的主要作用是在火灾时控制排烟口或管道的开通或关断，以保证排烟系统的正常工作，阻止超过 280℃ 的高温烟气进入排烟管道保护排烟风机和排烟管道。排烟防火阀的构造如图 7-28 和图 7-29 所示。

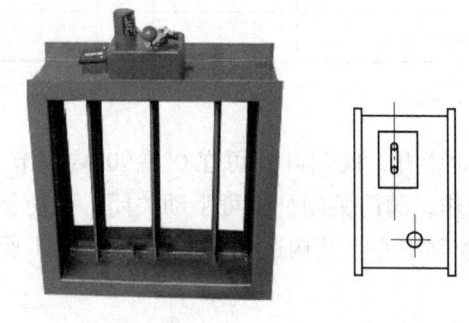

图 7-27　排烟防火阀

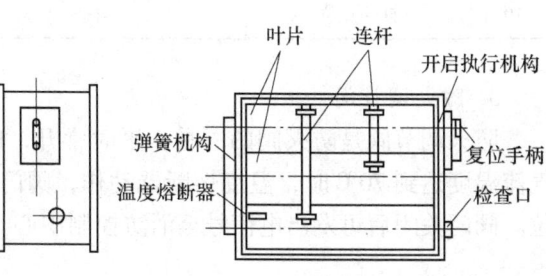

图 7-28　排烟防火阀

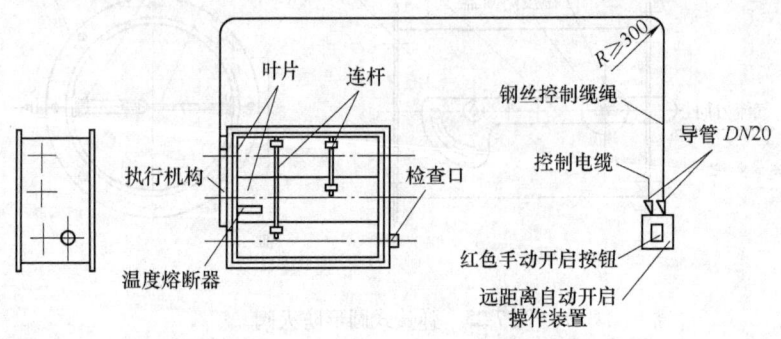

图 7-29 远程排烟防火阀

防火阀及排烟防火阀的主要性能见表 7-9。

表 7-9 防火阀及排烟防火阀的主要性能

序号	阀门的控制功能	防 火 阀	排烟防火阀
1	平时常开	√	√（排风、排烟兼用系统选用）
2	平时常闭		√
3	280℃感温自闭		√
4	70℃感温自闭	√	
5	电信号开启		√
6	电信号关闭	√（排风、排烟兼用系统选用）	可选
7	手动开启		√
8	手动关闭	可选	√
9	手动复位	√	√
10	自动复位	可选	可选

3. 防火调节阀

防火调节阀是防火阀的一种，平时常开，阀门叶片可在 0°～90°内调节，气流温度达到 70℃时，温度熔断器动作，阀门关闭；也可手动关闭，手动复位。阀门关闭后可发出电信号至消防控制中心。其构造如图 7-30 和图 7-31 所示。

4. 防火风口

另外，工程中常用一种防火风口，它是由铝合金风口和薄型防火阀组合而

第 7 章　防排烟设备及其联动控制

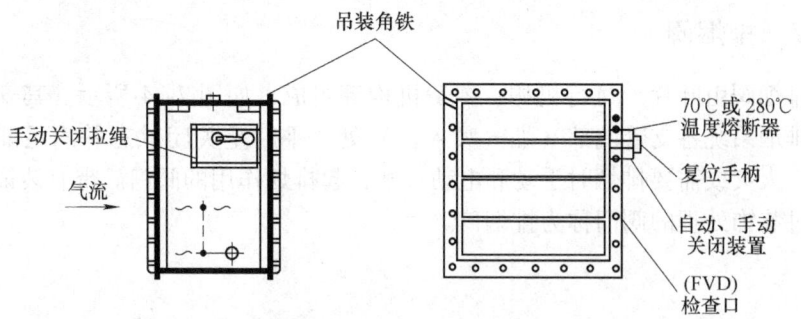

图 7-30　防火调节阀结构示意图

成的（见图 7-32 和图 7-33），它主要用于有防火要求的通风空调系统的送回风管道的出口处或吸入口，一般安装于风管侧面或风管末端及墙上，平时作风口用，可调节送风气流方向，其防火阀可在 0°～90°范围内无级调节通过风口的气流量，气流温度达到 70℃ 时，温度熔断器动作，阀门关闭，切断火势和烟气沿风管蔓延。也可手动关闭，手动复位。

图 7-31　防火调节阀实物图

图 7-32　防火风口实物图

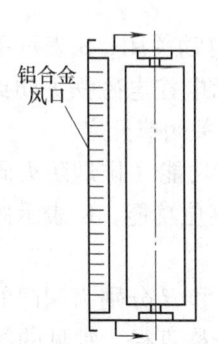

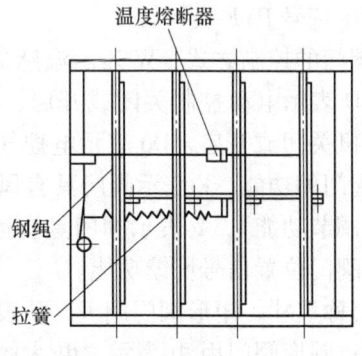

图 7-33　防火风口示意图

7.2.2 排烟阀

排烟阀由叶片、执行机构、弹簧机构等组成，如图7-34所示。其安装在机械排烟系统各支管端部（烟气吸入口）处，平时呈关闭状态并满足漏风量要求，火灾或需要排烟时手动和电动打开，起排烟作用的阀门。带有装饰口或进行过装饰处理的阀门称为排烟口。

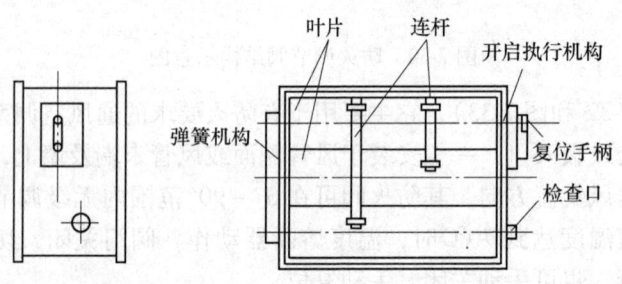

图 7-34 排烟阀示意图

7.2.3 阀门型号表示

1. 阀门型号表示方法

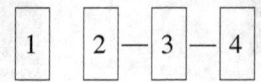

各项的含义如下：

1——产品名称，防火阀用符号 FHF 表示，排烟防火阀用符号 PFHF 表示，排烟阀用符号 PYF 表示。

2——阀门的控制方式，W 表示温感器控制自动关闭，S 表示手动控制关闭或开启，D 表示电动控制关闭或开启，Dc 表示电控电磁铁关闭或开启，Dj 表示电控电机关闭或开启，Dq 表示电控气动机构关闭或开启。

3——阀门的功能，F 表示阀门具有风量调节功能（排烟防火阀和排烟阀不要求风量调节功能），Y 表示阀门具有远距离复位功能，K 表示阀门具有关闭或开启后阀门位置信号反馈功能。

4——公称尺寸，矩形阀门用 $W \times H$ 表示，W 和 H 分别为阀门的公称宽度和公称高度；圆形阀门用 Φ 表示，Φ 为阀门的公称直径。常见的阀门规格见表 7-10 和表 7-11。

第7章 防排烟设备及其联动控制

表 7-10 圆形阀门的常见规格

阀门公称直径 Φ/mm	120	140	160	180	200	220	250	280	320	360	400	450	500	560	630	700	800	900	1000
法兰规格	扁钢 20mm×4mm		扁钢 25mm×4mm						角钢 25mm×3mm							角钢 30mm×3mm			

表 7-11 矩形阀门的常用规格

W	H												
	120	160	200	250	320	400	500	630	800	1000	1250	1600	2000
120	√	√	√	√									
160		√	√	√	√								
200			√	√	√	√							
250				√	√	√	√	√					
320							√						
400							√	√	√		√		
500								√		√			
630								√	√		√		
800									√	√			√
1000										√	√		
1250												√	√
法兰规格	角钢 25×3					角钢 30×3			角钢 40×4				

注：W 为阀门的公称宽度，H 为阀门的公称高度；以上单位均为 mm。

2. 示例

【示例 7-7】 FHFWSDj—F—630×500

表示具有温感器自动关闭、手动关闭、电控电机关闭方式和风量调节功能，公称尺寸为 630mm×500mm 的防火阀。

【示例 7-8】 PFHF WSDc—Y—Φ1000

表示具有温感器自动关闭、手动关闭、电控电磁铁关闭方式和远距离复位功能，公称直径为 1000mm 的排烟防火阀。

【示例 7-9】 PYFSDc—K—400×400

表示具有手动开启、电控电磁铁开启方式和阀门开启位置信号反馈功能，公称尺寸为 400mm×400mm 的排烟阀。

7.2.4 阀门的要求

1. 阀门材料

阀体、叶片、挡板、执行机构底板及外壳采用冷轧钢板、镀锌钢板。不锈钢板或无机防火板等材料制作。排烟阀的装饰口采用铝合金、钢板等材料制作。轴承、轴套、执行机构中的活动零部件，采用黄铜、青铜、不锈钢等耐腐蚀材料制作。

2. 控制方式

防火阀或排烟防火阀应具备温感器控制方式，使其自动关闭，防火阀或排烟防火阀宜具备手动关闭方式；排烟阀应具备手动开启方式。手动操作应方便、灵活可靠，手动关闭或开启操作力应不大于70N。

防火阀或排烟防火阀宜具备电动关闭方式；排烟阀应具备电动开启方式。具有远距离复位功能的阀门，当通电动作后，应具有显示阀门叶片位置的信号输出。

阀门执行机构中电控电路的工作电压宜采用DC24V工作电压。其额定工作电流应不大于0.7A。

3. 耐火性能

防火阀或排烟防火阀必须采用不燃材料制作，在规定的耐火时间内阀门表面不应出现连续10s以上的火焰，耐火时间不应小于1.50h。

耐火试验开始后1min内，防火阀的温感器应动作，阀门关闭。耐火试验开始后3min内，排烟防火阀的温感器应动作，阀门关闭。

在规定的耐火时间内，使防火阀或排烟防火阀叶片两侧保持300Pa±15Pa的气体静压差，其单位面积的漏烟量（标准状态）应不大于700$m^3/(m^2 \cdot h)$。

4. 关闭可靠性

防火阀或排烟防火阀经过50次开关试验后，各零部件应无明显变形、磨损及其他影响其密封性能的损伤，叶片仍能从打开位置灵活可靠地关闭。

5. 开启可靠性

排烟阀经过50次开关试验后，各零部件应无明显变形、磨损及其他影响其密封性能的损伤，电动和手动操作均应立即开启。排烟阀经5次开关试验后，在其前后气体静压差保持在1000Pa±15Pa的条件下，电动和手动操作均应立即开启。

6. 环境温度下的漏风量

在环境温度下，使防火阀或排烟防火阀叶片两侧保持300Pa±15Pa的气体静压差，其单位面积的漏风量（标准状态）应不大于500$m^3/(m^2 \cdot h)$。在环境温度下，使排烟阀叶片两侧保持1000Pa±15Pa的气体静压差，其单位面积上的漏风量（标准状态）应不大于 $700m^3/(m^2·h)$。

7.3 其他设施

7.3.1 排烟口

排烟口安装在烟气吸入口处，平时处于关闭状态，火灾时根据火灾烟气扩散蔓延情况打开相关区域的排烟口。开启动作可手动或自动，手动又分为就地操作和远距离操作两种。自动也可分有烟（温）感电信号联动和温度熔断器动作两种。排烟口动作后，可通过手动复位装置或更换温度熔断器予以复位，以便重复使用。排烟口按结构形式分为有板式排烟口和多叶排烟口两种，按开口形状分为矩形排烟口和圆形排烟口。

1. 板式排烟口

板式排烟口的构造　板式排烟口由电磁铁、阀门、微动开关、叶片等组成。板式排烟口应用在建筑物的墙上或顶板上，也可直接安装在排烟风道上。火灾发生时，操作装置在控制中心输出的 DC24V 电源或手动作用下将排烟口打开进行排烟。排烟口打开时输出电信号，可与消防系统或其他设备连锁；排烟完毕后需要手动复位。在人工手动无法复位的场合，可以采用通过全自动装置进行复位。图 7-35 和图 7-36 为带手动控制装置的板式排烟口。

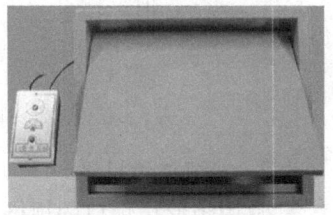

图 7-35　板式排烟口

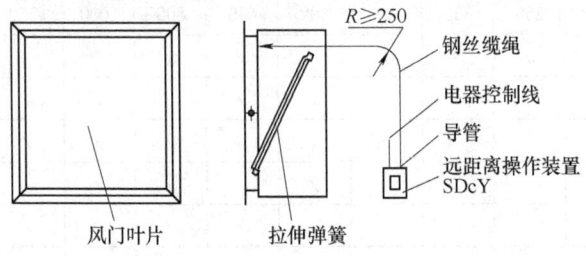

图 7-36　板式排烟口结构示意图

2. 多叶排烟口

多叶排烟口内部为排烟阀门，外部为百叶窗，如图 7-37 和图 7-38 所示。多叶排烟口用于建筑物的过道、无窗房间的排烟系统上，安装在墙上或顶板上。火灾发生时，通过控制中心 DC24V 电源或手动使阀门打开进行排烟。

图 7-37 多叶排烟口

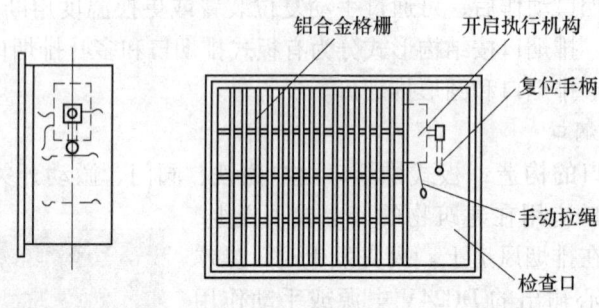

图 7-38 多叶排烟口示意图

3. 排烟口的规格

常用矩形排烟口的规格见表 7-12。

表 7-12 常用矩形排烟口的规格

排烟阀(口)公称宽度 W/mm	排烟阀口公称高度 H/mm								
	250	320	400	500	630	800	1000	1250	1600	2000
250	√	√	√	√	√	√				
320		√	√	√	√	√	√			
400			√	√	√	√	√	√		
500				√	√	√	√	√	√	
630					√	√	√	√	√	
800						√	√	√	√	√
1000							√	√	√	√
1250								√	√	√

注：√为常用规格。

圆形排烟口的规格用公称直径 Φ 来表示，单位为 mm，常用的规格有 280、320、360、400、450 等。

7.3.2 加压送风口

加压送风口用于建筑物的防烟前室，安装在墙上，平时常闭。火灾发生时，通过电源 DC24V 或手动使阀门打开，根据系统的功能为防烟前室送风，多叶式加压送风口的外形和结构与多叶式排烟口相同，图 7-39 和图 7-40 为多叶加压送风口。楼梯间的加压送风口，一般采用常开的形式，一般采用普通百叶风口或自垂式百叶风口，图 7-41 为自垂式百叶送风口。

图 7-39 多叶加压送风口

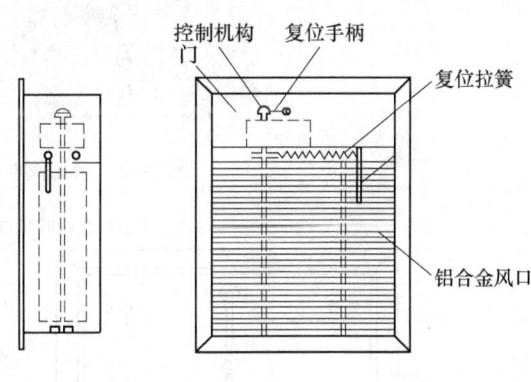

图 7-40 多叶加压送风口示意图

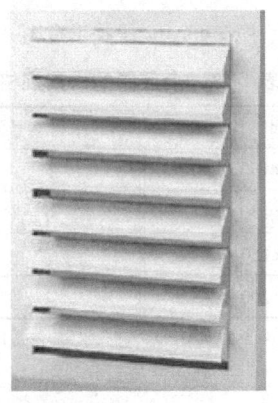

图 7-41 自垂式百叶送风口

7.3.3 余压阀

余压阀是为了维持一定的加压空间静压、实现其正压的无能耗自动控制而设置的设备，它是一个单向开启的风量调节装置，按静压差来调整开启度，用重锤的位置来平衡风压,如图 7-42 和图 7-43 所示。一般在楼梯间与前室和前室与走道之间的隔墙上设置余压阀。这样空气通过余压阀从楼梯间送入前室,当前室超压时,空气再从余压阀漏到走道,使楼梯间和前室能维持各自的压力。表 7-13 给出余压阀的常用规格。

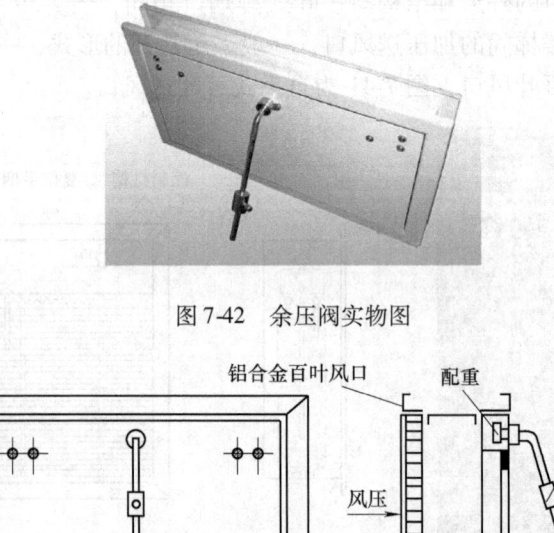

图 7-42 余压阀实物图

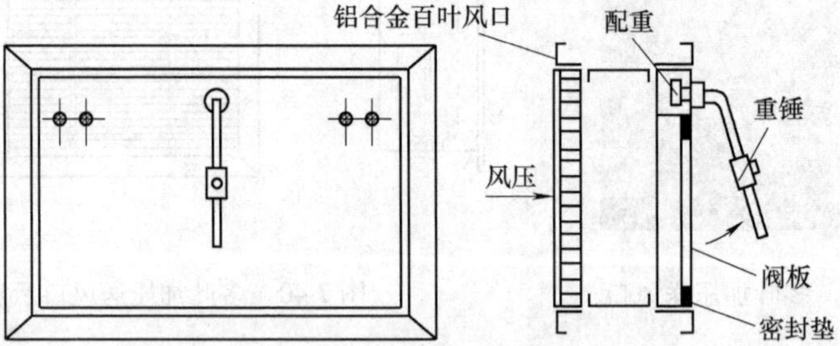

图 7-43 余压阀示意图

表 7-13 余压阀的常用规格

序 号	规格 $A \times B$	序 号	规格 $A \times B$
1	300×150	5	600×200
2	400×150	6	600×250
3	450×150	7	800×300
4	500×200		

7.3.4 挡烟垂壁

挡烟垂壁是指安装在吊顶或楼板下或隐藏在吊顶内,火灾时能够阻止烟和热气体水平流动的垂直分隔物。挡烟垂壁主要用来划分防烟分区,由夹丝玻璃、不锈钢、挡烟布、铝合金等不燃材料制成,并配以电控装置。挡烟垂壁按活动方式可分为卷帘式挡烟垂壁和翻板式挡烟垂壁。

根据挡烟垂壁的材质不同可将常用的挡烟垂壁分为以下几种。

1. 高温夹丝防火玻璃型

高温夹丝防火玻璃又称安全玻璃，玻璃中间镶有钢丝。在欧美国家，夹丝玻璃在挡烟垂壁上得到了广泛的运用，它的一个最大的特点就是夹丝防火玻璃挡烟垂壁遇到外力冲击破碎时，破碎的玻璃不会脱落或整个垮塌而伤人，因而具有很强的安全性。

2. 单片防火玻璃型

单片防火玻璃是一种单层玻璃构造的防火玻璃。在一定的时间内能保持耐火完整性、阻断迎火面的明火及有毒、有害气体，但不具备隔温绝热功效。单片防火玻璃型挡烟垂壁一个最大的特点就是美观，其广泛地使用在人流、物流不大，但对装饰的要求的很高的场所，如高档酒店、会议中心、文化中心、高档写字楼等，其缺点就是挡烟垂壁遇到外力冲击发生意外时，整个挡烟垂壁会发生垮塌击伤或击毁下方的人员或设备。

3. 双层夹胶玻璃型

夹胶防火玻璃型是综合了单片防火玻璃型和夹丝防火玻璃的优点的一种挡烟垂壁。它是由两层单片防火玻璃中间夹一层无机防火胶制成的。它既有单片防火玻璃型的美观度又有夹丝防火玻璃型的安全性，是一种比较完美的固定式挡烟垂壁，但其造价较高。

4. 板型挡烟垂壁

板型挡烟垂壁用涂碳金钢砂板等不燃材料制成。板型挡烟垂壁造价低，使用范围主要是车间、地下车库、设备间等对美观要求较低的场所。

5. 挡烟布型挡烟垂壁

挡烟布是以耐高温玻璃纤维布为基材，经有机硅橡胶压延或刮涂而成，是一种高性能，多用途的复合材料。挡烟布型挡烟垂壁（见图7-44）的使用场所和板型挡烟垂壁的场所基本相同，价格也基本相同。

图7-44 挡烟布型挡烟垂壁

挡烟垂壁的命名采用如图 7-45 所示方法。

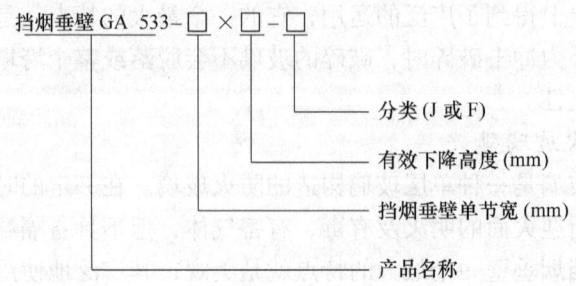

图 7-45 挡烟垂壁的命名

其中卷帘式挡烟垂壁以符号 J 表示，翻板式挡烟垂壁以符号 F 表示。

挡烟垂壁的有效下降高度应不小于 500mm，卷帘式挡烟垂壁的单节宽度应不大于 6000mm，翻板式挡烟垂壁的单节宽度应不大于 2400mm。

【示例 7-10】 挡烟垂壁 GA533—4000mm×600mm—J

表示符合 GA 533 要求，单节宽度为 4000mm，有效下降高度为 600mm 的卷帘式挡烟垂壁。

【示例 7-11】 挡烟垂壁 GA533—2400mm×500mm—F

表示符合 GA 533 要求，单节宽度为 2400mm，有效下降高度为 500mm 的翻板式挡烟垂壁。

7.3.5 排烟窗

排烟窗是在火灾发生后，能够通过手动打开或通过火灾自动报警系统联动控制自动打开，将建筑火灾中热烟气有效排出的装置。排烟窗分为自动排烟窗和手动排烟窗。自动排烟窗与火灾自动报警系统联动或可远距离控制打开，手动排烟窗火灾时靠人员就地开启。

用于高层建筑物中的自动排烟窗由窗扇、窗框和安装在窗扇、窗框上的自动开启装置组成。开启装置由开启器、报警器和电磁插销等主要部件构成。自动排烟窗能在火灾发生后的自动开启，并在 60s 内达到设计的开启角度，起到及时排放火灾烟气、保护高层建筑的重要作用。

自动排烟窗的命名方法如图 7-46 所示。

【示例 7-12】 LTL—1512

表示材质为铝合金、电气性能为通用控制型、开窗机为链条式的排烟窗，洞口宽度为 1500mm，标记为 15，洞口高度为 1200mm，标记为 12。

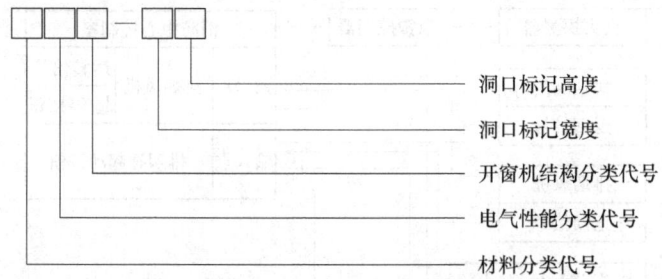

图 7-46 自动排烟窗的命名

注：1. 材料分类代号：木窗—M；塑料窗—S；铝合金窗—L；钢窗—G；其他材料窗，按材料名称汉语拼音首字母大写标注，若与以上所列代号重复的，取两个字汉语拼音首字母大写标注。
2. 电气性能分类代号：通用控制型排烟窗—T；自动控制型排烟窗—Z；智能网络控制型排烟窗—ZN。
3. 开窗机结构分类代号：链条式—L；推杆式—T；齿条式—C；其他式，代号按开窗机结构形式描述的汉语拼音首字母大写标注，若与以上所列代号重复的，取两个字汉语拼音首字母大写标注。
4. 洞口标记宽度、洞口标记高度应以 dm 为单位标记。

7.4 防排烟设备的联动控制

7.4.1 防排烟设备联动控制的原理

根据《火灾自动报警系统设计规范》(GB 50116—1998) 的要求，联动控制对防烟、排烟设施应有下列控制、显示功能：停止有关部位的空调送风，关闭电动防火阀，并接收其反馈信号；起动有关部位的防烟、排烟风机、排烟阀等，并接收其反馈信号；控制挡烟垂壁等防烟设施。

为了达到规范的要求，防排烟系统联动控制的设计，是在选定自然排烟、机械排烟以及机械加压送风方式之后进行的。排烟控制一般有中心控制和模块控制两种方式。图 7-47 为排烟中心控制方式，消防中心接到火警信号后，直接产生信号控制排烟阀门开启、排烟风机启动，空调、送风机、防火门等关闭，并接收各设备的返回信号和防火阀动作信号，监测各设备的运行状况。图 7-48 为排烟模块控制方式，消防中心接收到火警信号后，产生排烟风机和排烟阀门等动作信号，经总线和控制模块驱动各设备动作并接收其返回信号，监测其运行状态。

机械加压送风控制的原理与过程与排烟控制相似，只是控制对象由排烟风机和相关阀门变成正压送风机和正压送风阀门。

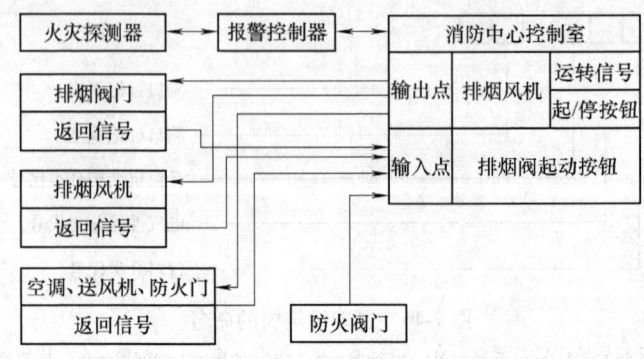

图 7-47 排烟中心控制方式

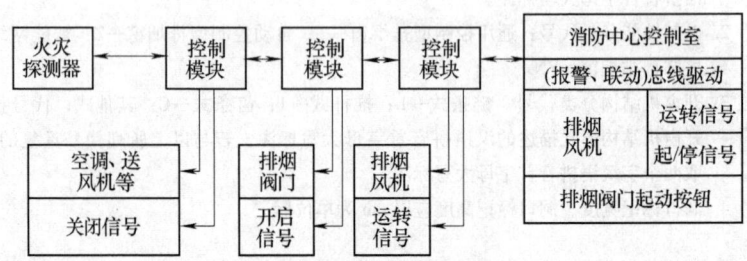

图 7-48 排烟模块控制方式

7.4.2 各种防排烟设施的联动控制

1. 送风口和排烟口的控制

送风口和排烟口的控制基本相同,这里以最常用的板式排烟口及多叶排烟口的控制为例进行介绍。

(1) 多叶排烟口。多叶排烟口平时关闭,火灾时自动开启。装置接到感烟(温)探测器通过控制盘或远距离操纵系统输入的电信号(DC24V)后,电磁铁线圈通电,多叶排烟口打开,手动开启为就地手动拉绳使阀门开启。阀门打开后,其联动开关接通信号回路,可向控制室返回阀门已开启的信号或联动开启排烟风机。在执行机构的电路中,当烟气温度达280℃时,熔断器动作,排烟口立即关闭。当温度熔断器更换后,阀门可手动复位。

(2) 板式排烟口。板式排烟口平时关闭,火灾时自动开启。火灾时,自动开启装置接到感烟(温)探测器通过控制盘或远距离操纵系统输入的电信号(DC24V)后,电磁铁线圈通电,动铁芯吸合,通过杠杆作用使卷绕在滚筒上的钢丝绳释放,于是叶片被打开,同时微动开关动作,切断电磁铁电源,并将阀门开启动作显示线接点接通,将信号返回控制盘并联动启动风机。

2. 排烟防火阀的联动控制

排烟防火阀用在单独设置的排烟系统时，其平时关闭，火灾时自动开启。当联动的烟（温）探测器将火灾信号输送到消防控制中心的控制盘上后，由控制盘再将火灾信号输入到自动开启装置。接受火灾信号后，电磁铁线圈通电，动铁芯吸合，使动铁芯挂钩与阀门叶片旋转轴挂钩脱开，阀门叶片受弹簧力作用迅速开启，同时微动开关动作，切断电磁铁电源，并接通阀门关闭显示线接点，将阀门开启信号返回控制盘，联动通风、空调机停止运行，排烟风机启动。温度熔断器安装在阀体的另一侧，熔断片设在阀门叶片的迎风侧，当管道内烟气温度上升到280℃时，温度熔断片熔断，阀门叶片受弹簧力作用而迅速关闭，同时微动开关动作，显示线同样发出关闭信号至消防控制中心，同时联动关闭排烟风机。

7.4.3 挡烟垂壁的联动控制

由电磁线圈及弹簧锁等组成翻板式挡烟垂壁锁，平时用它将防烟垂壁锁在吊顶中。火灾时可通过自动控制或手柄操作使垂壁降下。火灾时从感烟探测器或联动控制盘发来电信号（DC24V），电磁线圈通电把弹簧锁的销子拉进去，开锁后挡烟垂壁由重力的作用靠滚珠的滑动而落下，下垂到90°至挡烟工作位置。另外，当系统断电时，挡烟垂壁能自动下降至挡烟工作位置。手动控制时，操作手动杆也可使弹簧锁的销子拉回开锁，挡烟垂壁落下。把挡烟垂壁升回原来的位置即可复原。

7.4.4 排烟窗的联动控制

排烟窗平时关闭，并用排烟窗锁（或插销）锁住。当发生火灾时可自动或手动将排烟窗打开。自动控制：火灾时，感烟探测器或联动控制盘发来的指令信号将电磁线圈接通，弹簧锁的锁头偏移，利用排烟窗的重力打开排烟窗。手动控制：火灾时，将操作手柄扳倒，弹簧锁的锁头偏移而打开排烟窗。

复 习 题

1. 防排烟工程对风机有哪些要求？
2. 防火阀和排烟防火阀如何命名？
3. 如何选用防排烟风机？
4. 各种防排烟设施如何实现联动控制？

第  章

防排烟系统的施工、调试、验收及维护管理

【教学要求】	熟悉防排烟系统施工、调试、验收、维护的流程、要求及施工工艺
【重点与难点】	防排烟系统施工的工艺及要求

防排烟系统作为建筑消防中至关重要的一部分，对火灾时人员的安全疏散起着关键的作用。因此，防排烟系统不仅设计应严格满足现行的规范，而且施工过程的控制和施工质量也非常重要。

8.1 防排烟系统的施工

8.1.1 防排烟系统施工的总体要求

防排烟系统不仅设计应严格满足现行的规范要求，而且施工过程的控制和施工质量也非常重要。防排烟工程应满足以下几点要求：

(1) 系统施工单位应当具有相应的资质等级。

(2) 施工过程中应规范填写防排烟系统施工记录表。

(3) 设计施工图、设计总说明经过有关部门的审核批准。严格按设计图施工，不能随意改变管道线路的走向，更改设备和设施、修改设计，必须有设计变更的正式手续。

(4) 主要设备应具有国家法定检测机构的检测报告和产品出厂合格证。不能选用技术落后的防火阀、排烟防火阀、控制器等机电产品以及不满足国家规范要求的材料。

(5) 施工前应对主要设备进行外观检查，使其满足以下要求：主要设备的名称、规格、型号应与设计相符，设备的外观应无变形及其他机械性损伤，

设备的外露非机械加工表面保护涂层完好，无保护涂层的机械加工面无锈蚀，所有外露接口无损伤，堵、盖等保护物包封良好，铭牌清晰且安装牢固。

（6）严格按照国家现行规范规定的施工工艺进行施工，以保证达到较好的工程质量。

（7）隐蔽工程要严格把关，认真测试，经常需要检查的防火阀、排烟防火阀等阀门设备的隐闭部位要预留观察口，以便日后检查维护。

（8）风机、风口等设备、设施安装应正确、牢固。

（9）防排烟系统施工应遵循图 8-1 所示的工艺路程。

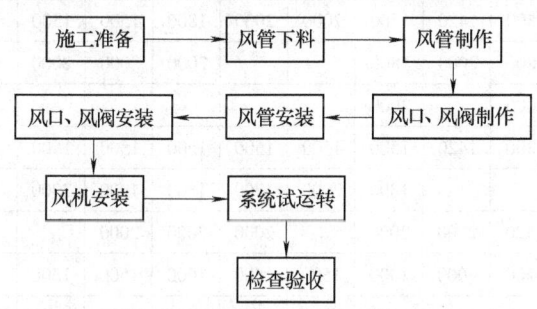

图 8-1 防排烟系统施工的工艺流程

8.1.2 金属送风排烟管道的加工制作

8.1.2.1 防排烟系统管道施工材料

板材与型钢是防排烟设备制作安装工程中重要的基础材料。板材广泛应用在制作防排烟管道及配件，型钢则多用于防排烟管道支吊架、法兰以及设备固定支架等。所使用板材、型钢的主要材料应具有出厂合格证明书或质量鉴定文件。

1. 金属薄板

防排烟工程中金属薄板主要用于制作排烟和加压送风管道。常用薄板有镀锌钢板（白铁皮）、普通钢板（俗称黑铁皮）、不锈钢板等。

普通热轧薄钢板，具有良好的加工性能，结构强度较高，且价格低，应用广泛。常用厚度为 0.5~1.5mm 的薄板制作管道及部件等。镀锌钢板是在普通热轧薄钢板表面镀锌，以保护钢板不锈蚀，一般不再刷防锈漆。不锈钢板具有良好的耐腐蚀性，在防排烟工程中应用很广泛。

制作防排烟管道和部件用的薄板质量应满足如下要求：板面平整、光滑无脱皮现象（普通薄钢板允许表面有紧密的氧化铁薄膜层），不得有裂缝、结疤及锈坑，厚薄均匀一致，边角规则呈矩形，有较好的延展性，适宜咬口加工。镀锌薄钢板表面不得有裂纹、结疤及水印等缺陷，应有镀锌层结晶花纹。

金属薄板的规格通常是用短边、长边以及厚度三个尺寸表示，例如1000mm×2000mm×1.2mm。常用的薄钢板的规格见表8-1。防排烟工程中所使用金属板材的厚度应满足表8-2所示的厚度。

表8-1 常用薄钢板的规格

钢板厚度 /mm	钢板宽度/mm											
	500	600	710	750	800	850	900	950	1000	1100	1250	1400
	钢板长度/mm											
0.35,0.4 0.45,0.5 0.55,0.6 0.7,0.75	1000 1500 2000	1200 1500 1800 2000	1000 1420 2000	1000 1500 1800 2000	1500 2000	1700 2000	1500 1800 2000	1500 1500 2000	1500			
0.8,0.9	1000 1500	1200 1420	1420 2000	1500 1800	1500 2000 2000	1500 1700	1500 1800 2000	1500 1900	1500 2000 2000			
1.0,1.1 1.2,1.25 1.4,1.5 1.6,1.8	1000 1500 2000	1200 1420 2000	1000 1420 2000	1000 1500 1800 2000	1500	1500 1700 2000 2000	1000 1500 1800	1500 1900 2000	1500 2000			

表8-2 钢板风管板材厚度 （单位：mm）

风管直径或长边尺寸 b	送 风 系 统	排 烟 系 统
b≤320	0.5	0.8
320<b≤450	0.6	0.8
450<b≤630	0.6	0.8
630<b≤1000	0.8	1.0
1000<b≤1250	1.0	1.0
1250<b≤2000	1.0	1.2
2000<b	1.2	按设计

2. 型钢

在防排烟工程施工过程中，型钢主要用于风管法兰盘、加固圈以及管路的支、吊、托架等。常用型钢种类有：扁钢、角钢、圆钢、槽钢等。

扁钢及角钢用于制作风管法兰及加固圈。扁钢的规格是以宽度×厚度表示，如20mm×4mm扁钢；常见的扁钢的规格见表8-3。角钢分为等边角钢和非等边角钢，如图8-2和图8-3所示。防排烟风管的法兰及管路支架多采用等边角钢制作，如图 8-4 所示，它的规格是以边宽度×厚度表示，如 40mm×40mm×4mm 或 40mm×4mm，常用的等边角钢的规格见表 8-4。

表 8-3　扁钢的规格

厚度/mm \ 宽度/mm	10	12	14	16	18	20	22	25	28	30	32	36	40	45	50	56	60
					理论质量/(kg/m)												
3	0.24	0.28	0.33	0.38	0.42	0.47	0.52	0.59	0.66	0.71	0.75	0.85	0.94	1.06	1.18	1.32	1.41
4	0.31	0.38	0.44	0.50	0.57	0.63	0.69	0.79	0.88	0.94	1.01	1.13	1.26	1.41	1.57	1.76	1.88
5	0.39	0.47	0.55	0.63	0.71	0.79	0.86	0.98	1.10	1.18	1.25	1.41	1.57	1.73	1.96	2.20	2.36
6	0.47	0.57	0.66	0.75	0.85	0.94	1.04	1.18	1.32	1.41	1.50	1.69	1.88	2.12	2.36	2.64	2.83
7	0.55	0.66	0.77	0.88	0.99	1.10	1.21	1.37	1.54	1.65	1.76	1.97	2.20	2.47	2.95	3.08	3.30
8	0.63	0.75	0.88	1.00	1.13	1.26	1.38	1.57	1.76	1.88	2.01	2.26	2.51	2.83	3.14	3.95	4.24
9	—	—	—	1.15	1.27	1.41	1.55	1.77	1.98	2.12	2.26	2.51	2.83	3.18	3.53	3.95	4.24
10	—	—	—	1.26	1.41	1.57	1.73	1.96	2.20	2.36	2.54	2.82	3.14	3.53	3.93	4.39	4.71

注：通常长度为 3～9m。

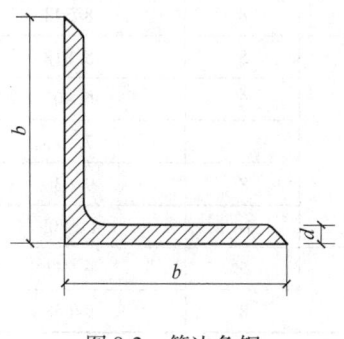

图 8-2　等边角钢

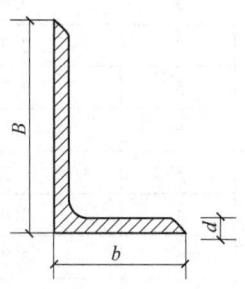

图 8-3　不等边角钢

图 8-4　角钢制作的排烟管道法兰

表 8-4　等边角钢的规格

尺寸/mm		理论质量/(kg/m)	尺寸/mm		理论质量/(kg/m)
边宽	厚		边宽	厚	
20	3	0.889	56	3	2.624
	4	1.145		4	3.446
25	3	1.124		5	4.251
	4	1.459		6	6.568
30	3	1.373	63	4	3.907
	4	1.786		5	4.822
36	3	1.656		6	5.721
	4	2.163		8	7.469
	5	2.654	70	4	4.372
40	3	1.852		5	5.397
	4	2.422		6	6.406
	5	2.976		7	7.398
45	3	2.088		8	8.373
	4	2.736	75	5	5.818
	5	3.369		6	6.905
	6	3.985		7	7.976
50	3	2.332		8	9.030
	4	3.059		10	11.809
	5	3.770	80	5	6.211
	6	4.465		8	9.658

圆钢主要用于吊架等，其规格用其直径来表示，常用规格见表 8-5。槽钢主要用于风机等设备的机座等，其截面如图 8-5 所示。其规格用 $h/10$ 来表示，常用规格见表 8-6。

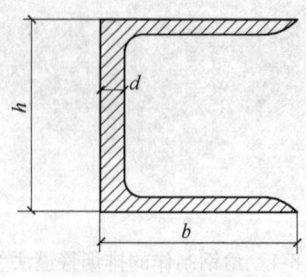

图 8-5　槽钢示意图

表 8-5 常用圆钢的规格

直径/mm	允许偏差/mm	理论质量/(kg/m)	直径/mm	允许偏差/mm	理论质量/(kg/m)
5	±0.4	0.154	20	±0.4	2.47
6		0.222	22		2.98
8		0.395	25	±0.5	3.85
10		0.617	28		4.83
12		0.888	32		6.31
14		1.21	36		7.99
16		1.58	38	±0.6	8.90
18		2.00	40		9.87

表 8-6 常用槽钢的规格

型 号	尺寸/mm			理论质量/(kg/m)
	h	b	D	
5	50	37	4.5	5.44
6.3	63	40	4.8	6.63
8	80	43	5	8.04
10	100	48	5.3	10
12.6	126	53	5.5	12.37
14a	140	58	6	14.53
14b	140	60	8	16.73
16a	160	63	6.5	17.23
16b	160	65	8.5	19.74
18a	180	68	7	20.17
18b	180	70	9	22.99
20a	200	73	7	22.63
20b	200	75	9	25.77

8.1.2.2 防排烟系统施工机具

1. 常用的划线工具（见图 8-6）

（1）金属直尺。一般用不锈钢板制成，长度有 150mm、300mm、600mm、900mm、1000mm 几种，尺面上刻有米制长度单位，用于量测直线长度和划直线。

（2）90°角尺。也称角尺，用薄钢板或不锈钢板制成，用于划垂直线或平行线，并可作为检测两平面是否垂直的量具。

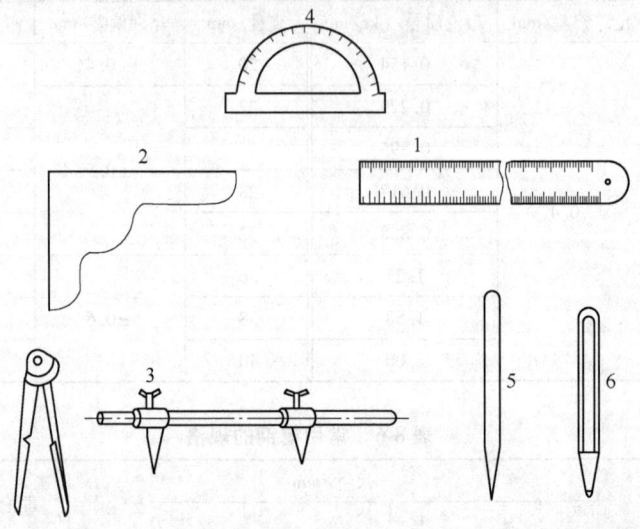

图 8-6　常用的划线工具
1—金属直尺　2—90°角尺　3—划规、地规　4—量角器　5—划针　6—样冲

(3) 划规。用于划较小的圆、圆弧、截取等长线段等；地规用于划较大的圆。划规和地规的尖端应经淬火处理，以保持坚硬和经久耐用。

(4) 量角器。用于量测和划分各种角度。

(5) 划针。由中碳钢制成，用于在板材上划出清晰的线痕。划针的尖部应细而硬。

(6) 样冲。高碳钢制成，尖端磨成60°角，用来在金属板面上冲点，为圆规划圆或划弧定心，或作为钻孔时的中心点。

(7) 曲线板。用于连接曲面上的各个截取点，划出曲线或弧线。

2. 金属风管的加工制作机具

(1) 金属板材的剪切。根据板材的厚度不同选择相应的工具，按板材上的划线剪切。剪切分为手工剪切和机械剪切。手工剪切常用的工具有直剪刀、弯剪刀、手动滚轮剪刀等，可依板材厚度及剪切图形情况适当选用。剪切厚度在1.2mm以下。常用的剪切机械有龙门剪板机、振动式曲线剪板机、双轮直线剪板机、电剪刀等，如图8-7和图8-8所示。龙门剪板机适用于板材的直线剪切，剪切宽度为2000mm，厚度4mm。振动式曲线剪板机适于剪切厚度为2mm以内的曲线板材，该机能在板材中间直接剪切内圆（孔），也能剪切直线，但效率较低。双轮直线剪板机适用于剪切厚度在2mm以内的板材，可做直线和曲线剪切，电剪刀适用于剪切厚度在2mm以内的板材，该机能在板材中间直接剪切内圆（孔），也能剪切直线。在防排烟工程施工过程中由于龙门剪板机、双轮直线剪板机比较大，所以在施工现场应用得比较少，工程施工过程中常用的是电剪刀。

 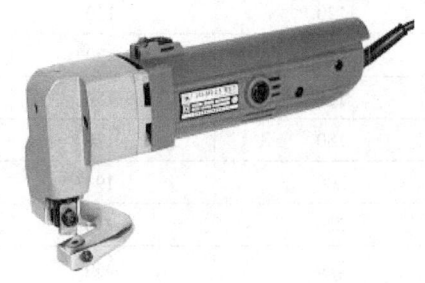

图 8-7　龙门式剪板机　　　　　　　　图 8-8　电剪刀

（2）金属板材的加工机具。金属板材的加工机具主要是将剪切过的金属钢板加工成各种形状的送风管道、排烟管道以及相关的部件。主要的加工机具有折方机、咬口机等。折方机用于将剪切过的金属板折成所需要的角度，如图 8-9 所示。咬口机则用于将金属板材的边缘做出各种形式的咬口，以实现板材的拼接和送风、排烟管道的闭合，如图 8-10 所示。

图 8-9　手动折方机　　　　　　　　图 8-10　咬口机

8.1.2.3　风管及配件的加工制作

1. 常用的防排烟管道的规格

防排烟管道按其截面形状分为圆形和矩形两种。为便于设计和制作，国家制定了防排烟管道的统一规格，分为基本系列和辅助系列，在设计和施工中优先使用基本系列，其规格见表 8-7 和表 8-8。

表 8-7　圆形防排烟管道的规格　　　　　　　　　（单位：mm）

基本系列	辅助系列	基本系列	辅助系列
100	80	500	480
	90	560	530
120	110	630	600
140	130	700	670
160	150	800	750
180	170	900	850
200	190	1000	950
220	210	1120	1060
250	240	1250	1180
280	260	1400	1320
320	300	1600	1500
360	340	1800	1700
400	380	2000	1900
450	420		

表 8-8　矩形防排烟管道的规格　　　　　　　　　（单位：mm）

风管边长					
120	320	800	2000	4000	
160	400	1000	2500	—	
200	500	1250	3000		
250	630	1600	3500		

2. 风管及配件的展开划线

用金属薄板加工制作的防排烟风管，都是用平整的板材利用展开下料的基本方法制造的。所谓展开就是依照防排烟管道的施工图（或放样图）的要求，把管件的表面按实际的大小铺平在板面上。然后用几何作图的基本方法，在板面上划出各种管段和加工部件的展开图形。经常划的线有直线及其平行线、各种角度的分角线、圆、曲线等。

风管有圆形和矩形两种。圆形直风管展开之后，展开图是一个矩形，如图 8-11 所示，一边长为 πD，一边长为 L、D 是圆形风管外径，L 是风管长度。矩形直风管展开之后，展开图是一个矩形，如图 8-12 所示，一边长度为 $2(A+B)$（A、B 分别为矩形风管的长和宽），另一边为风管长 L。放样画线时，对连接或闭合的风管要按板材厚度画出咬口裕量 M，咬口余量的宽度根据咬缝形式和金属板的厚度而定，分别留在两边。防排烟管道采用法兰连接时，需要留出法兰的翻边量（10mm）。对画出的展开图必须经规方以及长度、宽度、对角线检验，使矩形图样的四个角垂直、长度宽度满足要求，以避免风管折合时出现扭曲和尺寸不符的现象。风管直径较大，用单张钢板料不够时，可先将钢板拼接起来，再按展开尺寸下料。

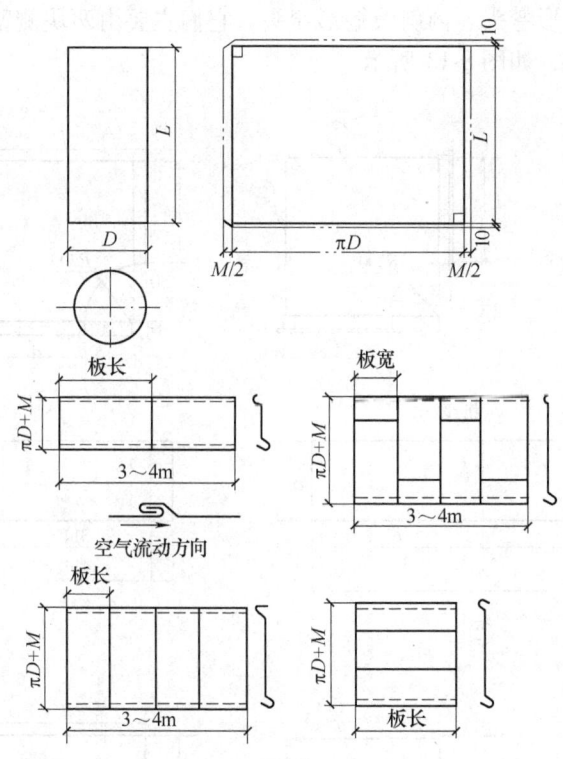

图 8-11　圆形直管道的展开图

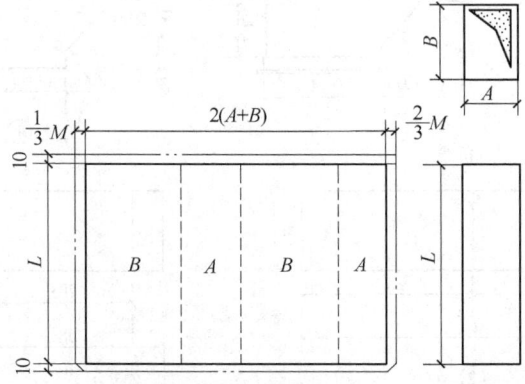

图 8-12　矩形直管道的展开图

弯头有圆形弯头和矩形弯头两种。弯头的尺寸主要取决于风管的断面尺寸、弯曲角度和弯曲半径。圆形弯头，由两个端节和若干个中间节组成，端节则为中间节的一半。圆形弯管的展开采用平行线展开法。先由弯管直径确定弯管弯曲半径及节数，画出弯管立面图，在进行展开。矩形弯头有内弧形矩形弯头、内外弧形矩形弯头、内斜线矩形弯头。它们主要由两块侧壁、弯头背、弯头里四部分组成，如图8-13所示。

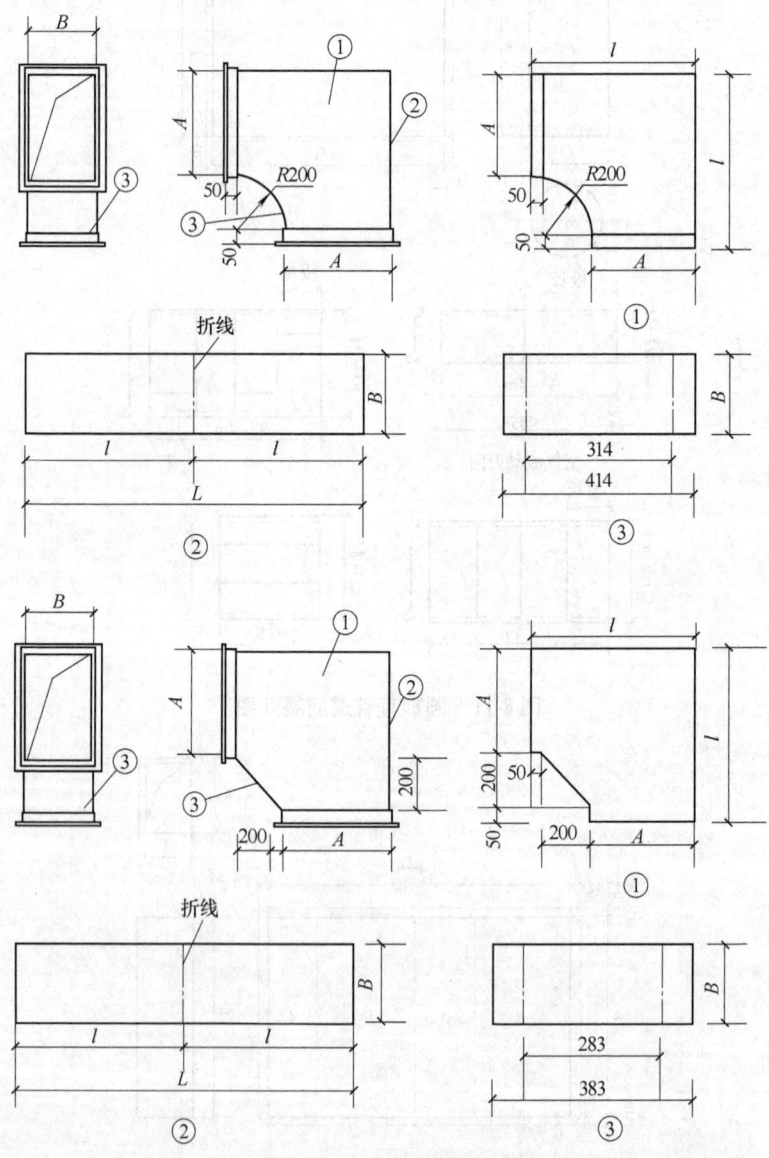

图 8-13 矩形弯头的展开图

3. 金属防排烟风管及配件的加工制作

金属防排烟管道制作所使用的主要材料、设备、成品或半成品应有出厂合格证明书或质量鉴定文件。

(1) 金属板材的剪切及风管成型。根据板材的厚度不同选择相应的工具，按板材上的划线剪切。剪切前必须对所划出的剪切线进行仔细的复核。剪切时应对准划线，做到剪切位置准确，切口整齐，即直线平直，曲线圆滑。再将剪切后的板材通过折方机折方或利用卷圆机卷成圆形，将接口连接形成风管或部件。

(2) 板材及管道的连接。金属板材的连接方法有咬口连接、铆接和焊接三种。钢板厚度在 $\delta \leqslant 1.2\text{mm}$ 可采用咬口连接，钢板厚度超过 1.2mm 可采用焊接。镀锌钢板及各类含有复合保护层的钢板，应采用咬口连接或铆接，不得采用影响其保护层防腐性能的焊接连接方法。

金属板材的连接有拼接、闭合接和延长接三种情况。拼接是将两张钢板的板边相接以增大面积，闭合接是把板材卷制成防排烟风管时对口缝的连接，延长接是把一段段防排烟风管连接成管路系统。

咬口连接是把需要相互结合的两个板边折成能互相咬合的各种钩形，钩接后压紧折边金属薄板边缘，用于相互固定连接的构造，适用于厚度 $\delta \leqslant 1.2\text{mm}$ 的薄钢板。常见咬口的形式如图 8-14 所示，以下为各种咬口的用途：

1) 单平咬口。用于板材的拼接缝和圆风管纵向的闭合缝以及严密性要求不高的制品接缝。

2) 单立咬口。用于圆风管端头环向接缝，如圆形弯头、圆形来回弯各管节间的接缝。

3) 联合角咬口。也叫包角咬口，咬口缝处于矩形管角边上，用途同转角咬口，应用在有曲率的矩形弯管的角缝连接更为合适。

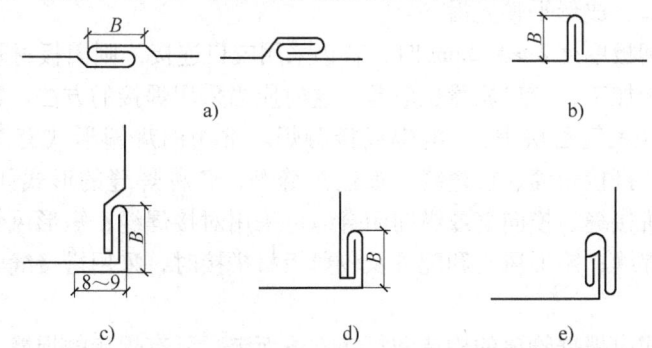

图 8-14 常见咬口的形式
a) 单平咬口 b) 单立咬口 c) 联合角咬口 d) 转角咬口 e) 按扣式咬口

4) 转角咬口。用于矩形风管及配件的纵向接缝和矩形弯管、三通的转角缝连接。

5) 按扣式咬口。适用于矩形风管和弯头、三通、四通等配件的转角闭合缝。这种咬口的特点是咬合紧密，运行可靠。

在划线时咬口留裕量的大小与咬口宽度 B、重叠层数及使用的机械有关。单平咬口、单立咬口和转角咬口，在一块板上的咬口裕量等于咬口宽度 B，与其咬合的另一块板咬口留裕量为 2 倍的咬口宽度 B。联合角咬口，一块板上的咬口裕量为咬口宽度 B，另一块板上为 3 倍咬口宽度。咬口的宽度 B 见表 8-9。

表 8-9　咬口的宽度　　　　　　　　（单位：mm）

钢板厚度	平咬口宽 B	角咬口宽 B
0.7 以下	6~8	6~7
0.7~0.8	8~10	7~8
0.9~1.2	10~12	8~10

咬口按其加工方式分为手工咬口和机械咬口。

手工咬口使用的工具主要有：硬木拍板，用来平整板料，拍打咬口，其尺寸为 45mm×35mm×450mm；硬质木锤，用来打紧打实咬口；钢制小方锤，用来碾打圆形风管单立咬口或咬口合缝。在工作台上应设置固定槽钢，作为折方或拍打垫铁，垫铁必须平直，保持棱角锋利，角度准确；工作台上还应设置圆管用于卷圆和修整圆弧垫铁。

机械咬口常用的有直线多轮咬口机、圆形弯头联合咬口机、矩形弯头咬口机、合缝机、按扣式咬口机和咬口压实机等。目前施工中已有适用于各种咬口形式的圆形、矩形直管和矩形弯管、三通的咬口机。利用咬口机、压实机等机械加工的咬口，成形平整光滑。

当普通钢板厚度 $\delta>1.2mm$ 时，若仍采用咬口连接，则因板材较厚，机械强度高而难于加工，咬口质量也较差，这时应当采用焊接的方法。常用的焊接方法有气焊（氧气乙炔焊）、电焊或接触焊。常用的焊缝形式有对接缝、角缝、搭接缝、搭接角缝、扳边缝、扳边角缝等，各种焊缝的形式如图 8-15 所示。板材的拼接缝、横向缝或纵向闭合缝可采用对接焊缝；矩形风管和配件的转角采用角焊缝；矩形风管和配件及较薄板材拼接时，采用搭接缝、扳边角缝和扳边焊缝。

焊缝形式应根据管道的构造和焊接方法而定。所有焊接的焊缝表面应平整均匀，不应有烧穿、裂缝、结瘤等缺陷，以符合焊接质量要求。

铆接主要用于风管、部件或配件与法兰的连接。铆接是将要连接的板材翻

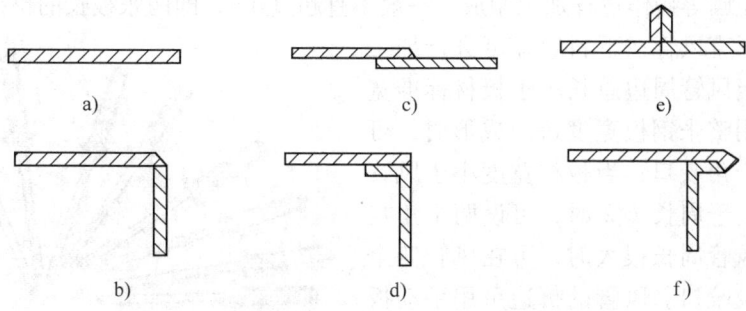

图 8-15　金属防排烟管道的焊缝形式
a) 对焊接　b) 角搭接焊　c) 角焊接　d) 扳边焊　e) 搭接焊　f) 扳边角焊

边搭接，用铆钉穿连并铆合在一起的连接（见图 8-16）。铆接在管壁厚度 $d \leqslant$ 1.5mm 时，常采用翻边铆接，为避免管外侧受力后产生脱落，铆接部位应在法兰外侧。铆钉直径应为板厚的 2 倍，但不小于 3mm，铆钉净长度采用下式计算得出。铆钉之间的中心距一般为 40~100mm，铆钉孔中心到板边的距离应保持 $3d$~$4d$。

$$L = 2\delta + 1.5 \sim 2d \qquad (8-1)$$

式中　d——铆钉直径（mm）；
　　　δ——连接钢板的厚度（mm）。

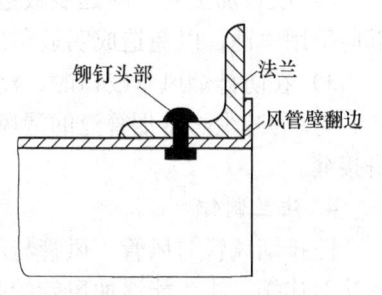

图 8-16　铆接示意图

手工铆接时，先把板材与角钢划好线，以确定铆钉位置，再按铆钉直径用手电钻打铆钉孔，把铆钉自内向外穿过，垫好垫铁，用钢制方锤打敲钉尾，再用罩模罩上把钉尾打成半圆形的钉帽。这种方法工序较多，工效低，锤打噪声大，工人劳动强度大。手动拉铆枪，是施工中常用的一种铆接工具，其既可以减小劳动强度，又可以提高效率，配备专用的铆钉，如图 8-17 和图 8-18 所示。铆接时，必须使铆钉中心线垂直于板面，铆钉头应把板材压紧，使板缝密合并且铆钉排列整齐、均匀。

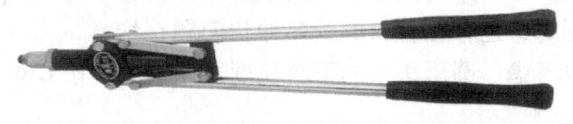

图 8-17　手动拉铆枪

（3）防排烟风管的加工。圆形直风管在下料后经咬口加工、卷圆、咬口打实、正圆等操作过程加工制成。一般不宜超过4m，即两张板长的拼接长度。

矩形直风管在下料后即可进行加工制作。当风管周边总长小于板材标准宽度，即用整张钢板宽度折边成形时，可只设一个角咬口；当板材宽度小于风管周长、大于周长1/2时，可设两个角咬口；当风管周长很大时，可在风管四个角分别设咬口。风管的折边可用手动扳边机扳成直角，再将咬口咬合打实后即成矩形风管。

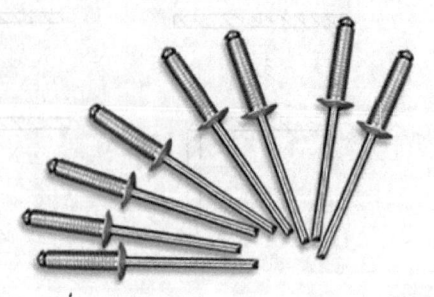

图8-18　手动拉铆枪用铆钉

另外，镀锌钢板风管再加工时还应注意以下几个问题：

1）镀锌钢板在放样下料之前，必须用中性的清洁剂将其表面的油污和污物去除干净。

2）咬口加工时，除延展板边采用钢制手锤外，凡是折曲线或打实咬口等都应采用木锤，以免造成明显印痕。

3）在防排烟风管咬口时，注意镀锌层面不受破损，以提高其防腐能力。

4）为减少防排烟管道的漏风，板材拼接的咬口缝应错开，不得有十字形拼接缝。

4. 法兰制作

防排烟风管与风管、风管与部件、配件的连接，一般采用便于安装和维修的法兰连接。法兰能增加风管的强度，并且拆卸比较方便。与防排烟风管相对应法兰也有圆形和矩形两种。矩形风管法兰的形式如图8-19所示。

法兰用角钢、扁钢加工制成，法兰材料的选取与风管的尺寸有关，具体参见表8-10、表8-11。随着风管及风管配件、部件的定型化，其连接件法兰也已定型化。

圆形法兰，可用手工或机械弯制而成。由于法兰弯制时外圆弧受拉，内圆弧受压，改变了原来材料长度，在加热弯制时，还存在材料的受热伸长问题，均应在下料时予以考虑。圆形法兰的下料长度可用下式计算：

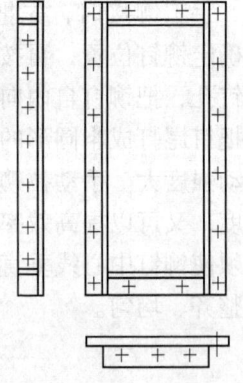

图8-19　矩形风管法兰

$$L = \pi(D + b/2) \tag{8-2}$$

式中　D——法兰内径（mm）；

b——扁钢或角钢的宽度（mm）。

表 8-10 金属圆形风管法兰材料规格

风管直径 D/mm	法兰材料规格/mm		螺栓规格
	扁 钢	角 钢	
D140	20×4	—	M6
140<D≤280	25×4	—	M6
280<D≤630	—	25×3	M8
630<D≤1250	—	30×4	M8
1250<D≤2000	—	40×4	M8

表 8-11 金属矩形风管法兰材料规格

风管长边尺寸 b/m	法兰材料规格（角钢）/mm	螺栓规格
b≤630	25×3	M6
630<b≤1500	30×3	M8
1500<b≤2500	40×4	M8
2500<b≤4000	50×5	M10

当用手工冷弯圆法兰时，按上式的计算长度 L 下料切断后，在弧形槽钢模上用锤敲打起弯，直到圆弧均匀成形，最后焊接、平整、钻孔制成。当用手工热煨法兰时，先将角钢或扁铁加热至可塑状态，在圆形胎具上弯曲成形，经焊接、平整、钻孔制成。在法兰标准胎具上加工法兰可不需计算切断下料，只要用长料在胎具上连续弯制、切断、再弯制圆形法兰即可。还可使用法兰弯制机械加工圆形法兰。圆形法兰的加工装置如图 8-20 所示。

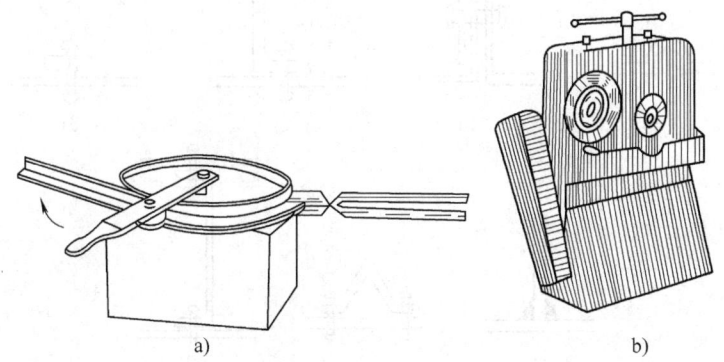

图 8-20 圆形法兰加工装置示意图
a) 手工热弯装置 b) 法兰煨弯机

矩形法兰由四根角钢组焊而成。总下料长度 $L = 2(A + B + 2C)$，A、B 分别为矩形风管法兰的内边长，它们应大于风管外边长 2~3mm，C 为角钢宽度。矩形风管加工时，先把角钢调直，用小钢角尺下料，下料尺寸要准确，焊成后的法兰内径不能小于风管的外径，用型钢切割机按线切割。切断、组装、点焊，经平整复测对角线尺寸，规方后焊接各接口缝。

所有圆形和矩形法兰均应配对钻孔，即将两支相互连接的法兰点焊在一起，一并划线钻孔。钻孔直径应大于螺栓直径 1.5mm。为便于安装防排烟风管，同一批加工的相同规格法兰的螺孔排列应一致，并具有互换性。

法兰制作完成之后，需要进行防腐处理，最常用的方法是涂刷防锈漆。风管法兰的焊缝应熔合良好、饱满，无假焊和孔洞，法兰平面度的允许偏差为 2mm，风管与法兰采用铆接连接时，铆接应牢固、不应有脱铆和漏铆现象；翻边应平整、紧贴法兰，其宽度应一致，且不应小于 6mm，且不应遮住螺孔，四角应铲平，咬缝与四角处不应有开裂与孔洞。

5. 管道的加固

（1）加固条件。为了增加防排烟风管的强度，保持风管截面形状在系统工作时不发生变化，减少由于管壁振动而产生的噪声，需对其进行加固。当圆形风管的直径大于等于 800mm，且其管段长度大于 1250mm 或总表面积大于 $4m^2$ 均应采取加固措施；矩形风管与圆形风管相比，自身强度低，因此，当矩形风管边长大于 630mm、保温风管边长大于 800mm、管段长度大于 1250mm 时，均应采取加固措施。

（2）加固方法。防排烟风管的加固可采用楞筋、立筋、角钢（内、外加固）、扁钢、加固筋和管内支撑等方法，如图 8-21 所示。

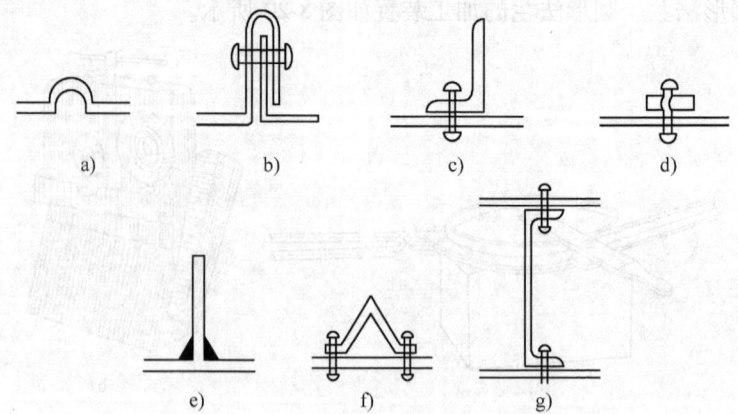

图 8-21　防排烟管道的加固方法
a）楞筋加固　b）立筋加固　c）角钢加固　d）扁钢平加固
e）扁钢立加固　f）加固筋　g）管内支撑加固

金属防排烟风管常用的加固方法有如下三种：

1）楞筋加固。楞筋加固是将钢板面加工成凸棱，大面上凸棱呈对角线交叉，不保温风道凸向风管外侧，保温风管凸向内侧。这种方法不需要加固用钢材，但只适用于矩形边长不大的风管。加固的楞筋线，排列应规则，间隔应均匀，板面不应有明显的变形。其形式如图8-22所示。

图8-22 风管的楞筋加固

2）加固筋加固。在风管内壁纵向设置加固筋，加固筋是用1~1.5mm的镀锌薄钢板条压成三角棱形长条，将其铆在风管内，这种加固方法不仅可节省钢材，而且美观。加固筋应排列整齐、均匀对称，与风管的铆接应牢固、间隔应均匀。

3）角钢加固框。采用角钢做加固框，加固强度比较好，是较普遍的加固方法。矩形风管边长在1000mm以内的用25mm×4mm的角钢，边长大于1000mm的用30mm×4mm角钢，铆接在风管外侧。边长在1500~2000mm时，还应在外侧对角线铆接30mm×4mm的角钢加固条。铆钉直径为4~5mm，铆钉间距为150~200mm。角钢加固，应排列整齐、均匀对称，其高度应小于或等于风管的法兰宽度，角钢与风管的铆接应牢固、间隔应均匀，两相交处应连接成一体。其形式如图8-23所示。

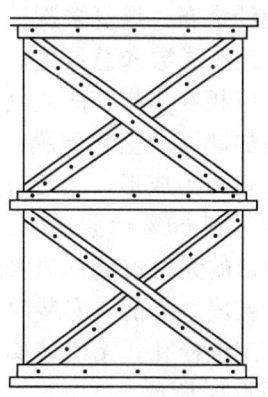

图8-23 矩形防排烟风管角钢加固框

6. 金属防排烟风管常见的质量问题和防止措施

金属风管制作时易产生的质量问题和防止措施见表8-12。

表 8-12　风管制作易产生质量问题及防止措施

序号	常产生的质量问题	防治措施
1	铆钉脱落	增强责任心，铆后检查，按工艺正确操作加长铆钉
2	风管法兰连接下方	用方尺找正使法兰与直管棱垂，管口四边翻边量宽度一致
3	法兰翻边四角漏风	管片压口前要倒角、咬口重叠处翻边时铲平、四角不应出现豁口
4	管件连接孔洞	出现孔洞用焊锡或密封胶堵严
5	风管大边上下有不同程度下沉，两侧面小边稍向外突出，有明显变形	按规范选用钢板厚度咬口形式的，采用应根据系统功能按规范进行加固
6	矩形风管扭曲、翘角	正确下料，板料咬口预留尺寸必须正确，保证咬口宽度一致
7	矩形弯头、圆形弯头角度不准确	正确展开下料
8	圆形风管不同心，圆形三通角度不准、咬口不严	正确展开下料

8.1.3　无机玻璃钢送风排烟管道及配件的加工制作

近年来在不少地区已开始采用无机玻璃钢制作防排烟管道和部件。无机玻璃钢具有不易被腐蚀、不易燃烧、有一定的吸声性、价格较低等优点。

1. 无机玻璃钢风管的制作

无机玻璃钢风管的制作是在专用的整体胎模上进行的，铺以塑料薄膜作内衬，滚涂或压抹氯氧镁水泥浆，贴铺玻璃纤维布，重复多次，直至要求的玻璃纤维布层数和总厚度。操作中玻璃纤维布应相互搭接，法兰处应另有加层。最后加铺厚的塑料薄膜，再经滚压，揭开薄膜即为成形。然后自然风干，当固化度达到 60% 后脱胎膜，再揭内衬薄膜。成形的无机玻璃钢风管或部件是与法兰连接成整体的，安装时在玻璃钢法兰上加工螺栓孔。无机玻璃钢风管和管件如图 8-24 所示。

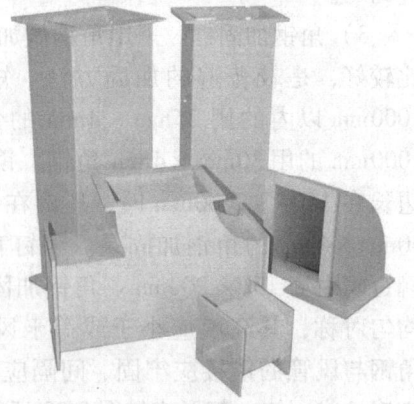

图 8-24　无机玻璃钢风管及管件

2. 无机玻璃钢送风排烟风管制作的质量要求

若设计中没有规定制作质量要求，则应符合以下要求：

（1）玻璃纤维布的铺置接缝应错开，无重叠现象，制作中所用的玻璃纤维布的层数和厚度应符合表8-13的要求。

表8-13 无机玻璃钢送风排烟风管玻璃纤维布的厚度和层数

圆形风管直径 D 或矩形风管长边 b/mm	风管管体玻璃纤维布厚度/mm		风管法兰玻璃纤维布厚度/mm	
	0.3	0.4	0.3	0.4
	玻璃纤维布层数			
$D(b) \leq 300$	5	4	8	7
$300 < D(b) \leq 500$	7	5	10	8
$500 < D(b) \leq 1000$	8	6	13	9
$1000 < D(b) \leq 1500$	9	7	14	10
$1500 < D(b) \leq 2000$	12	8	16	14
$D(b) > 2000$	14	9	20	16

（2）无机玻璃钢风管法兰制作中所用的玻璃纤维布的层数和厚度应符合表8-13的要求，法兰的规格应满足表8-14的要求。

表8-14 无机玻璃钢风管法兰规格

风管边长 b/mm	材料规格(宽×厚)/mm	连接螺栓
$b \leq 400$	30×4	M8
$400 < b \leq 1000$	40×6	M8
$1000 < b \leq 2000$	50×8	M10

（3）无机玻璃钢风管的壁厚应满足表8-15的要求。

表8-15 无机玻璃钢风管的壁厚

圆形风管直径 D 或矩形风管长边 b/mm	壁厚/mm	圆形风管直径 D 或矩形风管长边 b/mm	壁厚/mm
$D(b) \leq 300$	2.5~3.5	$1000 < D(b) \leq 1500$	5.5~6.5
$300 < D(b) \leq 500$	3.5~4.5	$1500 < D(b) \leq 2000$	6.5~7.5
$500 < D(b) \leq 1000$	4.5~5.5	$D(b) > 2000$	7.5~83.5

（4）无机玻璃钢风管外径或外边长的偏差应符合表8-16的规定。

表8-16 无机玻璃钢风管的允许偏差

直径或大边长	矩形风管外表平面度	矩形风管管口对角线之差	法兰平面度	圆形风管两直径之差
≤300	≤3	≤3	≤2	≤3
301~500	≤3	≤4	≤2	≤3
501~1000	≤4	≤5	≤2	≤4
1001~1500	≤4	≤6	≤3	≤4
1501~2000	≤5	≤7	≤3	≤5
>2000	≤6	≤8	≤3	≤5

(5) 法兰应与风管成一整体,并应有过渡圆弧,并与风管轴线成直角,同一批量加工的相同规格法兰的螺孔排列应一致,并具有互换性。

(6) 风管的表面应光洁、外表面应整齐美观、厚度均匀无裂纹、无明显泛霜和分层现象。

8.1.4 防排烟管道的安装

1. 管道安装的施工条件

(1) 防排烟管道的安装,需在建筑物的屋面做完,且在安装部位的障碍物清理后进行。

(2) 防排烟系统管路组成的各种风管、部件、配件均已加工完毕,并经质量检查合格。

(3) 与土建施工密切配合,应预留的安装孔洞,预埋的支架构件均已完好,并经检查符合设计要求。

(4) 施工准备工作已做好,如施工工具、吊装机械设备、必要的脚手架等已齐备,施工用料能满足要求。

2. 管道安装所需的材料和机具

(1) 安装过程中所需要的主要材料有以下几种。

1) 膨胀螺栓。膨胀螺栓又名胀锚螺栓,是使风管支、吊、托架固定在墙上、楼板上、柱上所用的一种特殊螺纹连接件。它由带锥度螺杆、胀管、平垫圈、弹簧垫圈和六角螺母等组成,如图 8-25 所示。使用时,须先用冲击电钻(锤)在固定体上钻一相应尺寸的孔。再把螺拴、胀管装入孔中,旋紧螺母即可使螺栓、胀管、安装件与固定体之间胀紧成一体。

图 8-25 胀管型膨胀螺栓
1—带锥螺杆 2—胀管 3—平垫圈 4—弹簧垫圈 5—六角螺母

2) 型钢。在防排烟管道安装中型钢主要是用来制作支、吊、托架,用的型钢一般有角钢、圆钢和槽钢。安装过程中支、吊、托架型钢的选取取决于防排烟管道的荷载,以及支、吊、托架的形式。

3) 六角螺栓。在防排烟管道安装中六角螺栓主要用于防排烟管道之间的连接,以及管道与部件、配件、设备之间的连接。连接用的螺栓规格参见表

8-10、表 8-11 和表 8-14。

在防排烟管道安装中常用的材料还有密封胶带、电弧焊条、橡胶板等。

（2）防排烟管道安装过程中所需要的主要机具。

1）手电钻、台钻。手电钻和台钻主要用来在型钢和板材上钻孔。如图 8-26 和图 8-27 所示。

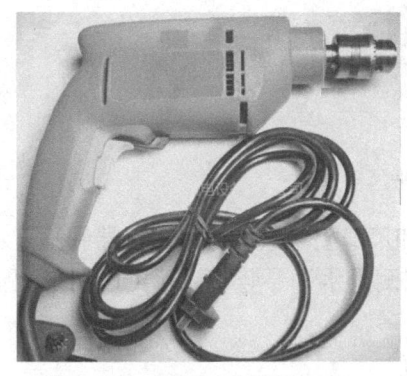

图 8-26　手电钻

图 8-27　台钻

2）冲击电钻。冲击电钻是一种旋转并伴随冲击运动的特殊电钻，它除了可在金属上钻孔外，还能在混凝土、预制墙板、瓷砖及砖墙上钻孔。它是用来固定支、吊、托架的一种常用工具，如图 8-28 所示。

3）变流电焊机。交流电焊机是手工电弧焊最简单而且最常用的一种，具有材料省、成本低、效率高、使用可靠、维修容易等优点。我国目前所使用的交流电焊机类型很多，如抽头式、可动线圈式、可动铁芯式和综合式等。各种类型的交流电焊机在结构上大同小异，工作原理基本相同。交流电焊机主要用来制作各种支、吊、托架和设备底座等，如图 8-29 所示。

图 8-28　冲击电钻

图 8-29　交流手工电弧焊机

4）水平尺和线坠。防排烟工程安装过程中，对支架、风管、设备等安装的水平和垂直都有一定的要求。水平尺和线坠就是用来检测上述安装水平和垂直的工具。

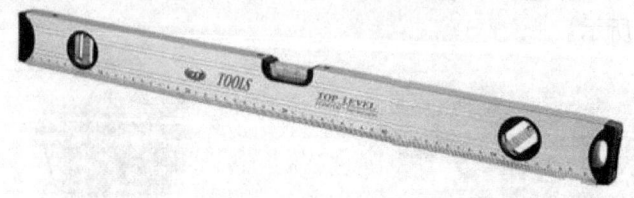

图 8-30　水平尺

防排烟工程安装常用的水平尺由尺身和尺身上镶嵌的水平水准器和垂直水准器以及 45°水准器组成，它不仅可以用来测量水平、竖直，还可以用来测量 45°角，如图 8-30 所示。

磁力线坠是将两个水平水泡管（垂直和水平各一个）和丝线、吊线坠组成一个整体，使用时可将线坠从磁铁上取下，由丝线下吊，将磁铁的一边吸于被测的风管及其支吊托架壁上即可进行，如图 8-31 所示。它适用于一般设备和管道安装的水平和垂直度测量。这种量具的外形与钢卷尺相似，由壳体、线坠、钢带、水泡、磁铁、线轮等组成。它操作简便，收放自如，携带方便。

5）麻绳。风管安装过程中进行风管吊装时要使用麻绳作为吊绳。麻绳具有轻便、容易捆、不易损伤风管等优点。但麻绳的强度低，吊装量宜小于 500kg。

6）钢丝绳。钢丝绳又称钢索，是由高强度钢丝制成的。它具有断面相等、强度高、耐磨损、弹性大以及在高速度下受力运转时平稳、没有噪声、工作可靠等优点。其主要缺点是不易弯曲，使用时需增大起重机的卷筒和滑轮直径，相应增加了机械的尺寸和重量。

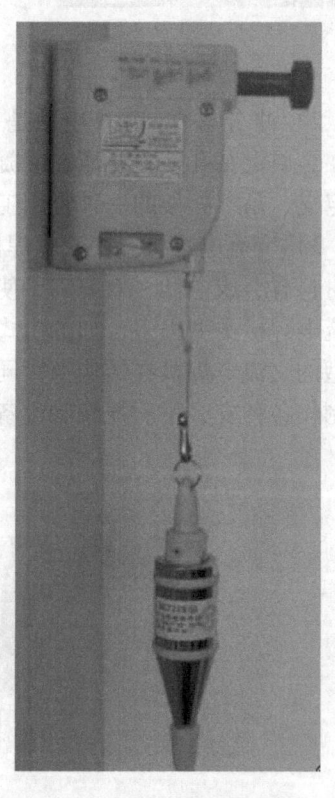

图 8-31　磁力线坠

7) 砂轮切割机。砂轮切割机是利用高速旋转的砂轮片与型钢接触摩擦来切断型钢的。砂轮切割机可用于切断角钢、小型号槽钢、圆钢等，如图8-32所示。砂轮片是砂轮切割机的主要部件，其规格用外径、内径和厚度表示，常用的砂轮片规格为 $\phi300mm \times 20mm \times 3mm$，如图8-33所示。操作时应逐渐吃力，以免砂轮破碎飞出伤人。为保证安全，砂轮片上必须遮罩180°。砂轮切割机效率高，移动方便，切口比较平整，即使有少许飞边也很容易用锉刀除去；但其使用时噪声大，影响操作工人的身心健康及周围的正常工作环境。

图8-32 砂轮切割机

图8-33 砂轮片

在防排烟管道安装中常用的机具还有滑轮、三脚架、手动滑轮等。

3. 防排烟管道支架、吊架的形式及安装

风管常沿墙、柱、楼板或屋架敷设，安装固定于支架、吊架上。支吊架安装是风管安装的第一道工序。支吊架的形式应按国标图集与规范选用强度和刚度相适应的形式和规格。对于直径或边长大于2500mm的超宽、超重等特殊风管的支、吊架，应按设计规定并结合工程的具体情况选择，可用圆钢、扁钢、角钢等制作，大型风管支架也可以用槽钢制成，应做到既要节约钢材，保证支架的强度，防止变形，同时也须符合设计图或国家标准图集的要求。

（1）风管托架在墙上的安装。沿墙安装的风管常用托架固定。风管托架横梁一般用角钢制作，风管直径大于1000mm时，托架横梁应用槽钢。为保持风管的稳定性，支架上用抱箍固定风管，抱箍用扁钢制成，钻孔后用螺栓和风管托架结为一体。托架沿墙安装的常见形式如图8-34和图8-35所示。

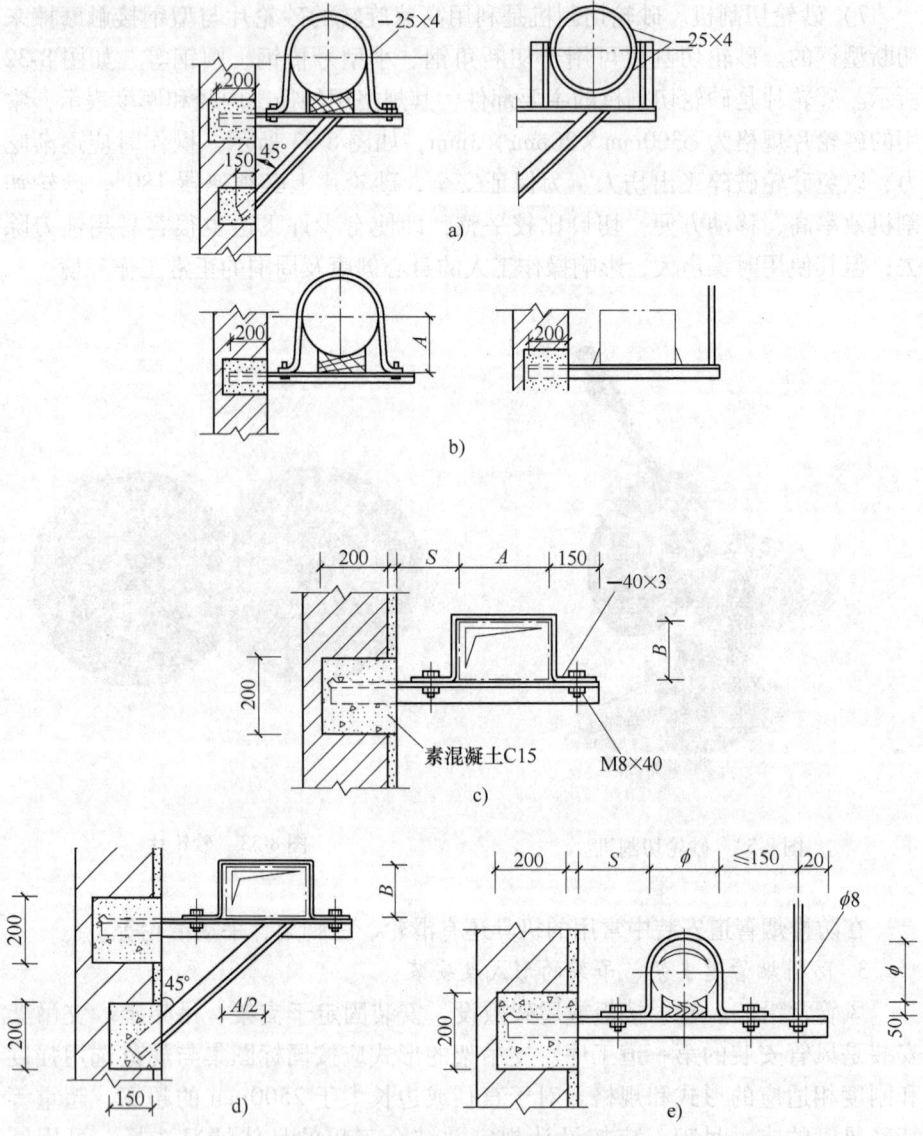

图8-34 托架沿墙安装的常见形式

托架安装时,可根据已定的标高(圆形风管以管中心标高为准,矩形风管以底标高为准,如果管道需要隔热还应减去木垫的厚度),在墙上量出托架角钢离地的距离。横梁埋入墙内应不少于200mm,栽埋要平整、牢固。斜撑角钢与横梁的焊接应使焊缝饱满、连接牢固。

埋设时,可把水平尺放在角钢面上,检查托架是否水平,并由另一人在远处用眼检查支架是否放正，如果水平尺显示支架已经放正，就可以把托架用水泥砂浆填实，在支架找平和填塞水泥砂浆时，可适当地填塞一些浸过水的石块、碎砖，以便于固定托架。填塞水泥砂浆，应稍低于墙面，以便修饰墙面时能把墙面补平。

图 8-35　防排烟管道的托架安装

（2）风管支架在柱上安装。风管托架横梁可用预埋钢板或预埋螺栓的方法固定，或用圆钢、角钢等型钢作抱柱式安装，均可使风管安装牢固。柱面预埋有铁件时，可将支架型钢焊接在铁件上。如果是预埋螺栓，可将支架型钢紧固在上面，也可以用抱箍将支架夹在柱子上。柱上支架的安装如图 8-36 所示。

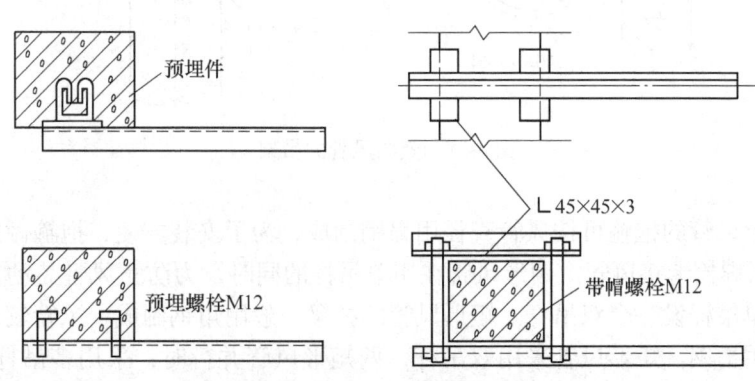

图 8-36　风管支架沿墙安装

当风管比较长时,需要在一排柱子上安装支架,这时应先把两端的支架安好,再以两端的支架标高为基准,在两个支架型钢的上表面拉一根钢丝,中间的支架高度按钢丝标高进行,以求安装的风管保持水平。钢丝一定要拉紧。

(3) 风管吊架。当风管需安装在楼板、屋面、梁的下面,且距墙、柱较远,不能采用托架安装时,用吊架安装。圆形风管的吊架由吊杆和抱箍组成,矩形风管吊架由吊杆和托梁组成,如图 8-37 ~ 图 8-39 所示。

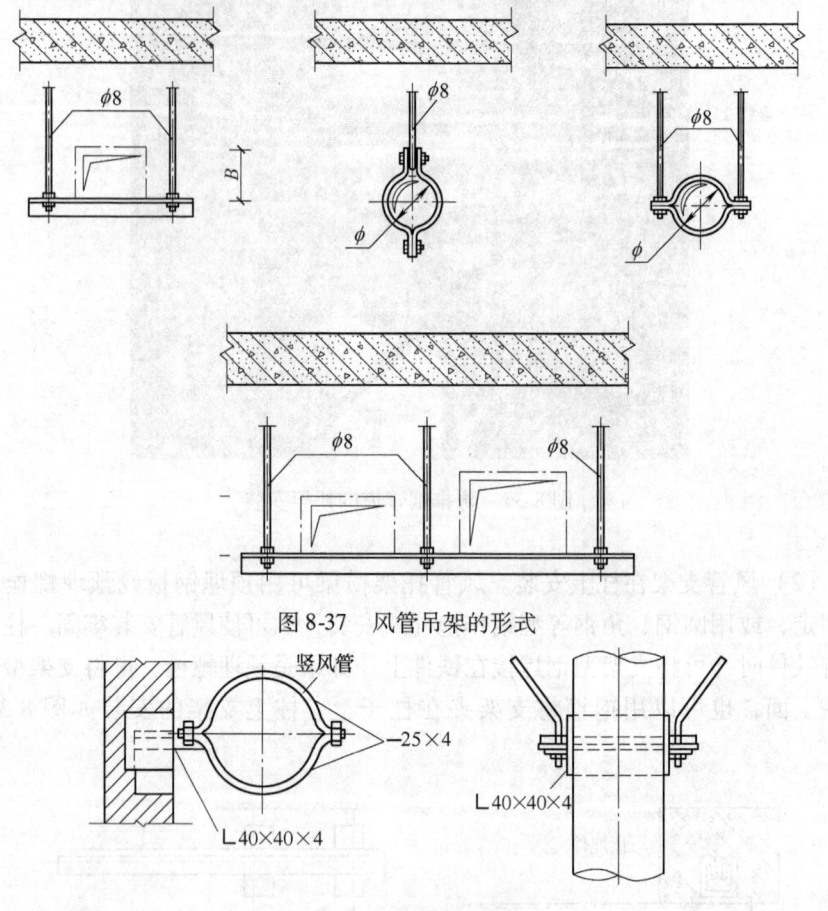

图 8-37 风管吊架的形式

图 8-38 竖向风管的吊架

圆形风管的抱箍可按风管直径用扁钢制成,为了安装方便,抱箍做成两个半边,用螺栓卡接风管。圆形风管在用单吊杆的同时,为防止风管晃动,应每隔两个单吊杆设一个双吊杆。矩形风管的托梁一般用角钢制成,风管较重时也可以采用槽钢。矩形风管采用双吊杆,两矩形风管并行时,采用多吊杆安装。托梁上穿吊杆的螺孔距离,应比风管宽 60mm(每边 30mm),如果是保温风管时为200mm（每边100mm），一般都使用双吊杆固定。吊杆由圆钢制成，端部应加工有50~60mm长的螺纹，通过调整螺帽的高度来调整风管的标高。

图8-39 防排烟风管吊装

根据建筑物的实际情况，吊杆上部可用膨胀螺栓、抱箍或电焊固定在建筑物结构上。固定的方式见图8-40。除了图示的固定方式以外，吊杆在楼板和梁上安装时均可以采用膨胀螺栓。安装时，需根据风管的中心线找出吊杆的位置，单吊杆就在风管的中心线上，双吊杆可按托梁的螺孔位置或依据风管中心线通过计算对称安装。

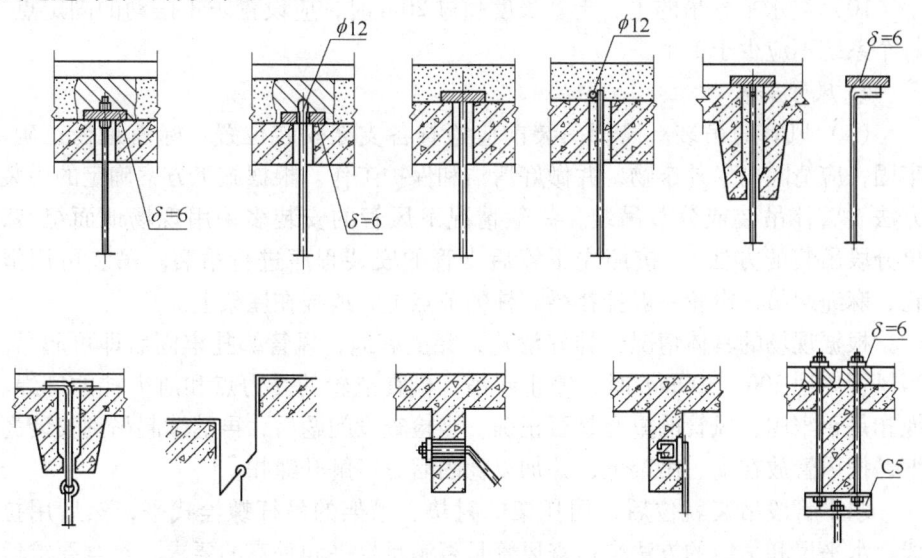

图8-40 吊架的固定

(4) 支、吊架的制作、安装要求。

1) 支吊架在制作前，首先要对型钢进行校正，以保证其平直，矫正的方法分冷矫正和热矫正两种。

2）钢材切断应采用切割机进行，钻孔采用电钻，不得使用氧气乙炔切割。

3）支架的焊缝必须饱满，以保证其具有足够的承载能力。

4）吊杆圆钢应根据风管安装标高适当截取，吊杆应平直、螺纹完整、光洁。

5）风管支、吊架制作完毕后，应进行除锈，刷防锈漆。

6）支、吊托架间距。不作隔热处理的水平安装风管的直径或大边长小于400mm，其间距不超过4m；大于或等于400mm的，其间距不超过3m。垂直安装的风管支架间距为4m，并在每根立管上设置不少于2个固定件。

7）相同管道的支、吊、托架应等距离排列，但不能将支、吊、托架设置在加压送风、排烟口、各种阀门、检查门等部位处，否则将影响系统的使用效果。应适当错开一定的距离。

8）矩形隔热风管不能直接与支、吊、托架接触，应垫上坚固的隔热材料，其厚度与隔热层相同。

9）支、吊、托架的预埋件或膨胀螺栓的位置，应正确和牢固可靠，支架埋入砌体或混凝土中应去掉油污，以保证结合牢固。

10）当水平悬吊的主、干管长度超过20m时，应设置防止摆动的固定点，每个系统不应少于1个。

4. 风管安装

（1）风管的吊装。风管吊装前应检查各支架安装位置、标高是否正确、牢固，应清除内、外杂物，并做好清洁和保护工作。根据施工方案确定的吊装方法（整体吊装或分节吊装，一般情况下风管的安装多采用现场地面组装，再分段吊装的方法），按照先干管后支管的安装程序进行吊装。吊装可用滑轮、麻绳起吊，滑轮一般挂在梁、柱的节点上，或挂在屋架上。

根据现场的具体情况，挂好滑轮，穿上麻绳，风管绑扎牢固后即可起吊。当风管离地200~300mm时，停止起吊，检查滑轮的受力点和所绑扎的麻绳、绳扣是否牢固，风管的重心是否正确。当检查没问题后，再继续起吊到安装高度，把风管放在支、吊架上，并加以稳固后方可解开绳扣。

水平管段吊装就位后，用托架的衬垫、吊架的吊杆螺栓找平，然后用拉线、水平尺和吊线的方法来检查风管是否满足水平和垂直的要求，符合要求后即可固定牢固，然后进行分支管或立管的安装。

（2）风管安装的要求。

1）风管（道）的规格、安装位置、标高、走向应符合设计要求，现场安装风管时，不得缩小接口的有效截面积。

2）风管的连接应平直、不扭曲。明装风管水平安装时，水平度的允许偏差为 3/1000，总偏差不应大于 20mm。明装风管垂直安装时，垂直度的允许偏差为 2/1000，总偏差不应大于 20mm。暗装风管的位置应正确、无明显偏差。

3）风管沿墙安装时，管壁到墙面至少保留 150mm 的距离，以方便拧紧法兰螺钉。

4）风管的纵向闭合缝要求交错布置，且不得置于风管底部。

5）风管与配件的可拆卸接口不得置于墙、楼板和屋面内。

6）无机玻璃钢风管安装时不得碰撞和扭曲，以防树脂破裂、脱落及分层。

7）风管与砖、混凝土风道的连接口，应顺着气流方向插入，并应采取密封措施。

8）风管与风机的连接宜采用不燃材料的柔性连接。柔性短管的安装，应松紧适度，无明显扭曲。

9）风管穿越隔墙时，风管与隔墙之间的空隙，应采用水泥砂浆等非燃材料严密填塞。

10）风管法兰的连接应平行、严密，用螺栓紧固，螺栓露出长度一致，同一管段的法兰螺母应在同一侧。风管法兰的垫片材质应符合系统功能的要求，厚度不应小于 3mm。垫片不应嵌入管内，亦不宜突出法兰外。

11）排烟风管的隔热层应采用厚度不小于 40mm 的绝热材料（如矿棉、岩棉、硅酸铝等）。

12）送风口、排烟阀（口）与风管（道）的连接应严密、牢固。

8.1.5 阀门及风口的安装

1. 防火阀、排烟防火阀的安装

防火阀要保证在火灾时能起到关闭和停机的作用。防火阀有水平安装、垂直安装和左式、右式之分，安装时不能弄错，否则将造成不应有的损失。为防止防火阀易熔件脱落，易熔件应在系统安装后再装。安装时严格按照所要求的方向安装，以使阀板的开启方向为逆气流方向，易熔片处于来流一侧。外壳的厚度不小于 2mm，以防止火灾时变形导致防火阀失效。转动部件转动灵活，并应采用耐腐蚀材料制作，如黄铜、青铜、不锈钢等金属材料。防火阀应有单独的支吊架，不能让风管承受防火阀的重量。防火阀门在吊顶和墙内侧安装时要留出检查开闭状态和进行手动复位的操作空间，阀门的操作机构一侧应有 200mm 的净空间。防火阀安装完毕后，应能通过阀体标识，判断阀门的开闭状态。

风管垂直或水平穿越防火分区以及穿越变形缝时，都应安装防火阀，其形式如图 8-41、图 8-42、图 8-43 所示。风管穿过墙体或楼板时，先用防火泥封堵，再用水泥砂浆抹面，以达到密封的作用。

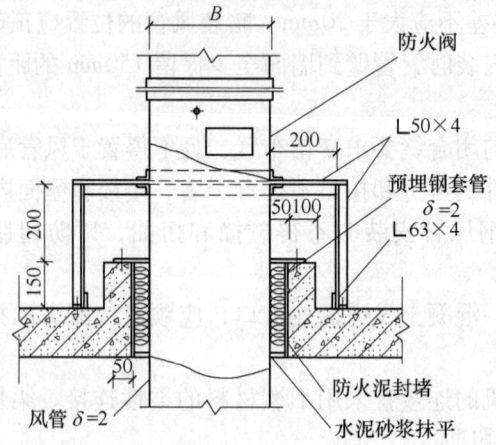

图 8-41　楼板处防火阀的安装

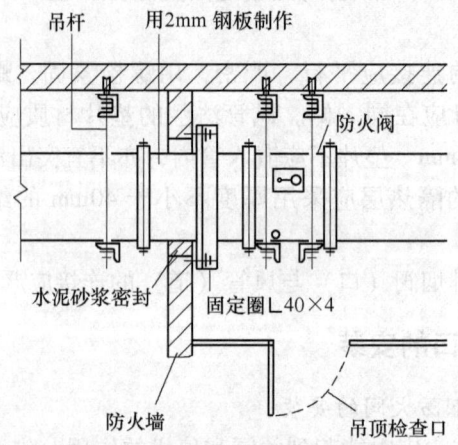

图 8-42　穿防火墙处防火阀的安装

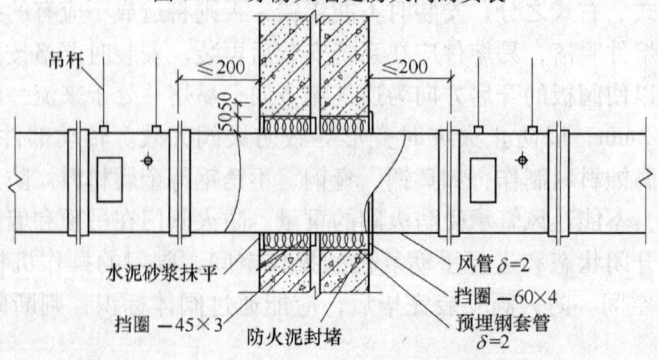

图 8-43　变形缝处防火阀的安装

排烟防火阀是用来在烟气温度达到280℃时切断排烟并连锁关闭排烟风机的，它安装在排烟风机的进口处。排烟防火阀与防火阀只是功能和安装位置不同，安装的方式基本相同。

防火阀和排烟防火阀安装的方向、位置应正确；手动和电动装置应灵活、可靠，阀板关闭应保持严密。防火阀直径或长边尺寸大于或等于630mm时，宜设独立支、吊架。

2. 排烟风口的安装

排烟风口有多叶排烟口和板式排烟口，它们都既可以直接安装在排烟管道上，也可以安装在墙壁上，与排烟竖井相连。

多叶排烟口的铝合金百叶风口可以拆卸，安装在风管上时，先取下百叶风口，用螺栓、自攻螺钉将阀体固定在连接法兰上，然后将百叶风口安装到位，如图8-44所示。多叶排烟口安装在排烟井壁上时，先取下百叶风口，用自攻螺钉将阀体固定在预埋在墙体内的安装框上，然后装上百叶风口，如图8-45所示。

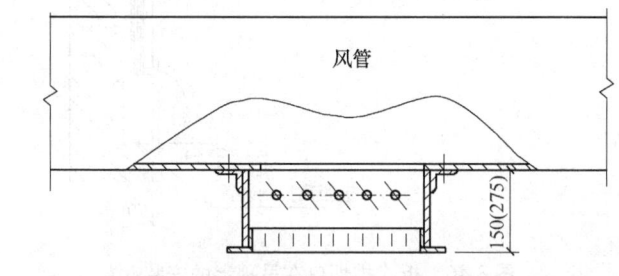

图8-44 多叶排烟口在排烟风管上的安装

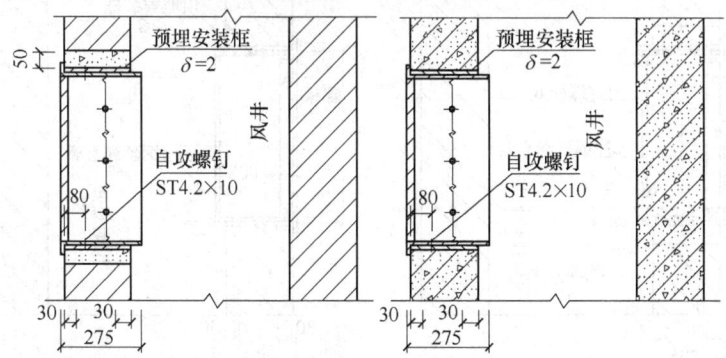

图8-45 多叶排烟口在排烟竖井上的安装

板式排烟口在吊顶安装时，排烟管道安装底标高距吊顶面大于250mm。排烟口安装时，首先将排烟口的内法兰安装在短管内。定好位后用铆钉固定，然后将排烟口装入短管内，用螺栓和螺母固定，也可以用自攻螺钉把排烟口外框固定在短管上,如图8-46所示。板式排烟口安装在排烟井壁上时,也是用自攻螺钉将阀体固定在预埋在墙体内的安装框上的,如图8-47所示。

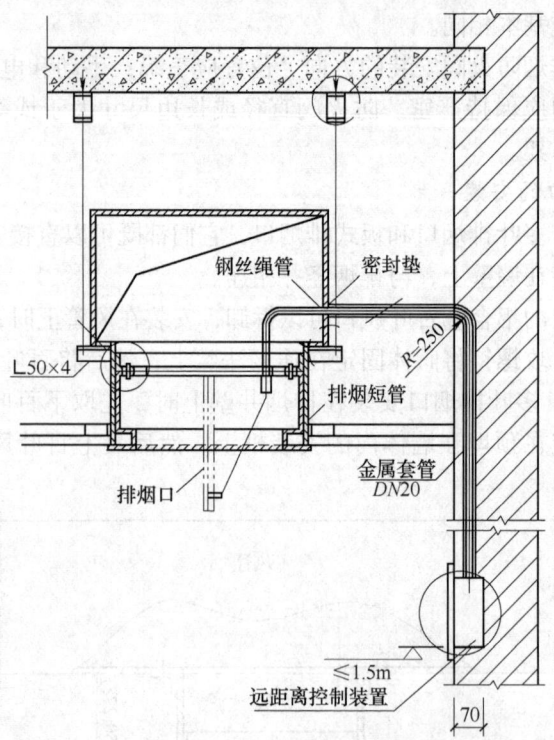

图8-46 板式排烟口在吊顶上的安装

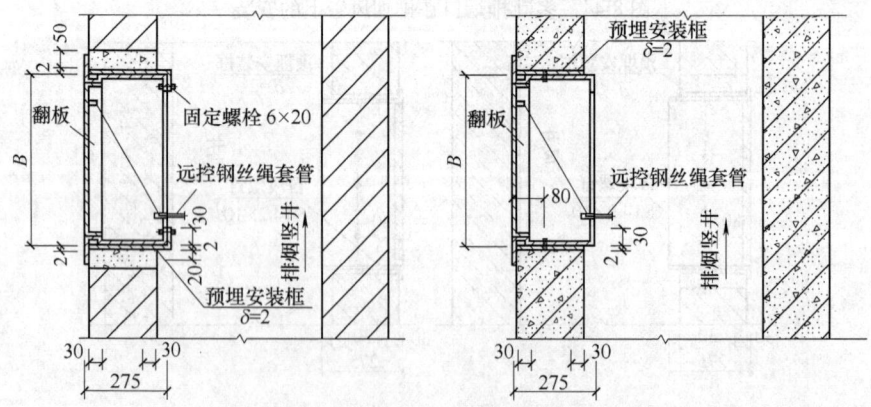

图8-47 板式排烟口在排烟竖井上的安装

排烟口安装应注意的事项:
(1)排烟口及手控装置(包括预埋导管)的位置应符合设计要求。

(2) 排烟口安装后应做动作试验，手动、电动操作应灵活、可靠、阀板关闭时应严密。

(3) 排烟口的安装位置应符合设计要求，并应固定牢靠，表面平整、不变形、调节灵活。

(4) 排烟口距可燃物或可燃构件的距离不应小于 1.5m。

(5) 排烟口的手动驱动装置应设在明显可见且便于操作的位置，距地面 1.3~1.5m，并应明显可见。预埋管不应有死弯瘪陷，手动驱动装置操作应灵活。

(6) 排烟口与管道的连接应严密、牢固，与装饰面相紧贴；表面平整、不变形。同一厅室、房间内的相同排烟口的安装高度应一致，排列应整齐。

3. 加压送风口的安装

加压送风口用于建筑物的防烟前室，安装在墙上，平时常闭。火灾发生时，根据火灾的通过电源 DC24V 或手动使阀门打开，根据系统的功能为防烟前室送风。用于楼梯间的加压送风口，一般采用常开的形式，采用普通百叶风口或自垂式百叶风口。

加压前室安装的多叶加压送风口，安装在加压送风井壁上，安装方式与多叶排烟口相同，详见图 8-45，前室若采用常闭的加压送风口，其中都有一个执行装置，如图 8-48 所示。楼梯间安装的自垂式加压送风口，是用自攻螺钉将风口固定在预埋在墙体内的安装框上的，如图 8-49 所示，安装后如图 8-50 所示。楼梯间的普通百叶风口的安装方式与自垂式加压送风口的安装方式相同。

图 8-48 加压送风口执行装置

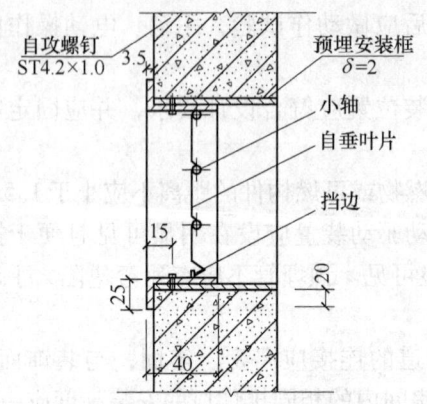

图 8-49 自垂式加压送风口

图 8-50 楼梯间自垂式加压送风口

送风口的安装位置应符合设计要求,并应固定牢靠,表面平整、不变形,调节灵活。常闭送风口的手动驱动装置应设在便于操作的位置,预埋套管不得有死弯及瘪陷,手动驱动装置操作应灵活。手动开启装置应固定安装在距楼地面 1.3~1.5m 之间,并应明显可见。

8.1.6 防排烟风机的安装

1. 防排烟风机安装前的准备工作

安装前应进行开箱检查,并形成验收文字记录。箱内应有装箱单、设备说明书、产品出厂合格证和产品质量鉴定文件;核对叶轮、机壳和其他部件的主要尺寸以及进出风口的位置等是否与设计图样相符,叶轮的旋转方向是否符合设备技术文件的规定、风机的外观是否破损等。

安装前,对设备基础或钢支架进行检查和验收,检查其尺寸、标高、地脚螺栓孔位置等是否与设计要求相符。

2. 防排烟风机的安装

（1）安装的基本顺序。

1）清理基础，做好标记。风机安装前，将设备基础表面的油污、泥土杂物清除，地脚螺栓预留孔的杂物清除干净，并应在地脚螺栓预留孔表面铲出麻面，以使二次浇灌的混凝土或水泥砂浆能与基础紧密结合。风机设备安装就位前，按设计图并依据建筑物的轴线、边缘线及标高线放出安装基准线。

2）机组的吊装、校正、找平。整体式小型通风机，应在底座上穿入地脚螺栓，并将风机连同底座一起吊装在基础上。吊装时与机壳边接触的绳索，在棱角处应垫好柔软的材料，防止磨损机壳及绳索被切断。整体式小型风机吊装时直接放置在基础上，调整底座的位置，使底座和基础的纵、横中心线吻合。用水平尺检查通风机的底座放置是否水平，通过加装垫铁来调整风机底座的水平度，垫铁一般应放在地脚螺栓两侧，斜垫铁必须成对使用。设备安装好后同一组垫铁应点焊在一起，以免受力时松动。

3）地脚螺栓的二次灌浆或型钢支架的初步紧固。地脚螺栓灌注混凝土时，应使用与混凝土基础同等级的混凝土。

4）复测风机安装的中心偏差、水平度和联轴器的轴向偏差、径向偏差等是否满足要求。

当二次灌浆的混凝土强度达到设计强度的75%时，再次复测通风机的水平度、中心偏差等，没问题后，将垫铁点焊在一起。

5）固定风机。拧紧螺栓固定好风机，并用水泥砂浆抹平基础表面。

分体式风机，应在通风机机座上穿入螺栓，并把通风机机座吊装到基础上，调整通风机的中心位置，使通风机和基础的纵、横中心线相吻合，将通风机叶轮安装在它的轴上，吊装电动机和轴承架到基础上并调整位置，用水平尺检查风机安装的水平度。采用带式传动时，安装传动带时应使电动机轴和风机轴的中心线平行，带的拉紧程度应适当，一般可用手敲打已装好的传送带中间，以稍有弹跳为宜。

（2）不同形式的防排烟风机的安装。在工程中防排烟风机主要有在屋顶的钢筋混凝土基础上安装、屋顶钢支架上安装和在楼板下吊装三种形式，如图8-51～图8-55所示。

3. 防排烟风机安装的要求

（1）防排烟风机的安装，偏差应满足表8-17的要求。

（2）安装风机的钢支、吊架，其结构形式和外形尺寸应符合设计或设备技术文件的规定，焊接应牢固，焊缝应饱满、均匀，支架制作安装完毕后不得有扭曲现象。

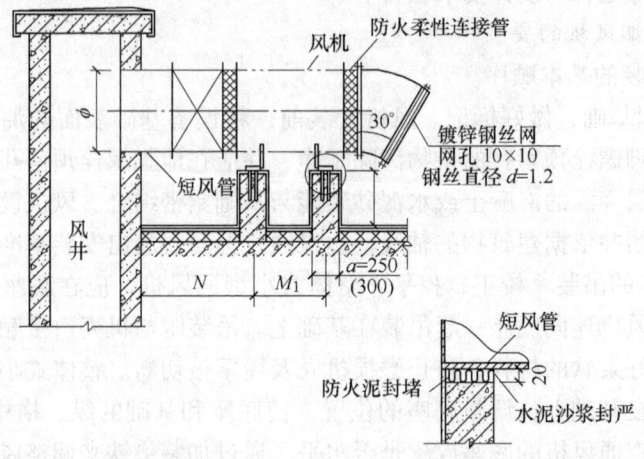

图 8-51 屋顶防排烟风机在钢筋混凝土基础安装

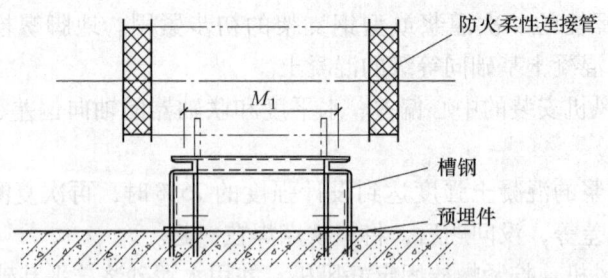

图 8-52 屋顶防排烟风机在钢架基础安装

图 8-53 屋顶防排烟风机

第 8 章 防排烟系统的施工、调试、验收及维护管理

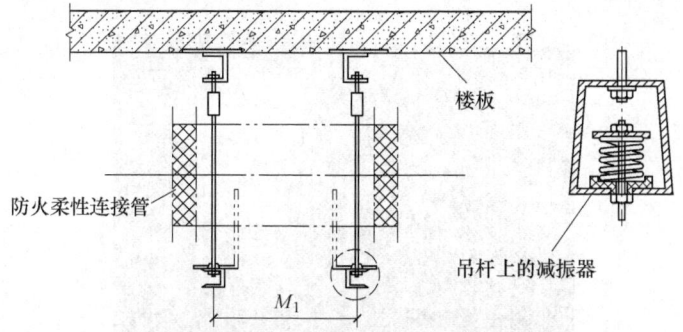

图 8-54 防排烟风机在楼板下吊装

图 8-55 排烟风机在楼板下吊装

表 8-17 防排烟风机安装的允许偏差

项次	项目		允许偏差	检验方法
1	中心线的平面位移		10mm	经纬仪或拉线和尺量检查
2	标高		±10mm	水准仪或水平仪、直尺、拉线和尺量检查
3	带轮轮宽中心平面偏移		1mm	在主、从动带轮端面拉线和尺量检查
4	传动轴水平度		纵向 0.2/1000 横向 0.3/1000	在轴或带轮 0°和 180°的两个位置上,用水平仪检查
5	联轴器	两轴芯径向位移	0.05mm	在联轴器互相垂直的四个位置上,用百分表检查
		两轴线倾斜	0.2/1000	

(3) 风机进出口应采用柔性短管与风管相连。柔性短管必须采用不燃材料制作。柔性短管长度一般为 150~250m,应留有 20~25mm 的搭接量,如图 8-56 所示。

图 8-56　排烟风机的柔性软接头

（4）离心式风机出口应顺叶轮旋转方向接出弯管。如果受现场条件限制达不到要求，应在弯管内设导流叶片。

（5）单独设置的防排烟系统风机，在混凝土或钢架基础上安装时可不设减振装置；若排烟系统与通风空调系统共用时需要设置减振装置。

（6）风机与电动机的传动装置外露部分应安装防护罩。风机的吸入口、排出口直通大气时，应加装保护网或其他安全装置。

（7）风机外壳至墙壁或其他设备的距离不应小于 600mm。

（8）排烟风机宜设在该系统最高排烟口之上，且与正压送风系统的吸气口两者边缘的水平距离不应少于 10m，或吸气口必须低于排烟口 3m。不允许将排烟风机设在封闭的吊顶内。

（9）排烟风机宜设置机房，机房与相邻部位应采用耐火极限不低于 2h 的隔墙、1h 的楼板和甲级防火门隔开。

（10）设置在屋顶的送、排风机、阀门不能日晒雨淋，应当设置避挡防护设施。

（11）固定防排烟系统风机的地脚螺栓应拧紧，并有防松动措施。

8.1.7　其他设施的安装

1. 挡烟垂壁

挡烟垂壁（见图 8-57）的安装应满足下列要求：

（1）型号、规格、下垂的长度和安装位置应符合设计要求。

（2）活动挡烟垂壁与建筑结构（柱或墙）面的缝隙不应大于 60mm，由两块或两块以上的挡烟垂帘组成的连续性挡烟垂壁，各块之间不应有缝隙，搭接宽度不应小于 100mm。

(3) 活动挡烟垂壁的手动操作装置应固定安装在距楼地面 1.3~1.5m 之间，且便于操作、明显可见。

图 8-57　防火玻璃挡烟垂壁

2. 排烟窗

排烟窗的安装应满足下列要求：

（1）型号、规格和安装位置应符合设计要求。

（2）手动开启装置应固定安装在距楼地面 1.3~1.5m 之间，且便于操作、明显可见。

（3）自动排烟窗的驱动装置应灵活、可靠（见图 8-58）。

图 8-58　自动排烟窗

8.2　防排烟系统的调试

防排烟系统调试是在系统施工完成后对系统的调整和测定，以使系统达到设计所要求的参数和效果。防排烟系统的调试应包括设备单机调试和系统联动调试。

8.2.1 防排烟系统的调试要求

系统调试所使用的测试仪器和仪表,性能应稳定可靠,其精度等级及最小分度值应能满足测定的要求,并应符合国家有关计量法规及检定规程的规定。系统调试应由施工单位负责、监理单位监督,设计单位和建设单位参与配合。系统调试的实施可以是施工企业本身或委托给具有调试能力的其他单位。系统调试前,承包单位应编制调试方案,报送专业监理工程师审核批准;调试结束后,必须提供完整的调试资料和报告。

8.2.2 强度和严密性检验

1. 检验要求

防排烟风管(道)系统安装完毕后,应对排烟系统和加压送风系统进行严密性检验。检验应以主、干管道为主。其强度和严密性要求应符合设计要求或下列规定:

(1) 防排烟风管的强度应能满足在1.5倍工作压力下接缝处无开裂。

(2) 风管的允许漏风量,应符合满足:

低压系统风管 $\qquad Q_L \leqslant 0.1056 p^{0.65}$ \qquad (8-3)

中压系统风管 $\qquad Q_M \leqslant 0.0352 p^{0.65}$ \qquad (8-4)

式中 Q_L,Q_M——系统风管在相应工作压力下,单位面积风管单位时间内的允许漏风量[$m^3/(h \cdot m^2)$];

p——指风管系统的工作压力(Pa);见表8-18,排烟管道均执行中压系统的规定。

表8-18 风管系统类别划分

系统类别	系统工作压力 p/Pa
低压系统	$p \leqslant 500$
中压系统	$500 < p \leqslant 1500$

(3) 砖、混凝土风道的允许漏风量不应大于风管规定值的1.5倍。

(4) 所有的防排烟系统都应进行严密性检验。其中低压系统的严密性检验可采用漏光法检测,检测不合格时,作漏风量测试;中压系统应在漏光法检测合格后做漏风量测试。

2. 漏光法检测

漏光法检测是利用光线对小孔的强穿透力,对系统风管严密程度进行检测的方法。检测应采用具有一定强度的安全光源,工程中常采用不低于100W带保护罩的手持移动低压照明灯或其他低压光源。

防排烟系统风管漏光检测时,光源可置于风管内侧或外侧,但其相对侧应为暗黑环境,为便于观察,通常在晚上进行,光源置于管道内部。检测光源应沿着被检测接口部位与接缝作缓慢移动,在另一侧进行观察,当发现有光线射出,则说明查到明显漏风处,并应做好记录。

当采用漏光法检测系统的严密性时,低压系统风管以每 10m 接缝漏光点不大于 2 处,且 10m 接缝平均不大于 16 处为合格;中压系统风管以每 10m 接缝漏光点不大于 1 处,且 100m 接缝平均不大于 8 处为合格。

漏光检测中对发现的条缝形漏光,应作密封处理。

3. 漏风量测试

由于防排烟风管系统允许有一定量的漏风,要保持漏风管内的压力不变,只能把系统中漏掉的风量随时补上。因此,只要测出为保持风管特定压力而补充风量,即可测出被测系统的漏风量,根据这一要求,可做出专用的漏风量测试装置。

(1) 测试装置。漏风量测试应采用经检验合格的专用测量仪器。或采用符合现行国家标准《流量测量节流装置》规定的计量元件搭设的测量装置。漏风量测试装置可采用风管式或风室式。风管式测试装置采用孔板做计量元件;风室式测试装置采用喷嘴做计量元件。漏风量测试装置的风机,其风压和风量应分别选择大于被测定系统的规定试验压力及最大允许漏风量的 1.2 倍。漏风量测试装置试验压力的调节,可采用调整风机转速的方法,也可采用控制节流装置开度的方法。漏风量值必须在系统经调整后保持稳压的条件下测得。

风管式漏风量测试装置由风机、连接风管、测压仪器、整流栅、节流器和标准孔板等组成,如图 8-59 所示。

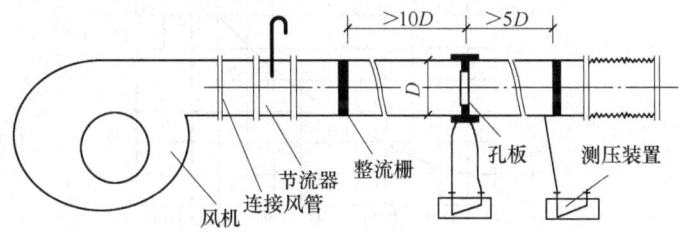

图 8-59　正压风管式漏风量测试装置

测试装置采用角接取压的标准孔板。孔板 β 值的范围为 $0.22 \sim 0.7$ ($\beta = d/D$);孔板至前、后整流栅及整流栅外直管段距离,应分别符合大于 10 倍和 5 倍圆管直径 D 的规定。孔板至上游 $2D$ 范围内其圆度允许偏差为 0.3%,下游 2%。孔板与风管连接,其前端与管道轴线垂直度允许偏差为 $1°$;孔板与风管同心度允许偏差为 $0.015D$。

漏风量可采用下式计算：

$$Q = 3600\varepsilon\alpha A_n \sqrt{2\Delta p/\rho} \tag{8-5}$$

式中　Q——漏风量（m^3/h）；

ε——空气流束膨胀系数，可根据表 8-19 查得；

α——孔板的流量系数，在满足条件 $10^2 < Re < 2.0 \times 10^6$、$0.05 < \beta^2 \leq 0.49$、$50mm < D \leq 1000mm$ 时，根据 β 在图 8-60 中选取；

A_n——孔板开口面积（m^2）；

ρ——空气密度（kg/m^3）；

Δp——孔板压差（Pa）。

表 8-19　采用角接取压标准孔板空气流束膨胀系数 ε 值

β^4 \ p_2/p_1	1.0	0.98	0.96	0.94	0.92	0.90	0.85	0.80	0.75
0.08	1.0000	0.9930	0.9866	0.9803	0.9742	0.9681	0.9531	0.9381	0.9232
0.1	1.0000	0.9924	0.9854	0.9787	0.9720	0.9654	0.9491	0.9328	0.9166
0.2	1.0000	0.9918	0.9843	0.9770	0.9698	0.9627	0.9450	0.9275	0.9100
0.3	1.0000	0.9912	0.9831	0.9753	0.9676	0.9599	0.9410	0.9222	0.9034

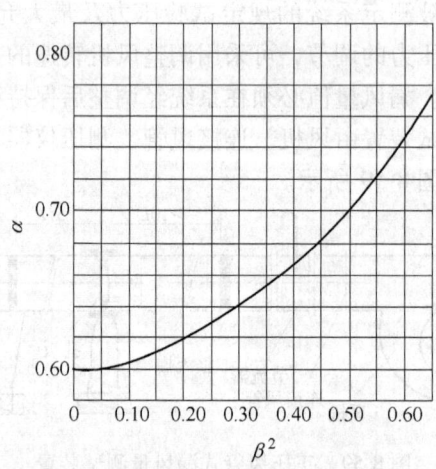

图 8-60　孔板流量系数图

当测试系统负压条件下的漏风量时，装置连接应符合图 8-61 的规定。

风室式漏风量测试装置由风机、连接风管、测压仪器、均流板、节流器、风室、隔板和喷嘴等组成，如图 8-62 所示。

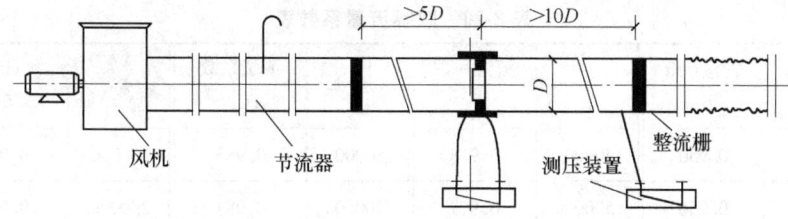

图 8-61　负压风管式漏风量测试装置

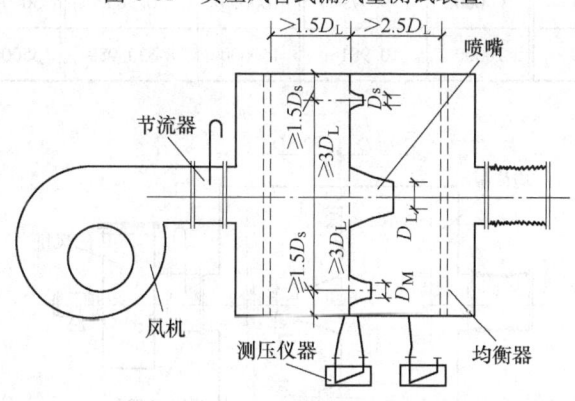

图 8-62　正压风室式漏风量测试装置

风室的断面面积不应小于被测定风量按断面平均速度小于 0.75m/s 时的断面积。风室内均流板（多孔板）安装位置应符合图 8-62 的规定。风室中喷嘴两端的静压取压接口，应为多个且均布于四壁。静压取压接口至喷嘴隔板的距离不得大于最小喷嘴喉部直径的 1.5 倍。测定漏风量时，通过喷嘴喉部的流速应控制在 15～35m/s 范围内。

单个喷嘴漏风量用下式计算：

$$Q_n = 3600 C_d A_d \sqrt{2\Delta p/\rho} \tag{8-6}$$

多个喷嘴漏风量：

$$Q = \sum Q_n \tag{8-7}$$

式中　Q_n——单个喷嘴漏风量（m^3/h）；

　　　C_d——喷嘴的流量系数，直径 127mm 以上取 0.99，小于 127mm 可按表 8-20 查取；

　　　A_d——喷嘴的喉部面积（m^2）；

　　　Δp——喷嘴前后的静压差（Pa）。

当测试系统负压条件下的漏风量时，装置连接应符合图 8-63 的规定。

(2) 漏风量测试要求。

1) 正压或负压系统风管的漏风量测试，分正压试验和负压试验两类。一般可采用正压条件下的测试来检验。

表 8-20　喷嘴流量系数表

Re	流量系数 C_d	Re	流量系数 C_d	Re	流量系数 C_d	Re	流量系数 C_d
12000	0.950	40000	0.973	80000	0.983	200000	0.991
16000	0.956	50000	0.977	90000	0.984	250000	0.993
20000	0.961	60000	0.979	100000	0.985	300000	0.994
30000	0.969	70000	0.981	150000	8-630.989	350000	0.994

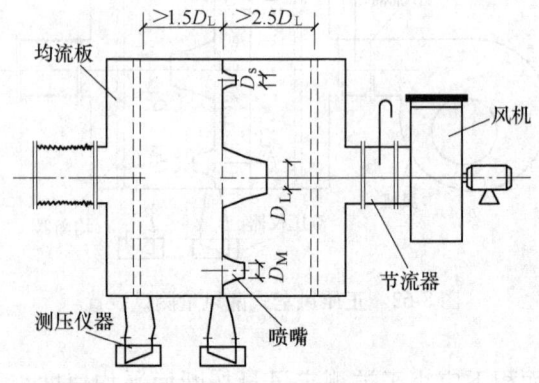

图 8-63　负压风室式漏风量测试装置

2) 系统漏风量测试可以整体或分段进行。测试时，被测系统的所有开口均应封闭，不应漏风。

3) 被测系统的漏风量超过设计和标准的规定时，应查出漏风部位，做好标记；修补完工后重新测试，直至合格。

4) 漏风量测定值一般应为规定测定压力条件下的实测数值。特殊条件下，也可用相近或大于规定测定压力下的测试代替，其漏风量可按下式换算得到：

$$Q_0 = Q(p_0/p)^{0.65} \tag{8-8}$$

式中　p_0——规定试验压力（500Pa）；

Q_0——规定试验压力下的漏风量 [m³/(h·m²)]；

p——风管工作压力（Pa）；

Q——工作压力下的漏风量 [m³/(h·m²)]。

漏光测试和漏风量测试过程中，应填写风管漏光、漏风量测试记录表（格式见表 8-21）。

表 8-21 风管漏光、漏风量测试记录

单位(子单位)工程名称									
子分部(系统)工程名称									
安装单位					项目经理(负责人)				
施工执行标准名称及编号									
风管材质					工作压力/Pa				
试验项目	漏光测试				漏风量测试				
测试内容 / 试验部位	接缝总长度/m	每10m漏光点		每100m漏光点		风管表面积/m^2	试验压力/Pa	允许漏风量/[$m^3/(h \cdot m^2)$]	实测漏风量/[$m^3/(h \cdot m^2)$]
		允许值/处	实测值/处	允许值/处	实测值/处				
	专业工长(施工员)				测试人员				
安装单位检查结果	项目专业质量检查员： 年 月 日								
监理(建设)单位检查结论	专业监理工程师(建设单位项目专业技术负责人)： 年 月 日								

8.2.3 防排烟设备的单机调试

防排烟设备的单机调试主要包含以下几方面的内容：

1. 阀门、排烟窗调试

对每一个常闭的送风口、排烟阀、排烟口进行手动电动开启、复位试验。看执行机构动作是否灵敏，脱扣钢丝的连接是否松弛、易脱落，信号输出是否正确。

对每一个自动排烟窗、活动挡烟垂壁进行手动开启、复位试验，看执行机构动作是否灵敏。

2. 加压送风机、排烟风机调试

所有的加压送风机、排烟风机调试应包括下列内容：

手动开启风机并立即停机，看叶轮旋转方向是否正确，确认无误后起动运行，如果出现杂音、运转不平稳、异常振动与声响，则应停机检查，没问题后连续运转 2h。在额定转速下连续运转 2h 后，滑动轴承外壳最高温度不得超过 70℃，滚动轴承不得超过 80℃。

用声级计测定风机运行时，产生的噪声不宜超过产品性能说明书的规定值。

核对风机铭牌上的风量、风压、轴功率等参数是否与设计相符。风机起动时用钳形电流表测量电动机的起动电流，待风机正常运转后再测量电动机的运转电流。如运转电流值超过电机额定电流值时，应将总量调节阀逐渐关小，直到回降到额定电流值，并用电压表测量风机工作时的电压，与额定电压比较看是否有异常。

风机的风量应分别在其压出端和吸入端进行测定。测量时用风速仪进行，一般选取上、下、左、右和中间五个点进行定点测量，也可匀速移动风速仪来测量。风机的风量用吸入端和压出端风量的平均值来表示。

风机的全压测定，必须分别测出压出端和吸入端测定截面上的全压平均值。当风机压力在 500Pa 以下时，用皮托管和倾斜式微压计来测量，如果压力再高，应使用 U 形压差计测量。风机压出端的测定截面，应尽可能选在靠近通风机出口且气流比较稳定的直管段上。风机吸入端的测定截面位置应尽可能靠近风机吸入口。

3. 加压送风系统调试

加压送风系统主要设置在防烟楼梯间及其前室和消防电梯前室。调试主要是进行加压送风口的风速和余压值的测量。根据设计模式，开启送风机，测试所有送风口处的风速，以及楼梯间、前室、合用前室、消防电梯前室、封闭避难层（间）的余压值。

首先检查风道是否畅通及有无漏风，然后把正压送风口手动打开，观察机械部分打开是否顺畅，有无卡堵现象（电气自动开启可在联动调试时进行）。

在风机室手动起动风机，用风速表测量加压送风口的风速，其值不应大于 7m/s。测量时小截面风口（风口面积小于 $0.3m^2$），可采用 5 个测点，点的布置如图 8-64 所示。当风口面积大于 $0.3m^2$ 时，对于矩形风口，如图 8-65 所示，把风口断面的大小划分成若干面积相等的矩形，测点布置在每个小矩形的中心，小矩形每边的长度为 200mm 左右；对于条形加压送风口，如图 8-66 所示，在高度方向上，至少安排两个测点，沿其长度方向上，可取 5~6 个测点。风速取各测点的平均值。

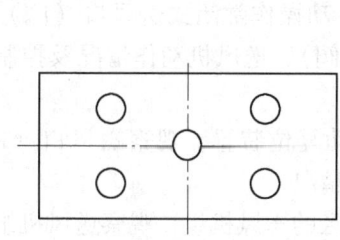

图 8-64　小截面风口测点布置　　　　图 8-65　矩形风口测点布置

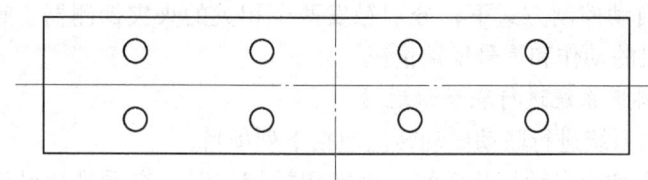

图 8-66　条缝形风口测点布置

采用微压计，在加压送风区域的顶层、中间层及最下层，测量防烟楼梯间、前室、合用前室的余压。正压送风余压值应满足：防烟楼梯间为 40~50Pa；前室、合用前室、消防电梯前室、封闭避难层为 25~30Pa。

4. 机械排烟系统调试

机械排烟系统的调试主要是排烟口风速的测量（关于排烟口的自动打开、排烟风机的自动起动及防火阀动作联动风机停止等项目在联动调试时进行）。根据设计模式，开启排烟风机和相应的排烟口，测试所有排烟口处的风速应到设计要求，其值不大于 10m/s；测试地下室的机械排烟系统，还应开启送风机和相应的送风口，测试送风口处的风速应达到设计要求。测试的方法和加压送风口风速的测试方法相同。

8.2.4　系统联动调试

防排烟系统联动调试主要包含以下内容。

1. 机械加压送风系统进行联动调试

机械加压送风系统进行联动调试应包括下列项目：

（1）手动或自动打开任一个常闭加压送风口，查看相应的加压送风机的动作及其反馈信号。

通过被试防烟分区的火灾探测器发出模拟火灾信号、在控制室消防控制设备上手动起动送风口（阀）控制装置、现场手动操作常闭式送风口（阀）的手动开启装置三种方式，观察其前室送风口（阀）、送风机动作情况及控制室消防控制设备信号显示情况。

现场手动操作常闭式送风口（阀）的手动复位装置，观察送风口（阀）复位动作情况及控制室消防控制设备信号显示情况。

在控制室消防控制设备上起动一个防烟分区的送风机组，观察送风机组动作情况及消防控制设备起动的信号显示情况。

手动操作送风机组控制柜上的启、停按钮，观察送风机组动作情况及控制室消防控制设备信号显示情况。在风机室手动停止风机，采用短路方式在风机室模拟远程起动风机，并测量风机起动后是否向消防控制室反馈起动信号。

（2）在自动控制方式下，分别触发两个相关的火灾探测器，查看相应送风阀、送风机的动作和信号反馈情况。

2. 机械排烟系统进行联动试运转

机械排烟系统进行联动试动转应包括下列项目：

（1）当手动或自动打开任何一个常闭排烟口时，查看排烟风机的动作及其反馈信号。

通过防烟分区的火灾探测器发出模拟火灾报警信号、在控制室消防控制设备上手动起动排烟口（阀）控制装置、现场手动操作排烟口（阀）手动开启装置三种方式，观察该防烟分区的排烟口（阀）能否自动开启，同时起动与其联动的排烟风机，并向控制室消防控制设备反馈其动作信号。

现场手动操作排烟口（阀）的手动复位装置，观察排烟口（阀）能否复位，并向控制室消防控制设备反馈其动作信号。

在排烟风机运转的情况下，手动关闭其入口处的排烟防火阀，观察排烟风机是否停止运行，控制室消防控制设备是否有信号显示。手动复位排烟防火阀，观察其动作情况。

在消防控制室手动起动一个防烟分区的排烟风机,观察排烟风机启、停功能是否正常,是否向消防控制设备反馈其动作信号。

手动操作排烟风机控制柜上的启、停按钮,观察排烟风机动作情况及控制室消防控制设备上信号显示情况。

(2) 自动控制方式下,分别触发两个相关的火灾探测器,查看相应排烟阀、排烟风机、送风机的动作和信号反馈情况。通风与排烟合用系统,同时查看风机运行状态的转换情况。

3. 自动排烟窗的调试

所有的自动排烟窗进行自然排烟的,应在火灾报警后,相应部位的排烟窗能灵活联动开启到符合要求的位置。

4. 挡烟垂壁的调试

所有活动挡烟垂壁,应在火灾报警后,相应部位的挡烟垂壁能灵活自动下垂到位。

由被试防烟分区的火灾探测器发出模拟火灾信号,观察该防烟分区的挡烟垂壁动作情况及控制室消防控制设备信号反馈情况。

系统调试过程中需要填写表 8-22、表 8-23 所示的记录表。

表 8-22 防排烟系统工程施工过程检查记录

工程名称			
施工单位		监理单位	
施工执行规范名称及编号			
项目	质量规定对应的规范章节条款	施工单位检查记录	监理单位检查记录
调试	第 8.2 节		
管道的强度和严密性检验	8.2.1		
设备单机调试	8.2.3(1)		
	8.2.3(2)		
	8.2.3(3)		
	8.2.3(4)		
系统联动调试	8.2.4(1)		
	8.2.4(2)		
	8.2.4(3)		
	8.2.4(4)		
调试人员:(签字)		年 月 日	
施工单位项目负责人:(签章) 年 月 日		监理工程师:(签章) 年 月 日	

注:施工过程若用到其他表格,则应作为附件一并归档。

表8-23 机械防排烟系统调试合格开通报告

工程名称				地址					
调试范围									
安装质量 检查结果	□ 符合规定 □ 不符合规定			特殊情况说明：					

正压送风

部位										
顶部楼层	风压/Pa									
	风速/(m/s)									
中间楼层	风压/Pa									
	风速/(m/s)									
底部楼层	风压/Pa									
	风速/(m/s)									
避难空间	风压/Pa									
	风速/(m/s)									

机械排烟量/m³ 或换气次数

部位	风量	部位	风量	部位	风量	部位	风量

调试结论	□ 系统已按国家有关技术规范要求调试合格，运行正常
调试单位盖章	调试人员签名： 调试日期：

8.3 防排烟系统的验收

8.3.1 竣工验收的总体要求

防排烟系统竣工后，在使用前必须进行工程验收。工程验收工作应由建设单位组织设计、施工、监理等单位共同进行，验收不合格不得投入使用。防排烟系统验收时应填写防排烟系统验收记录表（见表8-24）。

防排烟工程竣工验收时，应检查竣工验收的资料，一般包括下列文件及记录：

（1）图纸会审记录、设计变更通知书和竣工图。
（2）主要材料、设备、成品、半成品的出厂合格证明及进场检（试）验报告。
（3）隐蔽工程检查验收记录。
（4）阀门等附件、风管系统、设备安装及检验记录。
（5）防排烟管道试验记录。
（6）观感质量综合验收记录。
（7）设备单机试运转记录。
（8）安全和功能检验资料的核查记录。

8.3.2 防排烟系统观感质量综合验收要求

各防排烟系统按30%抽查，通过尺量、观察等方法，观感质量应满足以下要求：

（1）风管表面应平整、无损坏；接管合理，风管的连接以及风管与风机的连接应无明显缺陷。
（2）风口表面应平整、颜色一致、安装位置正确，风口可调节部件应能正常动作。
（3）各类调节装置的制作和安装，应正确牢固、调节灵活，操作方便。
（4）风管、部件及管道的支、吊架型式、位置及间距应符合要求。
（5）风机的安装应正确牢固。

8.3.3 防排烟系统设备功能验收

（1）按30%抽查各防排烟系统设备，通过手动方式检查其手动功能，检查包括下列项目：

1）送风机、排烟风机应能正常手动开启和关闭。

2) 送风口、排烟阀（口）、自动排烟窗进行手动开启和复位的功能。

3) 活动挡烟垂壁进行手动开启、复位的功能。

(2) 设备联动功能验收，应包含所有设备，主要包括下列项目：

火灾报警后，根据设计模式，相应系统的送风机开启、送风口开启、排烟风机开启、排烟阀（口）开启、自动排烟窗开启到符合要求的位置，活动挡烟垂壁下垂到位。

8.3.4 防排烟系统主要性能参数验收

(1) 各自然排烟系统按30%检查验收，通过尺量的方式来检查可开启的外窗面积，检查应包括下列项目并达到设计要求：

1) 防烟楼梯间及其前室、消防电梯前室、合用前室可开启外窗的面积。

2) 内走道可开启外窗的面积。

3) 需要排烟的房间可开启外窗的面积。

4) 中庭可开启的顶窗和侧窗的面积。

(2) 机械防烟系统的主要性能参数验收。所有的机械防烟系统的主要性能参数都应检查验收，检查应包括下列项目：

1) 任取一模拟火灾层，当防烟楼梯间、前室、合用前室、消防电梯间前室、封闭避难层（间）门全闭时，测试防烟楼梯间、前室、合用前室、消防电梯间前室、封闭避难层（间）的风压。走廊→前室→楼梯的压力应呈递增分布；前室、合用前室、消防电梯前室、封闭避难层（间）的余压值应符合要求；防烟楼梯间的余压值应符合要求。

2) 机械加压送风系统负担层数小于20层时，应根据设计模式同时打开模拟火灾层及其上一层防烟楼梯间、前室、合用前室、消防电梯间前室的防火门；机械加压送风系统负担层数不小于20层时，应根据设计模式同时打开模拟火灾层及其上、下层防烟楼梯间、前室、合用前室、消防电梯间前室的防火门；测试各门洞处的风速不宜小于0.7m/s。

(3) 机械排烟系统的主要性能参数验收。机械排烟系统对下列部位的排烟量进行检查，应测试排烟口的风速并符合设计要求：

1) 内走道的排烟量。

2) 需要排烟的房间的排烟量。

3) 中庭的排烟量。

4) 地下车库的排烟量。

(4) 地下室所有的送风系统的送风量应测试送风口的风速并符合设计要求

防排烟系统工程验收记录应由建设单位填写，综合验收结论由参加验收的各方共同商定并签章（见表8-24）。

表8-24 防排烟系统工程验收记录表

工程名称		分部工程名称	
施工单位		项目经理	
监理单位		总监理工程师	

序号	检查项目名称	检查内容记录	检查评定结果
1			
2			
3			
4			
5			

质量验收结论		
验收单位	施工单位：	项目经理： 年　月　日
	监理单位：	总监理工程师： 年　月　日
	设计单位：	项目负责人： 年　月　日
	建设单位：	建设单位项目负责人： 年　月　日

注：分部工程质量验收由建设单位项目负责人组织施工单位项目经理、总监理工程师和设计单位项目负责人等进行。

8.4 防排烟系统的维护管理

为了确保防排烟系统完好有效，在火灾中发挥作用，必须对防排烟系统实施维护管理。

8.4.1 日常维护管理的一般要求

(1) 建筑防排烟系统的管理应当明确主管部门和相关人员的责任,建立完善的管理制度。

(2) 防排烟系统应具有管理、检验、维护规程,并应保证系统处于准工作状态。

(3) 维护管理人员应经过消防专业培训,应熟悉防排烟系统的原理、性能和操作维护规程。

(4) 建立和严格执行岗位责任制、巡回检查制度、交接班制度、设备维护保养制度、清洁卫生制度和安全、保卫、防火制度。

(5) 防排烟系统发生故障时,应向主管值班人员报告,取得维护负责人的同意,并临场监督,加强防范措施后方能动工。

8.4.2 日常维护管理的方式

防排烟系统的日常维护管理有巡视检查、测试检查和检验检查三种方式。

巡视检查是对防排烟系统直观属性的检查。测试检查依照相关标准,对防排烟系统单项功能进行技术测试性的检查。检验检查是依照相关标准,对建筑内防排烟系统与各类消防设施进行联动功能测试和综合技术评价性的检查。

8.4.3 巡视检查

防排烟系统的内容主要有送风阀外观、送风机工作状态、排烟阀外观、电动排烟窗外观、自然排烟窗外观、排烟机工作状态、送风、排烟机房环境。巡视检查每日应至少组织一次,并填写建筑消防设施巡视检查记录,见表8-25。

表8-25 建筑消防设施巡视检查记录

巡查项目	巡查内容	年 月 日 巡查情况			
		时分	时分	时分	时分
消防供配电设施	消防电源工作状态				
	自备发电设备状况				
火灾自动报警系统	火灾报警探测器外观				
	区域显示器运行状况、CRT图形显示器运行状况、火灾报警控制器运行状况				
	手动报警按钮外观				
	火灾警报装置外观				

（续）

巡查项目	巡查内容	年 月 日 巡查情况			
		时分	时分	时分	时分
消防供水设施	消防水池外观				
	消防水箱外观				
	消防水泵工作状态				
	稳压泵、增压泵、气压水罐工作状态				
	水泵接合器外观				
	管网控制阀门启闭状态				
	泵房工作环境				
消火栓、消防炮灭火系统	室内消火栓外观				
	室外消火栓外观				
	消防炮外观				
	启泵按钮外观				
自动喷水灭火系统	喷头外观				
	报警阀组外观				
	末端试水装置压力值				
泡沫灭火系统	泡沫喷头外观				
	泡沫消火栓外观				
	泡沫炮外观				
	泡沫产生器外观				
	泡沫液储罐间环境				
	泡沫液储罐外观				
	比例混合器外观				
	泡沫泵工作状态				
气体灭火系统	喷嘴外观				
	气体灭火控制器工作状态				
	储瓶间环境				
	气体瓶组或储罐外观				
	选择阀、驱动装置等组件外观				
	防护区状况				

（续）

巡查项目	巡查内容	年 月 日 巡查情况		
		时分	时分	时分
防烟排烟系统	送风阀外观			
	送风机工作状态			
	排烟阀外观			
	电动排烟窗外观			
	自然排烟窗外观			
	排烟机工作状态			
	送风、排烟机房环境			
应急照明和疏散指示标志	应急灯外观			
	应急灯工作状态			
	疏散指示标志外观			
	疏散指示标志工作状态			
应急广播系统	扬声器外观			
	扩音机工作状态			
消防专用电话	分机电话外观			
	插孔电话外观			
防火分隔设施	防火门外观			
	防火门启闭状况			
	防火卷帘外观			
	防火卷帘工作状态			
消防电梯	紧急按钮外观			
	轿厢内电话外观			
	消防电梯工作状态			
灭火器	灭火器外观			
	设置位置状况			
	巡查人（签 名）			
备注				

8.4.4 测试检查

防排烟系统测试检查的内容有机械加压送风机以及系统功能，送风机控制柜、机械排烟风机、排烟阀以及系统功能，排烟风机控制柜。电动排烟窗启闭、防排烟系统的测试检查应当每月至少组织一次，并填写建筑消防设施测试记录表 8-26。

表 8-26 建筑消防设施测试记录

		测试时间： 年 月 日	
检测项目		检测内容	实测记录
消防供电、配电	消防配电	试验主、备电源切换功能	
	自备发电机组	试验起动发电机组	
	储油设施	核对储油量	
火灾报警系统	火灾报警探测器	试验报警功能	
	手动报警按钮	试验报警功能	
	警报装置	试验警报功能	
	报警控制器	试验报警功能、故障报警功能、火警优先功能、打印机打印功能、火灾显示盘和 CRT 显示器的显示功能	
	联动控制设备	试验联动控制和显示功能	
消防供水	消防水池	核对储水量	
	消防水箱	核对储水量	
	稳(增)压泵及气压水罐	试验启泵、停泵时的压力工况	
	消防水泵	试验启泵和主、备泵切换功能	
	水泵接合器	试验消防车供水功能	
消火栓、消防炮	室内消火栓	试验屋顶消火栓出水及静压	
	室外消火栓	试验室外消火栓出水及静压	
	消防炮	试验消防炮出水	
	启泵按钮	试验远距离启泵功能	
自动喷水系统	报警阀组	试验放水阀放水及压力开关动作信号	
	末端试水装置	试验末端放水及压力开关动作信号	
	水流指示器	核对反馈信号	
泡沫灭火系统	泡沫液储罐	核对泡沫液有效期和储存量	
	泡沫栓	试验泡沫栓出水或出泡沫	
气体灭火系统	瓶组与储罐	核对灭火剂储存量	
	气体灭火控制设备	试验模拟自动起动	

(续)

检测项目		检测内容	测试时间： 年 月 日 实测记录
机械加压送风系统	风机	试验联动起动风机	
	送风口	核对送风口风速	
机械排烟系统	风机	试验联动起动风机	
	排烟阀、电动排烟窗	试验联动起动排烟阀、电动排烟窗；核对排烟口风速	
应急照明		试验切断正常供电，测量照度	
疏散指示标志		试验切断正常供电，测量照度	
应急广播系统	扩音器	试验联动起动和强制切换功能	
	扬声器	测试音量	
消防专用电话		试验通话质量	
防火分隔	防火门	试验启闭功能	
	防火卷帘	试验手动、机械应急和自动控制功能	
	电动防火阀	试验联动关闭功能	
消防电梯		试验按钮迫降和联动控制功能	
灭火器		核对选型、压力和有效期	

测试人（签名）：
消防安全责任人或消防安全管理人（签名）：

8.4.5 检验检查

防排烟系统的检验检查的内容主要是检测其与各类消防设施进行联动的功能，防排烟系统的检验检查应当每年至少组织一次，并填写建筑消防设施检验报告，见表8-27。

8.4.6 其他注意事项

（1）发现防排烟系统存在问题和故障，检查的人员有责任进行故障报告，并填写建筑消防设施故障处理登记表（见表8-28）；其他人员有义务向消防设施的主管部门或主管人员进行报告。

（2）存在的问题和故障，当场有条件解决的应立即解决；当场没有条件解决的，应在24小时内解决；需要由供应商或者厂家解决的，应在5个工作日内处理、解决，恢复正常状态。

表 8-27 建筑消防设施检验报告

				检验时间：	年 月 日	
建筑名称				地址		
使用性质		层数		高度		面积
使用管理单位名称						
建筑消防设施检验情况						
项目	检验结果		存在问题或故障处理情况			
消防供配电						
火灾报警系统						
消防供水						
消火栓消防炮						
自动喷水灭火系统						
泡沫灭火系统						
气体灭火系统						
防排烟系统						
疏散指示标志						
应急照明						
应急广播系统						
消防专用电话						
防火分隔						
消防电梯						
灭火器						
检验人（签名）：			消防安全责任人或消防安全管理人（签名）：			

表 8-28 建筑消防设施故障处理登记表

检查时间	检查人（签名）	检查发现问题或故障	问题或故障处理结果	消防安全主管人员（签名）

（3）对于当天无法处理、解决的故障，需要系统暂停工作的，应当上报消防安全管理人批准，并采取有效的消防安全措施加以补救。

（4）故障排除后，应由主管人员签字认可，故障处理登记表存档备查。

复 习 题

1. 防排烟系统施工的总体要求有哪些？
2. 防排烟系统风机安装的基本顺序是什么？
3. 防排烟系统淡季调试应做哪些工作？
4. 防排烟系统验收包含哪些内容？
5. 防排烟系统的日常维护方式有哪些？它们分别有什么要求？

附 录

附录 A 钢板圆形通风管道计算表(摘录)[一]

速度 /(m/s)	动压 /Pa	风管断面直径/mm							
		900	1000	1120	1250	1400	1600	1800	2000
1.0	0.6	2280	2816	3528	4397	5518	7211	9130	11276
		0.01	0.01	0.01	0.01	0.01	0.01	0.01	0.01
1.5	1.35	3420	4224	5292	6595	8277	10817	13696	16914
		0.03	0.03	0.02	0.02	0.02	0.01	0.01	0.01
2.0	2.4	4560	5632	7056	8793	11036	14422	18261	22552
		0.05	0.04	0.04	0.03	0.03	0.02	0.02	0.02
2.5	3.75	5700	7040	8819	10992	13795	18028	22826	28190
		0.07	0.06	0.06	0.05	0.04	0.03	0.03	0.03
3.0	5.40	6840	8448	10583	13190	16554	21633	27391	33828
		0.10	0.09	0.08	0.07	0.06	0.05	0.04	0.04
3.5	7.35	7980	9856	12347	15388	19313	25239	31956	39465
		0.14	0.12	0.11	0.09	0.08	0.07	0.06	0.05
4.0	9.60	9120	11265	14111	17587	22072	28845	36522	45103
		0.18	0.15	0.14	0.12	0.10	0.09	0.08	0.07
4.5	12.15	10260	12673	15875	19785	24831	32450	41087	50741
		0.22	0.19	0.17	0.15	0.13	0.11	0.10	0.08
5.0	15.00	11400	14081	17639	21983	27590	36056	45652	56379
		0.27	0.24	0.21	0.18	0.16	0.13	0.12	0.10
5.5	18.15	12540	15489	19403	24182	30349	39661	50217	62017
		0.32	0.28	0.25	0.22	0.19	0.16	0.14	0.12
6.0	21.60	13680	16897	21167	26380	33108	43267	54782	67655
		0.38	0.33	0.29	0.25	0.22	0.09	0.16	0.14

[一] 表中,上行:风量 (m^3/h),下行:单位摩擦阻力 (Pa/m)。

（续）

速度 /(m/s)	动压 /Pa	风管断面直径/mm							
		900	1000	1120	1250	1400	1600	1800	2000
6.5	25.35	14820	18305	22930	28579	35867	46872	59348	73293
		0.44	0.39	0.34	0.30	0.26	0.22	0.19	0.17
7.0	29.40	15960	19713	24694	30777	38626	50478	63913	78931
		0.50	0.44	0.39	0.34	0.30	0.25	0.22	0.19
7.5	33.75	17100	21121	26458	32975	41385	54083	68478	84569
		0.57	0.51	0.44	0.39	0.34	0.29	0.25	0.22
8.0	38.40	18240	22529	28222	35174	44144	57689	73043	90207
		0.65	0.57	0.50	0.44	0.38	0.33	0.28	0.25
8.5	43.35	19381	23937	29986	37372	46903	61295	77608	95845
		0.73	0.64	0.56	0.49	0.43	0.37	0.32	0.28
9.0	48.60	20521	25345	31750	39570	49663	64900	82174	101483
		0.81	0.72	0.63	0.55	0.48	0.41	0.35	0.31
9.5	54.15	21661	26753	33514	41769	52422	68506	86739	107121
		0.90	0.79	0.69	0.61	0.53	0.45	0.39	0.35
10.0	60.00	22801	28161	35278	43967	55181	72111	91304	112759
		0.99	0.88	0.76	0.67	0.59	0.50	0.43	0.38
10.5	66.15	23941	29569	37042	46165	57940	75717	95869	118396
		1.09	0.96	0.84	0.74	0.64	0.55	0.48	0.42
11.0	72.60	25081	30978	38805	48364	60699	79322	100434	124034
		1.19	1.05	0.92	0.80	0.70	0.60	0.52	0.46
11.5	79.35	26221	32386	40569	50562	63458	82928	105000	129672
		1.30	1.14	1.00	0.88	0.77	0.65	0.57	0.50
12.0	86.40	27361	33794	42333	52760	66217	86534	109565	135310
		1.41	1.24	1.08	0.95	0.83	0.71	0.62	0.54
12.5	93.75	28501	35202	44097	54959	68976	90139	114130	140948
		1.52	1.34	1.17	1.03	0.90	0.77	0.67	0.59
13.0	101.40	29641	36610	45861	57157	71735	93745	118695	146586
		1.64	1.45	1.27	1.11	0.97	0.83	0.72	0.63
13.5	109.35	30781	38018	47625	59355	74494	97350	123260	152224
		1.77	1.56	1.36	1.19	1.04	0.89	0.77	0.68

(续)

速度/(m/s)	动压/Pa	风管断面直径/mm							
		900	1000	1120	1250	1400	1600	1800	2000
14.0	117.60	31921	39426	49389	61554	77253	100956	127826	157862
		1.90	1.67	1.46	1.28	1.12	0.95	0.83	0.73
14.5	126.15	33061	40834	51153	63752	80012	104561	132391	163500
		2.03	1.79	1.56	1.37	1.20	1.02	0.89	0.78
15.0	135.00	34201	42242	52916	65950	82771	108167	136956	169138
		2.17	1.91	1.67	1.46	1.28	1.09	0.95	0.83
15.5	144.15	35341	43650	54680	68149	85530	111773	141521	174776
		2.31	2.03	1.78	1.56	1.36	1.16	1.01	0.89
16.0	153.60	36481	45058	56444	70347	88289	115378	146086	180414
		2.45	2.16	1.89	1.66	1.45	1.23	1.07	0.95

附录 B 钢板矩形通风管道计算表(摘录)[一]

速度/(m/s)	动压/Pa	风管断面直径/mm							
		1250×500	1000×630	800×800	1250×630	1600×500	1000×800	1250×800	1000×1000	1600×630
9.0	48.60	20058	20254	20581	25308	25689	25745	32175	32206	32414
		1.08	0.98	0.94	0.89	1.00	0.83	0.74	0.72	0.81
9.5	54.15	21172	21379	21724	26714	27116	27176	33962	33995	34215
		1.20	1.08	1.04	0.99	1.11	0.92	0.82	0.79	0.90
10.0	60.00	22286	22504	22868	28120	28543	28606	35749	35784	36015
		1.32	1.20	1.15	1.09	1.22	1.01	0.90	0.88	0.99
10.5	66.15	23401	23629	24011	29526	29971	30036	37537	37574	37816
		1.45	1.31	1.26	1.19	1.34	1.11	0.99	0.96	1.09
11.0	72.60	24515	24755	25154	30932	31398	31467	39324	39363	39617
		1.58	1.44	1.38	1.30	1.46	1.21	1.08	1.05	1.19
11.5	79.35	25629	25880	26298	32338	32825	32897	41112	41152	41418
		1.72	1.56	1.50	1.42	1.59	1.32	1.18	1.15	1.30

[一] 表中，上行：风量 (m^3/h)，下行：单位摩擦阻力 (Pa/m)。

（续）

速度/(m/s)	动压/Pa	风管断面直径/mm								
		1250×500	1000×630	800×800	1250×630	1600×500	1000×800	1250×800	1000×1000	1600×630
12.0	86.40	26743	27005	27441	33744	34252	34327	42899	42941	43219
		1.87	1.70	1.63	1.54	1.73	1.43	1.28	1.24	1.41
12.5	93.75	27858	28130	28584	35150	35679	35757	44687	44730	45019
		2.02	1.84	1.76	1.67	1.87	1.55	1.39	1.34	1.52
13.0	101.40	28972	29256	29728	26556	37106	37188	46474	46520	46820
		2.18	1.98	1.90	1.80	2.02	1.67	1.49	1.45	1.64
13.5	109.35	30386	30381	30871	37962	38534	38618	48262	28309	48621
		2.35	2.13	2.04	1.93	2.17	1.80	1.61	1.56	1.76
14.0	117.60	31201	31506	32015	39368	39961	40048	50049	50098	50422
		2.52	2.28	2.19	1.07	2.33	1.93	1.72	1.67	1.89
14.5	126.15	32315	32631	33158	40774	41388	41479	51837	51887	52222
		2.69	2.44	2.34	2.22	2.49	2.06	1.85	1.79	2.02
15.0	135.00	33429	33756	34301	42180	42815	42909	53624	53676	54023
		2.87	2.61	2.50	2.37	2.66	2.20	1.97	1.91	2.16
15.5	144.15	34544	34882	35445	43586	44242	44339	55412	55466	55824
		3.06	2.78	2.66	2.52	2.83	2.35	2.10	2.04	2.30
16.0	153.60	35658	36007	36588	44992	45669	45769	57199	57255	57625
		3.25	2.95	2.83	2.68	3.01	2.49	2.23	2.16	2.45

速度/(m/s)	动压/Pa	风管断面直径/mm						
		1250×500	1000×630	800×800	1250×630	1600×500	1000×800	1000×630
1.0	0.6	4473	4579	5726	5728	7163	7165	8960
		0.01	0.01	0.01	0.01	0.01	0.01	0.01
1.5	1.35	6709	6868	8589	8592	10745	10748	13440
		0.02	0.02	0.02	0.02	0.02	0.02	0.02
2.0	2.4	8945	9157	11452	11456	14327	14330	17921
		0.04	0.04	0.04	0.03	0.03	0.03	0.03
2.5	3.75	11181	11447	14314	14321	17908	17913	22401
		0.06	0.06	0.06	0.05	0.05	0.04	0.04

(续)

速度/(m/s)	动压/Pa	风管断面直径/mm						
		1250×500	1000×630	800×800	1250×630	1600×500	1000×800	1000×630
3.0	5.40	13418	13736	17177	17185	21490	21495	26881
		0.08	0.08	0.08	0.07	0.06	0.06	0.05
3.5	7.35	15654	16025	20040	20049	25072	25078	31361
		0.11	0.11	0.10	0.09	0.09	0.08	0.07
4.0	9.60	17890	18315	22903	22913	28653	28661	35841
		0.14	0.14	0.13	0.12	0.11	0.10	0.09
4.5	12.15	20126	20604	25766	25777	32235	32243	40321
		0.17	0.18	0.16	0.15	0.14	0.13	0.12
5.0	15.00	22363	22893	28629	28641	35817	35826	44801
		0.21	0.22	0.20	0.18	0.17	0.16	0.14
5.5	18.15	24599	25183	31492	31505	39398	39408	49281
		0.25	0.26	0.24	0.22	0.20	0.19	0.17
6.0	21.60	26835	27472	34355	34369	42980	42991	53762
		0.29	0.31	0.28	0.26	0.24	0.22	0.20
6.5	25.35	29071	29761	37218	37233	46562	46574	58242
		0.34	0.36	0.33	0.30	0.27	0.26	0.23
7.0	29.40	31308	32051	40080	40098	50143	50156	62722
		0.39	0.41	0.38	0.35	0.31	0.30	0.27
7.5	33.75	33544	34340	42943	42962	53725	53739	67202
		0.45	0.47	0.43	0.39	0.36	0.34	0.30
8.0	38.40	35780	36629	45806	45826	57307	57321	71682
		0.50	0.53	0.49	0.45	0.41	0.38	0.34
8.5	43.35	38016	38919	48669	48690	60888	60904	76162
		0.57	0.60	0.55	0.50	0.46	0.43	0.38
9.0	48.60	40253	41208	51532	51554	64470	64486	80642
		0.63	0.66	0.61	0.56	0.51	0.48	0.43
9.5	54.15	42489	43497	54395	54418	68052	68069	85122
		0.70	0.74	0.68	0.62	0.56	0.53	0.47

（续）

速度/(m/s)	动压/Pa	风管断面直径/mm						
		1250×500	1000×630	800×800	1250×630	1600×500	1000×800	1000×630
10.0	60.00	44725	45787	57258	57282	71633	71652	89603
		0.77	0.81	0.75	0.68	0.62	0.58	0.52
10.5	66.15	46961	48076	60121	60146	75215	75234	94083
		0.85	0.89	0.82	0.75	0.68	0.64	0.57
11.0	72.60	49198	50365	62983	63010	78797	78817	98563
		0.93	0.97	0.90	0.82	0.75	0.70	0.63
11.5	79.35	51434	52655	65846	65875	82378	82399	103043
		1.01	1.06	0.98	0.89	0.81	0.76	0.68
12.0	86.40	53670	54944	68709	68739	86960	85982	107523
		1.10	1.15	1.06	0.97	0.88	0.83	0.74
12.5	93.75	55906	57233	71572	71603	89542	89564	112003
		1.19	1.25	1.15	1.05	0.95	0.90	0.80
13.0	101.40	58143	59523	74435	74467	93123	93147	116483
		1.28	1.34	1.24	1.13	1.03	0.97	0.87
13.5	109.35	60379	61812	77298	77331	96705	96730	120964
		1.37	1.44	1.33	1.22	1.11	1.04	0.93
14.0	117.60	62615	64101	80161	80195	100287	100312	125444
		1.47	1.55	1.43	1.30	1.19	1.11	1.00
14.5	126.15	64851	66391	83024	83059	103868	103895	129924
		1.58	1.66	1.53	1.40	1.27	1.19	1.07
15.0	135.00	67088	68680	85887	85923	107450	107477	134404
		1.68	1.77	1.63	1.49	1.35	1.27	1.14
15.5	144.15	69324	70969	88749	88787	111031	111060	138884
		1.79	1.89	1.74	1.59	1.44	1.36	1.22
16.0	153.60	71560	73259	91612	91651	114613	114643	143364
		1.91	2.01	1.85	1.69	1.53	1.44	1.29

附录 C 局部阻力系数表（摘录）

序号	名称	图形和断面	局部阻力系数 ζ（ζ 值以图内所示的速度 v 计算）									
1	伞形风帽管边尖锐	$2D_0$, $h\ 0.3D_0$, D_0, δ_1	排风	h/D_0	0.1	0.2	0.3	0.4	0.5	0.6	0.7	0.8	0.9	1.0	8
					2.63	1.83	1.53	1.39	1.31	1.19	1.15	1.08	—	1.06	1.06
			进风		4.00	2.30	1.60	1.30	1.15	1.10	—	1.00	0.07	1.00	—
2	带扩散管的伞形风帽	$0.3D_0$, D_0, h, $1.26D_0$, $2D_0$	排风		1.32	0.77	0.60	0.48	0.41	0.30	0.29	0.28	0.25	0.25	0.25
			进风		2.60	1.30	0.80	0.70	0.60	0.60	—	0.60	—	0.60	—
3	渐扩管	F_0, F_1, α	F_1/F_0	α	10°	15°	20°	25°	30°				
			1.25		0.02	0.03	0.05	0.06	0.07				
			1.50		0.03	0.06	0.10	0.12	0.13				
			1.75		0.05	0.09	0.14	0.17	0.19				
			2.00		0.06	0.13	0.20	0.23	0.26				
			2.25		0.08	0.16	0.26	0.38	0.33				
			3.50		0.09	0.19	0.30	0.36	0.39				
4	渐扩管	v_1, v_2, α, F_1, F_2	α	22.5°	30°	45°	90°						
			ζ_1	0.6	0.8	0.9	1.0						

（续）

序号	名称	图形和断面	局部阻力系数 ζ（ζ值以图内所示的速度 v 计算）									
5	突扩	$v_1/F_1 \rightarrow v_2/F_2$	F_1/F_2	0	0.1	0.2	0.3	0.4	0.5	0.6	0.7	0.9	1.0
			ζ_1	1.0	0.81	0.64	0.49	0.36	0.25	0.16	0.09	0.01	0
6	突缩	$v_1/F_1 \rightarrow v_2/F_2$	F_1/F_2	0	0.1	0.2	0.3	0.4	0.5	0.6	0.7	0.9	1.0
			ζ_1	0.5	0.47	0.42	0.38	0.34	0.30	0.25	0.20	0.09	0
7	渐缩管	F_1, F_0, α, v；D_0, D；b, h	当 $\alpha \leqslant 45°$ 时 $\zeta = 0.10$										
8	伞形罩	v_0	α	20°		40°		60°		90°		100°	
			圆形	0.11		0.06		0.09		0.16		0.27	
			矩形	0.19		0.13		0.16		0.25		0.33	

序号	名称	图形和断面	局部阻力系数 ζ（ζ值以图内所示的速度 v 计算）（续）											
9	圆方弯管													
10	矩形弯头		r/b \ a/b	0.25	0.5	0.75	1.0	1.5	2.0	3.0	4.0	5.0	6.0	8.0
			0.5	1.5	1.4	1.3	1.2	1.1	1.0	1.0	1.1	1.1	1.2	1.2
			0.75	0.57	0.52	0.48	0.44	0.40	0.39	0.39	0.40	0.42	0.43	0.44
			1.0	0.27	0.25	0.23	0.21	0.19	0.18	0.18	0.19	0.20	0.27	0.21
			1.5	0.22	0.20	0.19	0.17	0.15	0.14	0.14	0.15	0.16	0.17	0.17
			2.0	0.20	0.18	0.16	0.15	0.14	0.13	0.13	0.14	0.14	0.15	0.15
11	弯头带导流叶片		1. 单叶式 ζ=0.35 2. 双叶式 ζ=0.10											

(续)

序号	名称	图形和断面	局部阻力系数 ζ（ζ 值以图内所示的速度 v 计算）								
12	乙字管		r_0/D_0	0	0	1.0	2.0	3.0	4.0	5.0	6.0
			R_0/D_0	0	0.62	1.9	3.74	5.60	7.46	9.30	11.3
			ζ	0	0	0.15	0.15	0.16	0.16	0.16	0.16
13	乙形弯		l/b_0	0	0.4	0.6	0.8	1.0	1.2	1.4	1.6	1.8	2.0
			ζ	0	0.62	0.89	1.61	2.63	3.61	4.01	4.18	4.22	4.18
			l/b_0	2.4	2.8	3.2	4.0	5.0	6.0	7.0	9.0	10.0	8
			ζ	3.31	3.20	3.08	2.92	2.80	2.70	2.50	2.41	2.30
14	Z形弯		l/b_0	0	0.4	0.6	0.8	1.0	1.2	1.4	1.6	1.8	2.0
			ζ	1.15	2.40	2.90	3.31	3.44	3.40	3.36	3.28	3.20	3.11
			l/b_0	2.4	2.8	3.2	4.0	5.0	6.0	7.0	9.0	10.0	8
			ζ	3.16	3.18	3.15	3.00	2.89	2.78	2.70	2.50	2.41	2.30

附　录　**307**

（续）

序号	名称	图形和断面	局部阻力系数 ζ（ζ 值以图内所示的速度 v 计算）										
15	合流三通	$v_1F_1 \xrightarrow{\alpha} v_3F_3$，$v_2F_2$；$F_1+F_2=F_3$，$\alpha=30°$	F_2/F_3										
			L_2/L_3	0.00	0.03	0.05	0.1	0.2	0.3	0.4	0.5	0.6	0.7	0.8	1.0

L_2/L_3	0.00	0.03	0.05	0.1	0.2	0.3	0.4	0.5	0.6	0.7	0.8	1.0
					ζ_2							
0.06	−1.13	−0.07	−0.30	1.82	10.1	23.3	41.5	66.2	—	—	—	—
0.10	−1.22	−1.00	−0.75	0.02	2.88	7.34	13.4	21.1	29.4	—	—	—
0.20	−1.50	−1.35	−1.22	−0.84	−0.05	1.4	2.70	4.46	6.48	8.70	11.4	17.3
0.33	−2.00	−1.80	−1.70	−1.40	−0.72	−0.12	0.52	1.20	1.89	2.56	3.30	4.80
0.50	−3.00	−2.80	−2.60	−2.24	−1.44	−0.90	−0.36	0.14	0.56	0.84	1.18	1.53
					ζ_1							
0.01	0.00	0.06	0.04	−0.10	−0.81	−2.10	−4.07	−6.60	—	—	—	—
0.10	0.01	0.10	0.08	0.04	−0.33	−1.06	−2.14	−3.60	−5.40	—	—	—
0.20	0.06	0.10	0.13	0.16	0.06	−0.24	−0.73	−1.40	−2.30	−3.34	−3.59	−8.64
0.33	0.42	0.45	0.48	0.51	0.52	0.32	0.07	−0.32	−0.83	−1.47	−2.19	−4.00
0.50	1.40	1.40	1.40	1.36	1.26	1.09	0.86	0.53	0.15	−0.52	−0.82	−2.07

(续)

序号	名称	图形和断面	局部阻力系数 ζ(ζ 值以图内所示的速度 v 计算)							
16	合流三通（分支管）	$F_1+F_2>F_3$, $F_1=F_3$, $\alpha=30°$	L_2/L_3	0.1	0.2	0.3	F_2/F_3 ζ_2 0.4	0.6	0.8	1.0
			0	-1.00	-1.00	-1.00	-1.00	-1.00	-1.00	-1.00
			0.1	0.21	-0.46	-0.57	-0.60	-0.62	-0.63	-0.63
			0.2	3.1	0.37	-0.06	-0.20	-0.28	-0.30	-0.35
			0.3	7.6	1.5	0.50	0.20	0.05	-0.08	-0.10
			0.4	13.50	2.95	1.15	0.59	0.26	0.18	0.16
			0.5	21.2	4.58	1.78	0.97	0.44	0.35	0.27
			0.6	30.4	6.42	2.60	1.37	0.64	0.46	0.31
			0.7	41.3	8.5	3.40	1.77	0.76	0.56	0.40
			0.8	53.8	11.5	4.22	2.14	0.85	0.53	0.45
			0.9	58.0	14.2	5.30	2.58	0.89	0.52	0.40
			1.0	83.7	17.3	6.33	2.92	0.89	0.39	0.27
17	合流三通（直管）	$F_1+F_2>F_3$, $F_1=F_3$, $\alpha=30°$	L_2/L_3	0.1	0.2	0.3	F_2/F_3 ζ_1 0.4	0.6	0.8	1.0
			0	0	0	0	0	0	0	0
			0.1	0.02	0.11	0.13	0.15	0.16	0.17	0.17
			0.2	-0.33	0.01	0.13	0.18	0.20	0.24	0.29
			0.3	-1.10	-0.25	-0.01	0.10	0.22	0.30	0.35
			0.4	-2.14	-0.75	-0.30	-0.05	0.17	0.26	0.36
			0.5	-3.60	-1.43	-0.70	-0.35	0	0.21	0.32
			0.6	-5.40	-2.35	-1.25	-0.70	-0.20	0.06	0.25
			0.7	-7.60	-3.40	-1.95	-1.2	-0.50	-0.15	1.10
			0.8	-10.1	-4.61	-2.74	-1.82	-0.90	-0.43	-0.15
			0.9	-13.0	-6.02	-3.70	-2.55	-1.40	-0.80	-0.45
			1.0	-16.3	-7.30	-4.75	-3.35	-1.90	-1.17	-0.75

参 考 文 献

[1] 霍然,胡源,李元洲,等. 建筑火灾安全工程导论[M]. 2版. 合肥:中国科技大学出版社,2009.
[2] 张培红,王增欣. 建筑消防[M]. 北京:机械工业出版社,2008.
[3] 张吉光,史自强,崔红社. 高层建筑和地下建筑通风与防排烟[M]. 北京:中国建筑工业出版社,2005.
[4] 赵国凌. 防排烟工程[M]. 天津:天津科技翻译出版公司,1991.
[5] 重庆交通科研设计院. JTG/T 071—2004 公路隧道设计规范[S]. 北京:人民交通出版社,2004.
[6] 上海城建集团隧道工程轨道交通设计研究院. DGTJ 08—2033—2008 道路隧道设计规范[S] 2008.
[7] 重庆交通科研设计院. 公路隧道交通工程设计规范[S]. 北京:人民交通出版社,2004.
[8] 交通部交通部重庆公路科学研究所. 公路隧道通风照明设计规范[S]. 北京:人民交通出版社,1999.
[9] 李念慈,张明灿,万月明. 建筑消防工程技术[M]. 北京:中国建材工业出版社,2006.
[10] 游浩,吕方全. 市政工程设计施工系列图集:消防、防灾工程[M]. 北京:中国建材工业出版社,2003.
[11] 李引擎. 建筑防火性能化设计[M]. 北京:化学工业出版社,2005.
[12] 吕春华. 建筑消防设施设计图说[M]. 济南:山东科学技术出版社,2005.
[13] 陈保胜,周健. 高层建筑安全疏散设计[M]. 上海:同济大学出版社,2004.
[14] 王学谦. 建筑防火安全技术[M]. 北京:化学工业出版社,2006.
[15] 刘方,廖曙江. 建筑防火性能化设计[M]. 重庆:重庆大学出版社,2007.
[16] 李引擎,边久荣,熊洪,等. 建筑安全防火设计手册[M]. 郑州:河南科学技术出版社,1998.
[17] 赵子新,李进,李引擎,等. 北京奥运工程性能化防火设计与消防安全管理[M]. 北京:中国建筑工业出版社,2009.
[18] 郭树林等. 防火设计与审核细节100丛书[M]. 北京:化学工业出版社,2009.
[19] 靳玉芳. 图释建筑防火设计[M]. 北京:中国建材工业出版社,2008.
[20] 范维澄,王清安,姜冯辉等. 火灾简明学教程. 合肥:中国科学技术大学出版社,1995.
[21] 张国枢,刘泽功等. 通风安全学[M]. 徐州:中国矿业大学出版社,2000.
[22] 赵爱平. 空气调节工程[M]. 北京:科学出版社,2008.
[23] 蒋永琨. 中国消防工程手册(设计、施工、管理)[M]. 北京:中国建筑工业出版社,1998.

[24] 北京城建设计研究总院. GB 50157—2009 地铁设计规范[S]. 北京：中国计划出版社，2009.
[25] 李炎锋，李俊梅. 建筑火灾安全技术[M]. 北京：中国建筑工业出版社，2009.
[26] 全国勘察设计注册工程师公用设备专业管理委员会秘书处. 全国勘察设计注册公用设备工程师暖通空调专业考试复习教材[M]. 2 版. 北京：中国建筑工业出版社，2006.
[27] 龚毅，王晓璐. 泵与风机[M]. 北京：海洋出版社，1999.
[28] 孙景芝，韩永学. 电气消防[M]. 北京：中国建筑工业出版社，2000.
[29] 杨连武. 火灾报警及联动控制系统施工[M]. 北京：电子工业出版社，2006.
[30] 中华人民共和国公安部. GB 50116—2008 火灾自动报警系统设计规范[S]. 北京：中国计划出版社，2008.
[31] 中华人民共和国公安部. GB 15930—2007 建筑通风和排烟系统用防火阀门[S]. 北京：中国计划出版社，2007.
[32] 中华人民共和国公安部. GA 533—2005 挡烟垂壁[S]. 北京：中国计划出版社，2005.
[33] 中华人民共和国公安部. GA 503—2004 建筑消防设施检测技术规程[S]. 北京：中国标准出版社，2004.
[34] 沈阳鼓风机研究所，等. JB/T 10281—2001 消防排烟通风机技术条件[S]. 北京：机械科学研究院，2001.
[35] 浙江上风实业股份有限公司，等. JB/T 10820—2008 斜流通风机技术条件[S]. 北京：机械工业出版社，2008.
[36] 天津市通风机厂. JB/T 10489—2004 隧道用射流风机技术条件[S]. 北京：机械工业出版社，2004.
[37] 沈阳鼓风机(集团)公司. JB/T 10533—2005 地铁轴流通风机技术条件[S]. 北京：机械工业出版社，2005.
[38] 中华人民共和国建设部. GB 50243—2002 通风与空调工程施工质量验收规范[S]. 北京：中国计划出版社，2002.
[39] 瞿义勇. 实用通风空调工程安装技术手册[M]. 北京：中国电力出版社，2006.
[40] 曹兴，等. 建筑设备施工安装技术[M]. 北京：机械工业出版社，2007.
[41] 中国航空工业规划设计研究院. 建筑防排烟系统设备及附件选用与安装[M]. 北京：机械工业出版社，2008.
[42] 天津市建筑设计院. 05 系列建筑标准设计图集通风与空调工程风管水管配件[M]. 北京：中国建筑工业出版社，2005.